重庆出版集团
科学学术著作出版基金资助

"十一五"国家重点图书出版规划项目

农作物重大生物灾害监测与预警技术

程登发　张云慧　陈　林
乔红波　蒋春先　杨秀丽　　著

重庆出版集团 重庆出版社

·重庆·

图书在版编目（CIP）数据

农作物重大生物灾害监测与预警技术／程登发等著.—重庆：重庆出版社,2014.12
ISBN 978-7-229-05917-0

Ⅰ.①农… Ⅱ.①程… Ⅲ.①作物—病虫害—监测系统—中国
②作物—病虫害—预警系统—中国 Ⅳ.①S435

中国版本图书馆 CIP 数据核字（2014）第 200683 号

农作物重大生物灾害监测与预警技术

NONGZUOWU ZHONGDA SHENGWU ZAIHAI JIANCE YU YUJING JISHU

程登发 张云慧 陈 林 乔红波 蒋春先 杨秀丽 著

出 版 人：罗小卫
责任编辑：叶麟伟
责任校对：夏 宇
装帧设计：重庆出版集团艺术设计有限公司·吴庆渝 卢晓鸣

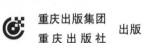 重庆出版集团
重庆出版社 出版

重庆市南岸区南滨路162号1幢 邮政编码:400061 http://www.cqph.com
重庆出版集团印务有限公司印刷
重庆出版集团图书发行有限公司发行
E-MAIL:fxch@ cqph.com 邮购电话:023-61520646
全国新华书店经销

开本:889 mm×1 194 mm 1/16 印张:15.5 字数:436 千
2014 年 12 月第 1 版 2014 年 12 月第 1 次印刷
ISBN 978-7-229-05917-0

定价:59.00 元

如有印装质量问题,请向本集团图书发行有限公司调换:023-61520678

TECHNIQUES
in
MONITORING *and* EARLY WARNING SYSTEM *for* MAJOR CROP DISEASES *and* INSECT PESTES

By

Cheng Dengfa, Zhang Yunhui, Chen Lin,
Qiao Hongbo, Jiang Chunxian and Yang Xiuli

Chongqing Publishing Group ⓖ Chongqing Publishing House
Chongqing, 400061

内 容 提 要

　　农作物生物灾害监测预警是控制病虫害的基础和前沿工作，是农业生物安全的保障，当今其监测预警技术正逐步从传统的人工田间调查测报向自动化和信息化方向发展。本书在总结作者多年科研创新成果的基础上，首次对遥感、地理信息系统和全球定位系统等"3S"技术在植物保护中的应用作了系统而详尽的介绍。全书共分3编16章，分别从遥感技术监测农作物病虫害、昆虫雷达监测重大迁飞性害虫、外来入侵物种风险分析诸方面介绍了农作物重大生物灾害监测预警系统的研究现状、研究方法、应用技术及对未来的展望，涉及稻飞虱、稻纵卷叶螟、草地螟、旋幽夜蛾、红火蚁、马铃薯甲虫和小麦白粉病等多个重要病虫害监测预警或潜在分布研究实例，充分反映了近年来国内外植物保护高新技术的新进展，特别是我国植保专家在昆虫雷达遥感技术和昆虫雷达数据实时采集与分析系统研究等方面的突破性进展和国际领先成果。

　　本书对植物保护部门发布农作物重大病虫害预测预报和制定重大生物灾害防治决策具有较高的参考价值和实用价值，可供农林科研单位专业技术人员和大专院校相关专业师生阅读。

ABSTRACT

The system of real-time monitoring and early warning of crop diseases and insect pests, is not only the basic and pioneering work for controlling the outbreaks of crop diseases and pests timely and effectively, but also the safeguard of agricultural biological security. Today, the monitoring and forecasting system develops gradually from the traditional artificial field investigation to the automation and informationization direction. The authors summarized their scientific innovation achievements in the research of real-time monitoring and early warning of plant diseases and insect pests, and first give a detailed introduction onthe application of the "3S" technologies, including Remote Sensing (RS), Geographic Information Systems (GIS), and Global Positioning System (GPS) in plant protection. The book is divided into 3 parts and 16 chapters, gives a systematic description of the status quo, research methods, application technologies, and prospects of the research on which concern respectively the monitoring of crop diseases and insect pests by remote sensing techniques, the monitoring of major migratory insect pests by entomological radars, and the risk analysis of invasive species by GIS and modelling, involving some research examples, e. g. the rice planthopper, rice leaf folder, meadow moth, clover cutworm, red imported fire ant and Colorado potato beetle and wheat powdery mildew, etc. , fully reflects the new advances of high and new technology on plant protection, especially breakthrough advances and international leading achievements in insect radar remote sensing technology and insects radar data real-time acquisition and analysis system research by China plant protection experts.

With its significant practical value for the monitoring and early warning of major crop diseases and pests related to farming and forestry, this book is intended for the professional technicians of research and development institutions concerned as well as teachers and students of relevant specialties in colleges and universities.

序

    由于全球气候变化、农业结构调整、耕作制度变迁,以及高产优质品种的推广等原因,我国农作物重大病虫害的发生变得日趋严重和复杂,并呈现出暴发频率逐年提高、重大灾害此起彼伏、区域性种类突发成灾、次要种类上升为主要种类、一些已被控制的种类死灰复燃和检疫性种类大肆侵入等6大特点。目前,我国传统的田间病虫害监测技术十分落后,基本上靠人工调查和灯光诱集,加之基层测报体系不健全,致使有害生物发生为害情况调查范围小、数据不准确。同时,由于测报信息传递手段落后,病虫害信息明显滞后,给生产带来很大损失。因此,进一步提高农作物重大生物灾害监测预警能力,提高病虫测报的时效性和准确性,对于更好地服务和指导农业生产很有必要。

    近些年来,在农作物生物灾害的监测方面,国际上对"3S"技术、生态环境建模分析和计算机网络信息交换技术的应用开展了较为深入的研究,并已经初步应用于农作物病虫害的监测与治理;在病虫生物灾害的遥感监测方面,卫星、雷达、飞机遥感技术均得到不同程度的发展。我国植物保护专家近年来在国家科技支撑计划、自然科学基金、国家重点基础研究发展计划("973"计划)、国家公益性研究专项资金的资助下,利用遥感、地理信息系统、全球定位系统和计算机网络信息交换等高新技术去准确监测农作物重大病虫灾害发生为害动态,将全国各生态区作为一个整体来综合考虑,并结合各种地理数据如病虫害发生的历史数据和作物布局及气象变化与预测等众多相关信息,采用空间分析、人工智能和模拟模型等手段与方法,开展系统和科学的分析,在此基础上进行预测预报和防治决策制定,将农作物病虫害的监测预警提高到一个新的高度。同时,田间调查手段亦逐步地从人工调查向自动化和信息化方向发展,使其监测预警的结果更加准确可靠。

    《农作物重大生物灾害监测与预警技术》一书对"3S"植物保护高新技术从基础理论到应用进行了较为系统而详尽的介绍,对科研、教学、生产及管理部门均具有重要的参考价值,同时对重大生物灾害的监测预警和有效治理也具有重要的理论和实际意义。我乐于推荐此书出版,是为序。

郭予元

中国工程院院士

2013 年 1 月

PREFACE

Due to global climate change, agricultural structural adjustments, farming system changes and popularization of high-yield high-quality breeds, the occurrences of major crop diseases and insect pests in China are getting more critical and complicated gradually, and taking on the following six characteristics. First, the occurrence frequency rises year by year. Second, major disasters break out one after another. Third, regional species cause sudden disasters. Fourth, minor pest species are becoming major species. Fifth, some under-control species resurge. And sixth, China is subject to wanton invasion by quarantined species. In China, the existing traditional monitoring technologies are quite underdeveloped, and depend largely on manual surveys and light traps. In addition, the primary-level systems of observation and forecast are imperfect in some regions. These result in inaccurate data and inadequate surveys on harms caused by harmful species. Furthermore, the underdeveloped means for observation and forecast information transmission and the obvious delayed popularization of information on crop diseases and pests entail considerable losses to agricultural production. The monitoring and early warning capability shall be enhanced, and the timeliness and accuracy of observation and forecast of crop diseases and insect pests shall be further improved in order to better serve and guide agricultural production.

At present, international efforts have been made to carry out in-depth researches on the application of "3S" technologies, ecological modeling analysis, and network-based information exchange technologies in the field of agricultural biological disaster control. And these technologies have been preliminarily applied to the monitoring and control of crop diseases and insect pests. Satellite/radar/aircraft remote sensing technologies are developed to various extents to promote the remote sensing of biological disasters caused by crop diseases and pests. In recent years, with the financial aids of National Key Technology R&D Program, National Natural Science Foundation, Major State Basic Research Development Program ("973" Project), National Department Public Benefit Research Foundation, the Chinese plant protection specialists make full use of high and new technologies such as remote sensing (RS), geographical information system (GIS), global positioning system (GPS), and network-based information exchange technologies to precisely monitor major disasters of crop diseases and pests, and take into account all ecosystems in the country as a whole. They conduct systematic and scientific analyses by utilizing scientific methods like geographical information system, considering numerous relevant information such as various geographical data (including the historical data of crop diseases and insect pests, as well as the changes and forecasts of crop distribution and weather), and applying various methodologies such as spatial analysis, artificial intelligence and simulation models. Based on their analyses, forecasts and pest-control decisions are made so as to improve the monitoring and early warning of crop diseases and insect pests to a new level. Moreover, development from manual survey to automotive and informationized survey is being advanced step by step to improve the precision and reliability of the monitoring／early warning results.

    With much information from theory to application in detail on high and new technology of the plant protection, this book is of great reference value for person in fields of scientific research, teaching, production, administration, and of great theoretical and practical significance for the monitoring, early warning and effective control of major biological disasters. It's my pleasure to write this preface and to recommend the publication of this book.

Guo Yuyuan

Academician of Chinese Academy of Engineering

Jan. 2013

前　言

据统计，农作物病虫害对全世界主要粮食和经济作物的潜在丰收所造成的危害在42%左右。我国是病虫生物灾害发生频繁且防御能力薄弱的农业大国，生物灾害问题相当突出，发生严重，以致经济损失巨大。近十几年来，我国农作物病虫害发生与为害呈上升趋势，成灾频率明显加快，致灾强度逐年增加。因此，农作物重大病虫灾害的实时监测和预警，是及时、有效地控制其暴发成灾的先决条件之一。

目前传统的田间病虫害监测还是依赖人工调查，这种调查方式不但费时、费力、费工，而且调查的准确性还取决于调查人员的专业训练、实际经验和责任心等。随着地理信息系统(geographical information system,GIS)、全球卫星定位系统(global positioning system,GPS)、遥感(remote sensing,RS)技术等高新技术的快速发展和应用，为无损、实时、快速和大面积准确监测农作物病虫害提供了现代化的工具。近年来，中国农业科学院植物保护研究所农作物有害生物监测预警课题组在国家重点基础研究发展计划("973"计划项目：2006CB102007、2010CB126200)、"十一五"国家科技支撑计划项目(2006BAD08A01)、农业部公益性行业科研专项(200903051)和国家自然科学基金项目(30771385、31101431)等的支持下，开展了"3S"技术在农作物监测预警中的应用研究，取得了初步的研究成果，这些成果有望在今后的生产实践中发挥重要作用。

《农作物重大生物灾害监测与预警技术》一书对近年来我国植保工作者在农作物重大生物灾害监测预警方面取得的成果进行了较为系统的梳理，并将作者从事农作物病虫害监测预警研究的经验和体会融入其中。全书共分3编16章。第1编包括第1～5章，论述如何利用遥感技术监测农作物病虫害，涉及遥感技术的发展简史和国内外研究利用进展、数据的采集和预处理方法、地面高光谱遥感仪识别不同病虫害的方法、低空遥感系统监测和识别小麦白粉病，以及利用TM卫星图像监测小麦白粉病、蚜虫的技术和方法等内容；第2编包括第6～11章，论述了重大迁飞性昆虫雷达遥感监测，内容涉及迁飞昆虫研究法与国内外昆虫雷达遥感监测研究进展，重点介绍了雷达遥感监测技术平台，并对草地螟、旋幽夜蛾、稻飞虱和稻纵卷叶螟的迁飞行为和迁飞过程进行了例证分析；第3编包括第12～16章，整理汇编介绍了作者多年来在外来入侵物种风险分析和监测预警方面的研究成果，系统、详尽地介绍了外来入侵物种风险分析技术体系，具体说明了风险评估过程，涵盖了数据预处理、模型建立、模型评估等完整的技术细节，并以红火蚁、马铃薯甲虫为例，利用多种模型讨论了红火蚁和马铃薯甲虫在我国的潜在分布风险。

本书由博士生导师程登发研究员主持撰写，除第10章由杨秀丽硕士、第11章由蒋春先博士执笔外，其余各章主要由乔红波博士、张云慧博士和陈林博士执笔，全稿最后由程登发研究员审订、统稿和定稿。

本书的写作同时也得到了各级领导和兄弟单位的帮助和支持。相关研究得到了中国农业科学院植物保护研究所和植物病虫害国家重点试验室的大力支持；中国农业科学院资源与区划研究所白由路博士亲临现场，组织低空遥感飞行和数据采集；中国科学院遥感应用研究所马建文研究员、陈雪博士在卫星图像信息提取方面给予了指导;全国农业技术推广服务中心首席科学家张跃进推广研究员、测报处姜玉英副处长在雷达野外监测方面给予了大力支持和帮助;在俄罗斯科学院 Michael 博士无私的帮助下,完成了红火蚁 Solenopsis invicta Buren 种群动态模型的设计和预测工作;中国农业大学昆虫系沈作锐教授、西南大学赵志模教授、北京市农林科学院张芝利研究员和吴炬文研究员对作为本书写作基础的论文曾提出过很好的修改意见和建议;中国农业科学院植物保护研究所的郭予元院士、吴孔明院士、周益林研究员、段霞瑜研究员、曹雅忠研究员、文丽萍研究员、孙京瑞高级实验师、田喆助理研究员、汪开卷助理工程师和河南农业科学院的封洪强博士等也给予了大力支持与帮助;野外雷达监测过程中得到了河南农业大学植物保护学院、西南大学植物保护学院、吉林农业大学植物保护学院等单位实习生的大力协助;中国科学院地理科学与资源研究所张忠高级工程师应邀对本书的多幅地图进行了精心修改或重绘,在此一并表示衷心的感谢!

本书地图已经国家测绘地理信息局审核,审图号:GS(2012)314 号。

由于作者写作水平和经验有限,书中恐有疏漏,祈望相关专家和同行的批评指正。

著　者

2013 年 1 月

FOREWORD

Losses caused by crop diseases and insect pests account for 42% of potential yields of major cereal crops and industrial crops worldwide. As a large agricultural country with frequent agricultural biological disasters and defense vulnerability, China often suffers from severe biological disasters that lead to immense economic losses. Over the past a dozen years, China has seen increasing occurrence and severity of crop diseases and insect pests, more frequent outbreaks of biological disasters, and rising calamitous intensity year by year. Therefore, real-time monitoring and early warning of major crop diseases and insect pests become one of the preconditions for prompt and effective control of disaster outbreaks.

At present, the traditional field monitoring of crop diseases and insect pests still depends largely on manual survey, which is time-consuming, effort-consuming and labor-consuming. In addition, the accuracy of such surveys also relies on the professional training, practical experience, and sense of responsibility of the surveyors. In recent years, the rapid development and application of new high technologies such as the geographical information systems, global positioning system and remote sensing technology have provide sophisticated tools for non-destructive, real-time, high-speed and large-scale precise monitoring of crop diseases and insect pests. With the support from the National Basic Research Program, i. e. "973" Program (2006CB102007, 2010CB126200), National Key Technology R&D Program during the "Eleventh Five-Year" Program(2006BAD08A01), Agro-Industry R&D Special Fund of China and Technology Support Program (200903051) and the National Natural Science Foundation (30771385, 31101431), the plant monitoring and early warning workshop of the Plant Protection Institute of the Chinese Academy of Agriculture Sciences (CAAS) has studied the application of "3S" technologies in crop monitoring and early warning, and made preliminary achievements. These achievements will play an important role in future agricultural production.

This book integrated some progress and research achievements in monitoring and early warning of crop diseases and pests in recent years with share the authors' and editors' experience in and understandings of the research on monitoring and early warning of crop diseases and insect pests. This book is divided into 3 parts and 16 chapters. Part 1 includes Chapters 1 to 5, and describes how to utilize remote sensing technologies to monitor crop diseases and insect pests. This part covers the brief history of development of remote sensing technologies, the progress in remote sensing application in China and the world, the data collection and preprocessing methods, the recognition of different crop diseases and insect pests by ground-based high-spectrum remote sensors, the monitoring and recognition of powdery mildew on wheat by low-altitude remote sensing systems, and the technologies and methods for monitoring powdery mildew and aphid on wheat by TM satellite images. Part 2 includes Chapters 6 to 11, and describes the remote sensing and monitoring of major migratory insects by entomological radars. This part covers the methodologies for research on migratory insects, the domestic and international progress in research on remote sensing and monitoring of insects by entomological radars, the technical platform for radar remote sensing and monitoring, and the example analyses of migratory behaviors and migratory process of meadow moth, clover cutworm, rice planthopper and rice leaf folder. Part 3 includes Chapters 12 to 16, and describes in details the invasive alien species and the technological system of risk analysis. This part takes rad imported fire ant and Colorado potato beetle as examples to illustrate the risk rating process in assessing invasive alien species by technical means like data preprocessing, model formulation, and model assessment, and describes the potential distribution risks of rad imported fire ant and Colorado potato beetle in China based on various models.

The manuscript writing is conducted by PhD Candidate Supervisor Cheng Dengfa and is mainly written by Dr Qiao Hongbo, Dr Zhang Yunhui and Dr Chen Lin with the exception of Chapter 10 written by MSc Yang Xiuli, Chapter 11 written by Dr Jiang Chunxian. Researcher Cheng Dengfa undertakes the final editing and embellishment.

During preparation of this book, we receive aid and support from leaders at all levels and associated organizations. The research is energetically supported by the Plant Protection Institute and the State Key Laboratory of Plant Diseases and Insect Pests of CAAS. Dr Bai Youlu from CAAS Institute of Agricultural Resources and Regional Planning came personally to the fields to organize the low-altitude remote sensing flight and data collection. Researcher Ma Jianwen and Dr Chen Xue from the Institute of Remote Sensing Applications of Chinese Academy of Sciences gave guidance to information extraction of satellite images. Chief Scientist and Popularization Researcher Zhang Yuejin from the National Agro-technical Extension and Service Centre and the Deputy Director Jiang Yuying from the Observation and Prediction Section gave us great support and aid in open-air radar monitoring. Dr Michael from Russia Academy of Sciences dedicated generous assistance in the design and forecast of colony dynamic model for *Solenopsis invicta* Buren research. Professor Shen Zuorui from the Department of Entomology in China Agricultural University, Professor Zhao Zhimo from Southwest University, Researcher Zhang Zhili and Researcher Wu Juwen from Beijing Academy of Agriculture and Forestry Sciences read the dissertations draft as important material of this book and provided valuable revision suggestions. Gratitude is also extended to Academician Guo Yuyuan, Academician Wu Kongming, Researcher Zhou Yilin, Researcher Duan Xiayu, Researcher Cao Yazhong, Researcher Wen Liping, Senior Experimentalist Sun Jingrui, Assistant Researcher Tian Zhe, Assistant Engineer Wang Kaijuan from Plant Protection Institute of CAAS and Dr Feng Hongqiang from Henan Academy of Agricultural Sciences for their energetic support and aid. We also thank undergraduate students from College of Plant Protection of Henan Agricultural University, of Southwest University and of Jilin Agricultural University for their excellent job at radar station. We especially thank Senior Engineer Zhang Zhong from the Institute of Geographic Sciences and Natural Resources Rescarch, CAS for his help that he has carefully modified or redrawn multiple maps in the book.

The check of maps in the book has been done by National Administration of Surveying, Mapping and Geoinformation. The chcek of drawing number: GS(2012)341.

Due to limited knowledge and experience of the authors, errors can hardly be avoided, and rectifications and comments are welcomed from relevant specialists and colleagues.

By the Authors

Jan. 2013

目　录

第2编 重大迁飞性昆虫雷达遥感监测

第 3 编　重大外来入侵物种预警与风险分析

CONTENTS

Part Ⅱ Remote Sensing and Monitoring of Major Migratory Insects by Entomological Radar

绪　论

农作物病虫害监测预警定位于利用遥感（remote sensing，RS）、地理信息系统（geography information system，GIS）和全球定位系统（global positioning system，GPS）等"3S"技术，以及灯诱、性诱和田间抽样调查技术，对农作物病虫害的发生和为害动态进行系统监测，并结合计算机信息技术、数理统计建模、人工智能和大区域宏观分析等技术，开展农作物病虫害发生发展趋势的评估、预测和防治决策制定，以指导农业生产防治工作。

据统计，农作物病虫害对全世界主要粮食和经济作物的潜在丰收所造成的危害在42%左右。我国是病虫生物灾害发生频繁且防御能力薄弱的农业大国，生物灾害问题相当突出。近些年来，我国农作物病虫害发生与为害呈上升趋势，成灾频率明显加快，致灾强度逐年增加。在防治情况下，我国每年仍损失粮食1 500万t以上、棉花达3亿kg，每年因病虫草鼠害造成的直接经济损失高达数百亿元。因此，农作物生物灾害的发生已成为制约农业持续稳定发展的重大瓶颈问题。

农作物重大病虫灾害的实时监测和预警，是及时、有效地控制其暴发成灾的先决条件之一。农作物病虫草鼠等生物灾害的发生和为害，受作物布局、栽培耕作制度、品种抗性、害虫的迁飞、滞育规律、病害流行规律、农田小气候及气象条件等诸多因素的影响。由于我国幅员辽阔，各地耕作栽培制度各不相同，加之气候条件千变万化，灾害性气候经常发生，致使我国农作物病虫害的发生情况非常复杂，对农作物稳产丰产造成巨大威胁。农作物重大病虫害的预警和治理除了有其特定的复杂性外，还具有时效性，涉及的各种信息必须及时传递，哪怕稍有延误，也会造成难以挽回的损失。因此，农作物病虫害的及时监测和准确预测，将是对该类灾害有效治理的关键。

近年来，随着计算机网络的普及，计算机信息技术、遥感、地理信息系统和全球定位系统等技术在农作物病虫害监测预警方面的应用发挥了极其重要的作用，提高了该领域的自动化水平。我国自"十五"计划以来，国家加大了对农作物病虫害监测预警和预测预报的投入；在"十五"国家科技攻关项目中，设置了重大农作物病虫害监测预警课题；同时，国家社会公益性专项和国家自然科学基金也对该领域进行了资助。"十一五"期间，国家对"973"计划、科技支撑计划和国家自然科学基金等项目继续给予了大力支持，在病虫害发生为害遥感监测研究、利用昆虫雷达开展迁飞性昆虫迁飞行为机制研究、地理信息系统应用于病虫害发生为害的大区域宏观分析研究和风险分析研究等方面均取得了大量的进展。"十二五"以来，监测预警项目合并到相关专项内，国家为其专门立项，继续支持。

0.1　农作物病虫害监测预警研究现状

在遥感监测方面，目前的研究热点集中在高光谱遥感方向。高光谱遥感因其能够获得连续的全光谱比常规可见光波段包含有更多的信息而能探测到更加细微的变化，从而在农作物病虫害监测预警方面有潜在应用前景。国内外很多研究机构和大学都利用便携式光谱仪进行病虫为害的高光谱监测研究,也有利用成像光谱仪和高分辨率卫星进行病虫为害探测方面的尝试,但要将其应用到实际的病虫害监测预警中,尤其是利用卫星遥感监测农作物病虫害的发生和为害动态,还需要进行大量的研究和探索。

在病虫生物灾害的遥感监测方面,卫星、雷达、飞机遥感技术均得到不同程度的发展,其中在迁飞性害虫雷达监测方面具有较长的研究史。近年来,英国自然资源研究所利用昆虫雷达对非洲沙漠蝗、稻飞虱以及伴迁的天敌等昆虫的监测进行了大量研究,在亚非发展中国家进行的雷达观测也取得了许多可喜的成果。美国农业部南方作物研究实验室区域性害虫治理部利用垂直监测雷达、扫描雷达、追踪雷达、机载和船载雷达及调频连续波雷达,对美洲棉铃虫等迁飞性昆虫的迁飞活动进行了大量观察和监测,获得了大量关于边界层内昆虫种群动态和飞行行为及其与风温场的关系等珍贵的研究资料;另外,使用 S 频带(10 cm 波长)的多普勒雷达和 X 频带的跟踪雷达研究了昆虫的迁飞,发现了一些昆虫空中种群的定向行为。澳大利亚新南威尔士大学物理系利用昆虫雷达对澳大利亚蝗虫开展了大气结构对昆虫迁飞的影响,尤其是中小尺度环流对昆虫迁飞行为的影响研究,他们利用电话线将试验基地计算机与控制中心计算机连接起来,监测数据经过相关软件的自动化分析处理,最后把昆虫迁飞的时间、密度、速度、定向等相关参数传至网络上进行图形化显示,实现了网络化自动控制和澳大利亚半干旱内陆地区沙漠蝗的长期监测。我国在利用雷达监测害虫迁飞方面也进行了较多研究。中国农业科学院植物保护研究所、吉林省农业科学院植物保护研究所、南京农业大学等利用昆虫雷达系统对草地螟、黏虫、稻飞虱、稻纵卷叶螟、棉铃虫等进行了观测研究,获得了大量重要害虫的迁飞活动数据,为进行这些害虫的预测预报和制定防治决策提供了非常重要的依据。

在农作物生物灾害的地理信息系统研究方面,国外研究人员利用地理信息系统进行生物分布研究、成灾规律分析开展较早,数据积累丰富且共享程度高;我国开展此项研究较迟,尤其在系统规模、数据来源和监测应用方面与国外相比还有相当大的差距。在生物分布评估分析方面,国外研究人员在生物分布统计模型、机理模型方面都进行了广泛的研究,深入讨论了有害生物分布、发生程度与环境因子之间的关系。由于生物分布、发生程度与环境间的关系多属于非线性关系,所以很多新的非线性统计学研究成果(如: GAM、GLM、GBM、CART 等)都被应用到生物监测预警中来,同时机器分析方法,如人工神经网络、遗传算法(GARP)等研究手段也在生物预警分析方面有了广泛的应用。

在全球定位技术方面,目前在利用飞机和大型机械进行精准施药的防治上应用较多,但在农作物生物灾害监测方面,还多用于灾害的辅助调查,如定点调查,确定调查地点经纬度和高程,以配合地理信息系统分析对地理数据定位的要求和多年系统资料的获得。

计算机网络信息技术具有信息传播快速、价廉、数据传递可靠等优势,加之与计算机多媒体技术、地理信息系统技术和人工智能技术相结合,应用于农作物病虫灾害监测信息的传输、预警和治理决策信息的发布和植物保护信息的普及,都可以发挥非常重要的作用。在许多发达国家,均建立了相应的农作物生物灾害监测与治理的网络设施和植物保护信息研究中心,为农业生产服务。与国外一些专业网站相比较,我国无论是在网站规模还是信息数量上均存在一定的差距。

在实用化的监测预警仪器设备方面,我国多家企业开发了自动化的测报灯、孢子捕捉器等仪器设备;同时在远程监控方面也开展了许多探索,为进一步深入研究奠定了基础。

总体说来,我国在农作物病虫灾害监测预警研究和应用的许多方面与国外先进水平相比,目前还处于落后状态。但是,鉴于当前面临的严峻的生物灾害形势和农业可持续发展的重大需求,我们必须在这方面开展探索性和开创性研究,以尽快与国际先进水平接轨,促进我国病虫害防治社会公益事业的发展。

0.2 农作物病虫害监测预警研究趋势

目前,国际上在农作物病虫害监测预警方面的发展趋势是:利用昆虫雷达、卫星遥感等技术开展农作物病虫害的遥感监测,结合灯诱、性诱和田间调查,获得田间农作物病虫害发生为害的动态数据。在准确及时监测的基础上,通过地理信息系统分析,结合人工智能、模型和专家系统,进行病虫害发生为害的预警和防治决策制定;通过计算机网络信息系统和电视预报系统等进行信息发布,以指导农业生产防治工作。

在遥感监测方面,将地面高光谱遥感与 GPS 等技术相结合,监测农作物病虫害发生为害动态;研究高光谱遥感、低空遥感和卫星遥感在重大病虫害预警中的应用。主要工作:①利用地面高光谱仪研究农作物遭受不同程度病虫害等为害后其冠层的光谱变化规律,建立病虫为害与高光谱反射率的监测模型。②结合 GPS 实地调查,探索研究利用低空高光谱遥感和卫星遥感监测病虫害发生为害动态,建立病虫为害与遥感图像变化间的关系模型。

在昆虫雷达监测方面,利用昆虫雷达监测棉铃虫、水稻褐飞虱、麦蚜等害虫的发生为害动态,探索其空中的季节性迁飞扩散规律,以及空中运行和降落与大气环流、降水等的关系。主要工作:①利用垂直监测昆虫雷达和扫描昆虫雷达,配合高空探照灯、地面诱虫灯、系留气球和田间调查,对我国主要的农业迁飞性害虫棉铃虫、水稻褐飞虱、麦蚜等的发生为害动态进行实时监测,建立昆虫迁飞与消长情况动态数据库。②利用探空仪对低空气流和气温等参数进行遥测,结合气象部门的大区气流等高空数据,研究高空气流与昆虫迁飞、扩散之间的关系,明确气流对昆虫迁飞的影响。③研究昆虫雷达数据自动采集、分析和处理技术,以实现昆虫雷达图像回波自动识别和处理,以及迁飞性害虫暴发为害的田间自动化监测。

在病虫害预警方面,利用地理信息系统技术和模拟模型技术,建立重大病虫害区域性暴发为害地理信息系统和早期预警模型,研究暴发成灾的风险分析技术并制定风险治理对策,开展暴发成灾的早期预警。主要工作:①利用重大病虫害区域性暴发的历史数据、地形地貌数据和生产季节中的植被数据、气象数据,对病虫害发生过程建立统计模型。在地理信息系统数据平台和现代统计方法的支持下,分析各种因素在病虫害暴发成灾过程中的贡献程度以及各因子之间的相互关系,为揭示农作物病虫害暴发为害机理提供必要的统计依据。②结合室内和田间试验结果、区域性大尺度监测结果,以及统计模型分析结果,研制暴发成灾动态机理模型和早期预警模型,建立相应的信息系统,提供农作物病虫害预警与治理的决策支持。③开展农作物病虫害区域性暴发成灾的风险分析,研制暴发成灾风险评估系统,开展标准化的定性定量风险评估,为区域性病虫害暴发成灾提供风险治理对策。

0.3 我国农作物病虫害监测预警工作建议

0.3.1 目前农作物病虫害监测预警存在的主要问题

1.研究与推广经费投入严重不足

要实现我国农作物病虫害监测预警的现代化和科学化,科研必须先行。我国自"十五"以来,国家科技攻关课题和社会公益性研究专项资金以及国家自然科学基金等均对农作物重大病虫害监测预警关键技术研究给予了支持,在"3S"技术和计算机网络信息技术应用于农作物病虫害监测预警研究方面已取得一些成绩,使其处于起步阶段。但由于国家在农作物病虫害监测预警研究和推广方面的经费投入严重不足,资助额度较少,更加深入的研究难以推进。同时,由于一些研发出来的成果如垂直监测昆虫雷达等的配备所需要的投入较多,亟须国家的强有力支持,否则将难以在生产实践中推广应用。建议国家把病虫害监测预警真正作为一项社会公益性事业,加强在基础设施建设、新技术设备的配备和研发,以及人才队伍建设等方面的资金投入。

2. 科研机构的技术支持和科学决策作用尚未充分发挥

近年来,我国一些科研机构和大专院校有专家一直在从事农作物病虫害监测预警的研究工作,但由于目前我国病虫害发生为害动态数据的调查、预测预报和防治工作属于全国农业技术推广服务中心的植保站系统,致使科研机构、院校的研究人员无法共享农技推广系统的数据资料;另一方面,推广部门也无法利用科研单位的最新研究成果。这就需要国家理顺这种关系,真正做到信息数据和成果能共享,以充分发挥科研部门在监测预警实施过程中的技术支持作用。

3. 现代信息技术利用水平较低

在信息发布中,对一些现代信息技术如网络、电视预报和手机短信等手段的利用水平尚处于低级阶段。由于我国农村特别是贫困地区网络通信设施缺乏,导致对农作物病虫害预警信息的发布无法达到像天气预报那样方便与快捷。建议国家对农作物病虫害预警信息这样的公益性信息的发布制定特殊政策,使其能及时、快捷地进村入户,确保暴发性农作物生物灾害能得到有效的治理。

4. 基层农技推广队伍不稳定,农民掌握的病虫害知识有限

加强基层农技队伍的建设,是确保我国农作物病虫害有效防控的关键。国家应该在建设社会主义新农村的新形势下,努力稳定基层农技推广队伍。同时,应对农民加大病虫害识别和防治等知识的培训力度,使其掌握一些农作物病虫害防控知识和技能。

0.3.2 加强我国农作物病虫害监测预警工作的建议

1. 加强"3S"技术和信息技术在农作物病虫害监测预警领域的研究和推广应用

建议国家相关部门继续把农作物病虫害的监测预警研究作为社会公益性研究项目,加大对"3S"技术和计算机网络信息技术在病虫害监测预警方面应用研究的投入力度,并将像垂直监测昆虫雷达这样的在国内外均比较成熟的技术,纳入我国植物保护工程项目的标准仪器设备配置范围,在一些重点省区市开展一定规模的试验示范,并逐步在全国范围推广,使昆虫雷达逐步达到目前气象雷达那样的普及程度。

2. 加强科研、教学和推广部门的有机结合,并加大其投入力度

要在我国真正实现对农作物病虫害的实时、自动化监测,准确及时的预警和有效的治理,就必须采用科研、推广和教育密切结合的模式。作为一项社会公益性工作,其经费的来源只有依靠政府的大力投入,才能达到像气象预报那样对农作物病虫灾害开展及时准确的预警。

3. 健全预测预报体系和基层农技推广队伍建设

随着国家改革开放的进一步深入和我国社会主义新农村建设的推进,应加快预测预报体系和基层农技推广队伍的建设步伐,形成从中央到省、县均有专门的机构负责我国的病虫害监测预警和治理,同时切实落实病虫害发生为害动态数据资料的全社会共享。

4. 重视对农民的病虫害知识培训和病虫害监测预警与防治成果的推广应用

鉴于目前我国农村采用土地承包到户的生产经营模式,农民作为生产者直接开展农作物病虫害识别和防治工作,故对其进行病虫害知识的培训有利于农作物病虫害的及时发现和防控。同时,病虫害预警与防控成果的及时推广普及也将大大提高病虫害防控的效率,使监测预警成果尽快转化为生产力。

第 1 编

农作物重大病虫害遥感监测

第1章　遥感技术与农作物病虫害监测

1.1　遥感的概念

遥感是一门综合运用物理原理、数学方法和地学规律,在远处(高空)以非接触方式探测物体性质、形状及其变化动态的新兴科学技术。

从高空探测地物性质和形状的实践起始于20世纪30年代的航空摄影和地物判读。从1960、1964年美国相继发射"泰罗斯1号"(TIROS-1)与"雨云1号"(Nimbus-1)气象卫星并获得全球云图开始,人们切实感受到了这种手段在视野深度(光谱范围)和广度(空间范围)方面的非凡潜力。1962年,在美国密歇根大学召开了名为"环境遥感"的专题会议。从此,"遥感"就成为从空中探测地球表面及其环境的相关信息获取、处理及其应用技术的专门术语。在此后的近30年里,随着电子技术、计算机技术、现代通讯技术、航空航天技术和地球科学的发展,遥感及其应用产生了质的飞跃(陈述彭,1990)。遥感技术已成为人们研究、识别地球和环境的先进手段,它已发展到地面、空中、太空3个立体层面,即向高空间分辨率(分辨率在1 m以下)、高光谱分辨率(分辨率为3～6 nm)和高时间分辨率(分辨时间在30 min以下)3个方向发展。

遥感是信息科学与技术的重要组成部分,是一门综合性、应用型的科学技术。它涉及辐射物理学、计量光谱学、天体运动学、测量学、数理统计、计算机图形及数字信号处理等学科领域。它的外延可以延伸到农学、气象学、地质学、地理学、天体物理学、信息学、电子技术等基础科学与应用科学相关领域。

1.2　遥感的发展历程

在世界范围内,遥感作为一门新兴的独立学科,获得飞速的发展。但是,遥感学科的技术积累和酝酿却经历了几百年的历史和发展阶段。

1.2.1　无记录的地面遥感阶段

1608年,汉斯·李波尔赛制造了世界上第1架望远镜;1609年,伽里略制作了放大倍数为32倍的科学望远镜,从而为观测远距离目标奠定了基础,促进了天文学的发展,开创了地面遥感新纪元。但仅仅依靠望远镜观测也有其不足,那就是它不能把观测到的事物用图像的方式记录下来。

1.2.2　有记录的地面遥感阶段

对遥感目标的记录与成像,开始于摄影技术的发明,并与望远镜相结合发展为远距离摄影。1839年,法国人 L. J. M. 达盖尔(Louis-Jacques-Mandé Daguarre)发表了他和 J. N. 尼埃普斯(Joseph Nicéphore Niepce)合作的技术成果,宣告了实用摄影术的诞生。1849年,法国人 A. 劳塞达特(Aime Laussedat)制定了摄影测量计划,成为有目的、有记录的地面遥感发展阶段的标志。

1.2.3　空中摄影遥感阶段

1858年,G. F. 陶纳乔(Gaspard Felix Tournachon)用系留气球拍摄了法国巴黎的"鸟瞰"像片。1860年,J. W. 布莱克(James Wallace Black)与 S. 金(Sam King)教授乘气球升空至630 m,成功地拍摄了美国波士顿市的像片。1903年,J. 纽布朗纳(Julius Nenbronner)设计了一种捆绑在鸽子身上的微型照相机。这些试验性的空间摄影,为后来的实用化航空摄影遥感打下了基础。同年,美国莱特兄弟发明了飞机,才真正地促使航空遥感向实用化前进了一大步。1913年,利比亚班加西油田测量就应用了航空摄影,C. 塔迪沃(Captain Tardivo)在维也纳国际摄影测量学会会议上发表论文,描述了飞机摄影测绘地图情况。与此同时,像片的判读水平也得到了提高,美国和加拿大成立了航测公司,美国和德国分别出版了《摄影测量工程》杂志及类似性质的刊物,专门介绍有关技术方法。1930年起,美国的农业、林业、牧业等许多政府部门都采用航空摄影并应用于制定规划。1933年,彩色胶片的出现,使得航空摄影记录的地面目标信息更为丰富。

1.2.4　航天遥感阶段

1957年10月4日,苏联第1颗人造地球卫星的发射成功,标志着人类从空间观测地球和探索宇宙奥秘进入了新的纪元。1959年10月4日,苏联的"月球3号"探测器拍摄了月球背面的照片。真正从航天器上对地球进行长期观测,是从1960、1970年美国相继发射"泰罗斯1号"人造试验气象卫星和"诺阿1号"(NOAA-1)太阳同步极轨气象卫星开始,从此航天遥感取得重大进展,至今仍持续发展。主要表现如下。

(1)遥感平台发展　除了航空遥感已成业务运行之外,航天平台也已成系列。有飞出太阳系的"旅行者1号"、"旅行者2号"等航宇平台,也有以空间轨道卫星为主的航天平台,包括载人空间站、空间实验室、返回式卫星,还有穿梭于空间与地球间的航天飞机。在空间轨道卫星中,有地球同步轨道卫星、太阳同步轨道卫星,还有一些低轨和变轨卫星;有具综合目标的较大型卫星,也有专题目标明确的小卫星群。不同高度、不同用途的卫星构成了对地球和宇宙空间的多度角、多周期的观测。

(2)传感器发展　探测的波段覆盖范围不断延伸,波段的分割愈来愈精细,从单一波段向多波段发展;成像光谱技术的出现把探测波段从几百个推向上千个波段以上,所能探测的目标的电磁波特性更全面地反映出物体性质;成像雷达所获取的信息也向多种频率、多角度、多极化方式、多种分辨率的方向发展;激光测距与遥感成像的结合使得三维实时成像成为可能;各种传感器空间分辨率的提高,特别是米级分辨率航天图像的出现使航天遥感与航空遥感的界线变得模糊不清;数字成像技术的发展,打破了传统摄影与扫描成像的界线。此外,多种探测技术的集成日趋成熟,如雷达、多光谱成像与激光测高,以及 GPS 的集成可以实时测图,随着遥感技术的发展,集成度将更高。

(3)遥感信息的处理　在摄影成像、胶片记录的年代,光学处理和光电子学影像处理起着主导作用。随着数字成像技术的发展,计算机图像处理技术迅速发展。众多的传感器和日益增长的大量探测数据使得信息处理显得更为重要,大容量、高速度运行的计算机与功能强大的专业图像处理软件的结合成为主流,PCI、ERDAS、ENVI、ER-MAPPER 和 IDRISI 等商品化软件已为广大的用户所熟识,这些软件本身也在不断完善以适应遥感事业的发展,并与多种 GIS 软件和数据库兼容。在信息提取、模式识别等方面不断引入相邻学科的信息处理方法,丰富了遥感图像处理内容,如分形理论、小波变换、人工神经网络等方法逐步融入人的知识,使遥感信息处理更趋智能化;为适应高分辨率遥感图像和雷达图像处理的要求,除了在光谱分类方面改善图像处理方法之外,结构信息的处理和多源遥感数据及遥感与非遥感数据的融合也得到重视和发展。

(4)遥感应用 经过数十年的发展,遥感已经广泛地渗透到国民经济的各个领域,对于推动经济建设、社会进步、环境改善和国防建设等都起到了重大作用。由遥感观测到的全球气候变化、厄尔尼诺现象及其影响、全球沙漠化问题,以及海洋冰山漂流等的动态变化而得到的新结论已经引起人们广泛的重视;在灾害的监测,如水灾、火灾、震灾、各种气象灾害和农作物病虫害的预测、预报与灾情评估等方面,遥感都发挥了巨大的作用。

但是,目前遥感的信息处理还不能满足广大用户的需求,日益丰富的遥感信息还没有充分发掘和处理,空间遥感获取的图像数据,经计算机处理的还不足 5%。所以,今后遥感信息的处理将是发展遥感事业的关键之一。

1.2.5 电磁辐射光谱

电磁辐射光谱在不同领域的各种能量引发人类长期研究,同时也促使了其在各领域的广泛应用。然而对于一个农业工作者来说,眼睛始终是最重要的感觉器官,因为这样能获得植物生长发育的定性信息而无须对植物进行实物取样。深绿色的植物冠层代表着健康,而黄色则被视为受害或不健康。但人眼只能对可见光这种波谱中极有限的一段区域敏感。更进一步来说,人对于视觉图像的理解是依赖于后天训练积累的先前经验,并且整个过程产生的信息都储存在大脑里。尽管 Knipling(1970)曾表示由于叶绿素对胁迫敏感,在可见光区生理胁迫对叶片光谱特征的影响要比近红外更大,但仍有大量信息表明,近红外、中红外以及热红外波段同样能用于植物监测计划。为了进一步开发了解这种可重复的信息,必须用传感器进行定量分析,因为它能探测到叶片样品表面微小的变化,并通过一系列光谱波段反映出来,同时还便于我们理解光与农业靶标之间是如何相互影响的。

1.3 病虫害遥感监测研究现状

遥感应用于农业病虫害监测,提供了对农作物病虫害宏观、综合、动态和快速的观测,为应对粮食生产的分散性、地域性、时空变异性等提供了强有力的手段,解决了农业生产上采用常规技术难以解决的问题。同时,遥感技术是一种无损测试技术,即在不破坏植物结构的基础上,对作物的生长状况进行实时监测,以便迅速地采取治理措施或合理安排计划。遥感监测农作物的变化主要是通过获取来自地物和农作物反射和发射的电磁波能量,来观测和分析其光谱变化。光谱特征是遥感方法探测各种物质和形状的重要依据。研究表明,物质在电磁波相互作用下,由于电子跃迁、原子、分子振动与转动等复杂作用,会在某些特定的波长位置形成反映物质成分和结构信息的光谱吸收和反射特征(童庆禧,1990)。绿色农作物的反射光谱一般在蓝光 450 nm 附近和红光 675 nm 附近反射率小,在绿光 550 nm 附近反射率较大,在近红外 700 nm 附近急剧增大,从 750 nm 直到 1 300 nm 反射率都保持较大。只有当农作物受到病虫害等为害时,叶片才会出现颜色的改变、结构破坏或外观形态改变等病态。此时,叶片的反射率有明显的改变,反映为近红外反射率明显降低,陡坡效应削弱甚至消失,叶绿素反射峰位置向红光区漂移。如果害虫吞噬叶片或引起叶片卷缩、脱落、生物量减少,同样会引起光谱的变化,这样就可以通过监测寄主植物的光谱变化来监测病虫害的发生情况。

遥感技术应用于病虫害监测要追溯到 20 世纪 20 年代末(Neblette,1927、1928)和 30 年代早期,当时将彩红外航空图像应用于马铃薯和烟草病毒病的监测(Bawden,1993)。第二次世界大战期间军方曾使用传统的黑白图片和彩红外图像识别军事伪装,因为用于军事伪装的植被缺水和萎蔫的特点用航空遥感易于识别,这种经历给以后植被胁迫和病虫害的遥感监测提供了宝贵的经验。近年来,随着信息技术的发展,遥感技术不断更新,科学家在病虫害监测方面也做了大量工作,以下从不同的遥感平台加以简介。

1.3.1 近地光谱监测病虫害

近地光谱指利用手持或者便携式光谱仪在实验室和野外测量农作物冠层及叶片受病虫为害后的光谱反射率,它不仅能够用于不同病虫为害的光谱分析,筛选病虫为害后的敏感波段,也可应用于卫星遥感前对地面病虫为害的目标物光谱进行定标,因此具有重要意义。便携式光谱仪的工作原理是由光谱仪通过光导线探头摄取目标光线,经由 A/D(模/数)转换变成数字信号,进入计算机。整个测量过程由操作员通过计算机控制。便携式计算机控制光谱仪可实时将光谱测量结果显示于计算机屏幕上,测得的光谱数据可贮存在计算机内,也可拷贝到磁盘上。

国外植物保护工作者在 20 世纪 80 年代利用便携式光谱仪进行各种作物病虫害研究,包括番茄早疫病,各种叶部病害、根腐病,甜菜黄矮病和白粉病,小麦蚜虫等。地面光谱仪主要用来研究受害植株和健康植株的光谱差异,Knipling(1971)发现,由于病虫害的影响导致叶片可见光区和近红外区光谱特性均发生变化,可见光区反射率随着为害的增强而增高,近红外区则刚好相反。Ausmus et al.(1972)研究发现,和健康植株相比,感染矮花叶病毒的玉米叶片在近红外波段光谱存在显著差异,而在可见光区只有症状表现出来之后才有差异,因此,建议利用近红外波段进行作物整个生长期的监测。Nillson(1985)使用手持光谱仪研究作物生长、病虫为害和产量预测等,结果发现,反射率数据与作物生物量、氮素水平和各种病害等级有较好的相关性,而且近红外波段与病害严重度有较高的相关性,同时病情指数与近红外/红光、绿光/红光反射比也有较好的相关性。Kieckhefer(1995)等研究了蚜虫为害后小麦作物产量损失及其叶绿素变化情况。小麦刚受蚜虫为害时,其叶片叶绿素含量降低,随着小麦受害后自身补偿效应的产生,叶绿素合成速度加快且含量升高,当超过其本身的补偿能力后,叶绿素含量又开始下降,且蚜虫增加量与叶绿素的下降量成正相关。Riedell et al.(1999)研究了刺吸式昆虫禾谷缢管蚜对小麦叶片光谱的影响,和健康叶片相比,受害叶片叶绿素含量降低,光谱差异明显,尤其在 500~525、625~635 和 680~695 nm 波段如此。Steddom et al.(2005)使用多波段光谱仪估计甜菜褐斑病的发病级别,结果表明,该方法能够精确评估甜菜褐斑病的发病等级,提高该病害的监测精度。

在研究原始光谱差异的基础上,研究者利用传统的统计学和对光谱曲线进行变换处理等方法,来选择敏感的监测波段。Malthus et al.(1993)用高分辨率遥感分析大豆受蚕豆斑点葡萄孢感染后的反射光谱,发现其一阶导数反射率比原始的反射率要高,可用来监测病虫害的感染情况;Bravo et al.(2003)首先对采集到的光谱数据进行归一化处理,然后用基于二次判别的模型对其进行识别,误判率下降至 12%~4%。Steddom et al.(2005)用高光谱叶片反射率和多光谱冠层反射率数据研究受黄化炭疽病为害的甜菜,用叶片和冠层反射率计算植被指数并行病情指数回归分析,准确预测分别达到 88.8% 和 87.9%,最佳分类时间为 8 月。Apan et al.(2005)研究番茄受晚疫病、茄子受二十八星瓢虫为害后的光谱变化情况,并用回归分析法研究了光谱与病虫害的关系。对番茄而言,敏感波段位于红光(690～720 nm)、可见光(400～700 nm)和近红外区(735～1 142 nm);对茄子而言,敏感波段位于红光波段(694～716 nm)。Muhammed(2003)利用特征向量分析技术,经主成分变换对病害严重度进行区分,结果发现近红外区域反射率下降且绿峰顶点降低。Yang et al.(2005)利用地面光谱仪探测麦二叉蚜为害,结果表明,来源于 800 和 694 nm 的植被指数对麦二叉蚜为害敏感。

在国内的研究中,因为起步较晚,所使用的仪器基本上都是高光谱仪器,已对麦蚜(何国金等,2002;乔红波等,2005)、条锈病(黄木易等,2003)、稻瘟病(吴曙雯等,2001)等进行了初步的光谱研究。吴继友等(1995)研究了松毛虫为害的光谱特征,并提出了虫害早期探测模式。根据生态学特征,作者将松毛虫为害的针叶样品分为 5 个等级,对其反射光谱和叶绿素含量进行了测量分析。结果表明,随受害程度加重,叶绿素含量降低,550 nm 处的反射率、近红外反射率与红光最低反射率之差,以及红界一阶导数光谱最大值均呈下降趋势,630 nm 处反射率呈上升趋势,红界光谱蓝移、叶绿素反射峰红移明显。应用逐步判别分析法对比分析,证实了细分光谱特征参量比绿光、红光、近红外 3 波段反射率参量有更强的判别分类能力,这就为用细分光谱特征参量早期遥感探测松毛虫为害提供了判别模式。何国金等(2002)经测定小麦生育期内叶绿素含量变化及分析叶绿素含量与麦蚜量间的动态关系,提出了小麦蚜虫灾害遥感监测的植物生理学依据;通过 1995、1996、1998 年的地面光谱测量,绘制出蚜量同小麦光谱的相关性曲线,证明利用小麦的反射光谱植被指数 RVI 值监测麦蚜具可行性。吴曙雯等(2001)对水稻受稻叶瘟侵染后的光谱特性进行了测量,通过对 4 个感染不同等级稻叶瘟的水稻冠层反射光谱进行测试,并对光谱反射曲线进行微分分析,发现了绿光区、红光区和近红外区反射光谱的变异特征。结果表明:绿光区、红光区和近红外区的水稻冠层光谱反射率随病情程度的加重分别呈现下降、上升和下降的趋势;绿光吸收边缘的特征波长值发生红移,红光吸收边缘和近红外吸收边缘的特征波长值发生蓝移;受害轻时近红外区反射率变化幅度大,受害重时绿光区和红光区反射率变化幅度大。黄木易等(2003)研究了冬小麦条锈病冠层光谱特征,结果发现 630～687 nm、740～890 nm 及 976～1 350 nm 为遥感监测条锈病的敏感波段,经进行波段组合,与病情指数作回归分析,建立了遥感监测条锈病病情指数的多波段组合诊断模式的定量模型。

1.3.2　低空和航天遥感

以飞机、气球等航空飞行器为飞行平台的遥感称航空遥感,航空遥感获取地面信息的方式有摄影方式和扫描方式。目前航空遥感是以摄影方式为主,其所获取地面的影像称为航空像片。航空遥感的特点为空间分辨率高,信息容量大,信息获取方便,适用于专题遥感的研究。

到目前为止,彩红外(CIR)航空遥感技术已经成功应用于果树害虫,特别是应用于柑橘害虫的探测。褐软蚧是第 1 个采用彩红外航空探测的柑橘害虫。Gausman et al.(1974)利用彩红外图像监测褐棕软腐蚧为害的柑橘树,由于其分泌的蜜露是煤污病菌极好的生长载体,因此在可见光和近红外区的反射率都比较低,并且其随柑橘生长进程的推进而累积。Stow et al.(2000)利用轻型飞机获取的高分辨率(0.5 m)数字彩红外图像监测澳大利亚刺槐入侵非洲灌木丛的情况,这种方法能够从本地植被、其他外来植被及裸地中区分出澳大利亚刺槐,且费用低廉,效率较高。Michael et al.(2003)使用彩红外图像估计冬小麦氮素含量,结果发现归一化植被指数(NDVI)与生长时期为 30 d(GS-30)时的总氮含量及氮摄取量有较强的相关关系,可以利用遥感反演氮素利用率及施肥量。Everitt et al.(1999)在验证数字彩红外航空影像用于监测美国得克萨斯州橡树枯萎病方面成绩斐然。他们先通过地面实地调查,对健康树、病树和死树进行了反射光谱测定,在离地面的不同高度获得了研究区不同分辨率的数字彩红外航空影像和航空像片。结果表明,健康树、病树和死树的叶片在绿光、红光和近红外光波段都有显著的差异($P < 0.05$)。健康树在红光和绿光波段的反射率显著低于病树和死树,死树在这些波段的反射率最高;而在近红外波段,健康树的反射率显著高于病树和死树,死树的反射率最低。基于此,他们利用机载数字成像技术有效地监测了发生在得克萨斯州中部的橡树枯萎病,并将染病程度分为 3 级:早中期、严重期和死亡期。Fletcher et al.(2001)首先在野外研究了健康树和病树的反射光谱特征,结果发现,与 Everitt et al.(1999)的研究结果不同,健康树和病树在绿光和红光波段的反射率无显著差异($P > 0.05$),而在近红外波段的发射率则有显著差异($P < 0.05$),病树树叶在近红外波段的反射率显著降低。基于此,他们利用机载彩色近红外数字影像有效地监测了早期染病的柑橘树,取得了很好的效果。

随着信息技术的发展,数字技术应用于航空遥感中。数字技术和常规方法相比,前者不需要胶片,省去了冲洗和非数字化胶片等费钱费时的工序;而且,CCD(电荷耦合器件)的灵敏度可做得很高,对作业的天气条件要求比传统的航空摄影照相机要低,这使得数字照相机系统飞行作业的时间相对延长。Carter et al.(1998)使用轻型飞机获取了空间分辨率 1 m、波段分辨率 6～10 nm 的高光谱图像,以监测松树甲虫为害,发现 NDVI 值与严重为害和没有受害的高度相关。Adamsen et al.(1999)应用数字照相机在田间直接获取小麦彩色图像,图像经软件处理获得了冬小麦冠层的绿/红光比值(G/R),该比值与小麦叶片叶绿素测定值(SPAD 值)及 NDVI 指数有很好的相关性。Goel et al.(2003)利用 CASI(compact airborne spectrographic imager)研究玉米田间氮素管理及杂草探测,结果表明,杂草、玉米氮素利用率和它们之间的交互作用在特定波段影响玉米光谱反射率,氮素胁迫的敏感波段为 498 nm 和 671 nm,监测杂草的最佳时间为播种 9 周后。Jia et al.(2004)应用数字照相机在田间直接获取小麦彩色图像,经图像分析得到的冠层绿色深度与其他描述作物氮素营养状况的指标,如植株全氮、叶绿素仪读数、茎基部硝酸盐浓度和地上部生物量等,有良好的相关关系。Moya et al.(2005)利用数字图像分析、可视化分析技术估计南瓜白粉病严重度,经验证,数字图像结果可靠。

国内利用数字遥感进行的研究相对较少。白由路等(2004)利用自建的低空遥感技术体系在精准农业中进行初步应用,如地块边界数字化、地块面积估算、作物种类识别、作物长势分析等,结果表明,系统运行稳定,具有广泛的应用前景。刘良云等(2004)对比了 3 个生育期的条锈病与正常生长冬小麦的 PHI 图像光谱及光谱特征,发现在 560～670 nm 黄边、红谷波段,受条锈病为害的冬小麦其冠层光谱反射率高于正常生长冬小麦的冠层光谱反射率;在近红外波段,受条锈病为害的冬小麦其冠层光谱反射率低于正常生长的冬小麦冠层光谱反射率,且其冠层光谱红谷吸收深度和绿峰的反射峰高度都会减小。他们还设计了病害光谱指数,该指数能成功地监测条锈病对冬小麦的为害程度与范围。

1.3.3 卫星遥感

以卫星、航天飞机、探测火箭等航天飞行器为飞行平台的遥感称航天遥感。卫星遥感是航天遥感中最实用、最普遍的遥感技术。卫星可按其运行轨道、高度和所搭载的传感器类型分为极轨卫星、地球同步轨道卫星、陆地卫星、海洋卫星、气象卫星、雷达卫星和通讯卫星等不同星种。

载有不同传感器的卫星均依靠接收地球表面各类物体发射或反射的不同波长电磁波来达到空间遥感的目的。我们把宇宙射线、X 光波、可见光波、红外光波、微波、工业电波以及声波、超声波等统称为电磁波。目前卫星上广泛使用的是可见光波—红外光波—微波(即 0.4 μm～1.0 m 波长的所有能通过大气窗口的光波)波段上的各种波长的电磁波。每一类物体都有代表自己特有波长的电磁波,对于这些电磁波,可按需要将其划分出上千个波段,并利用这些波段的波谱数据进行专题的科学研究。常用的图像有 NOAA AVHRR、MODIS、Landsat TM、IKONOS 和 QuickBird 等卫星遥感图像。

截至目前,卫星监测虫害最成功的例子当属监测沙漠蝗。由于沙漠蝗的发生与植被状况密切相关,而降水又是植被生长的关键制约因素,因此,从1975年始,FAO就开始利用卫星遥感技术来改善对沙漠蝗的预警和预报能力。通过几年利用美国Landsat陆地卫星数据和NOAA气象观测卫星的AVHRR传感器数据对植被变化进行估计,以及利用气象卫星的冷云资料监测降水来检测和监测沙漠蝗栖息地的试验,FAO在20世纪80年代初建立了利用卫星遥感图像实时监测非洲大陆环境变化的ARTEMIS(African real time environmental monitoring using imaging satellites)系统。通过直接接收气象卫星的逐时数字化信息,自动处理气象卫星和NOAA AVHRR数据,对大区域降水和植被变化进行估计,从而做出蝗情预报。Hielkema(1980)对澳大利亚昆士兰州西南部和澳大利亚东南部地区的研究表明,使用Landsat MSS图像可以有效地监测出蝗虫赖以生存的绿色植被及其动态。Voss et al.(1994)借助1991年的六景Landsat TM图像对北非苏丹红海沿岸一带的沙漠蝗进行了研究,他们首先通过TM图像的预判和对与蝗虫生境有关的自然特征的分析,确定了沙漠蝗有代表性的生境类型,然后应用GPS进行实地调查,并对生境类型计算机分类中所用的训练区进行准确定位,在此基础上,用最大似然分类法对蝗虫生境类型进行监督分类。在利用多时相TM数据来监测梨带蓟马 *Taeniothrips inconsequens* 引起的森林受损时,Vogelmann et al.(1989)发现:若分别以红、绿、蓝来显示TM5/TM4比值、TM5和TM3,则可以明显区分虫害严重与不严重的地区;此外,若分别用红、绿、蓝来显示1988年和1984年的TM4的差值、1988年的TM5和TM3,也可清楚地区分虫害严重与不严重的地区。最后,他们用波段4的差值来有效地估计佛蒙特州南部和马萨诸塞州西北部落叶阔叶林的受损面积。Yang et al.(2005)比较了16波段多光谱植被指数与Landsat TM的宽波段植被指数对麦二叉蚜为害的敏感性,结果表明,前者并未比后者对麦二叉蚜为害的敏感性更高。他们认为,造成这种现象的原因可能是:首先,信噪比的降低导致窄波段植被指数敏感性减弱;其次,在冠层水平上农作物受胁迫后对光谱反射率的影响在窄波段和宽波段可能是相同的;再次,单叶和冠层之间的光谱反射率是不同的。

国内将遥感技术用于农作物病虫害发生条件方面的研究较少且起步晚,已报道的实例包括利用"3S"技术判断出环青海湖地区草地蝗虫多发地的生境类型(蒋建军等,2002)、初步建立草地蝗虫遥感监测及预测系统(倪绍祥,2002),等等。季荣等(2003)用MODIS遥感数据分析蝗灾为害范围和程度,比较受灾前后多时NDVI值的变化。NDVI值增加,表明未受蝗虫为害,而下降则表明是受灾区域。他们结合地面数据,找出了不同为害程度的NDVI临界值。其次,根据像元累计法,确定了不同受灾程度的面积。结果显示,严重受灾区和中等受灾区发生面积判对率分别为72.97%和68.35%。张玉书等(2005)应用NOAA AVHRR资料监测松毛虫为害,利用线性可加垂直植被指数进行混合象元分解,并分别对严重、中度、轻度3种类型发生年进行了定量监测分析,结果表明,NOAA AVHRR资料对中等程度以上松毛虫为害可进行定量监测分析,但所监测的受灾面积比用同期的陆地卫星Landsat TM资料监测的受灾面积小12.1%~14.3%;对于轻度为害区域,采用气象卫星不易分辨,这主要是由于不同下垫面和大气影响的差异,以及气象卫星空间分辨率较低所致。

第2章　数据采集与预处理

本章介绍的遥感数据包括地面高光谱数据和卫星遥感数据。我们首先对这些数据的采集方法和预处理过程做一简单介绍,以为后续数据处理做准备。下面以实例说明。

我们以野外实地试验为依据,将遥感监测和遥感信息提取作为切入点,选择冬小麦主产区河南省为研究对象,于2005和2006年进行了多次试验,尽量在卫星过境、天气晴朗的情况下在野外进行观测,得到同步观测数据,获得研究所需的各种数据,为卫星图像校正和验证遥感数据提供支持。

2.1　小麦病虫害研究区概况

河南省简称"豫",省会郑州。该省位于东经110°21′～116°39′,北纬31°23′～36°22′,面积达16.7万 km²;处于黄河中下游,西高东低,分为豫东平原、南阳盆地及豫西、豫北、豫南山地5部分。

2.1.1　气候特点

河南地处北亚热带和暖温带地区,气候温和,日照充足,降水丰沛,适宜于农业发展。全省由于受季风气候的影响,加上南北部所处的纬度不同以及东西部地形差异,致使热量资源南部和东部多,北部和西部少;降水量南部和东南部多,北部和西北部少,气候的地区差异性明显。全省年平均气温12.8～15.5 ℃,平均气温1月-2～2 ℃、7月26～28 ℃,平均降水量600～1 000 mm。冬冷夏炎,四季分明,具有冬长寒冷雨雪少、春短干旱风沙多、夏日炎热雨丰沛、秋季晴和日照足的特点。河南处于暖温带和亚热带的过渡地带,南北两个气候带的优点兼而有之,具有南北之长,有利于多种植物的生长。其季风性显著,季风气候对农业有利的方面居于主导地位,但也有其不利的一面,主要在于它的不稳定性,具体表现在年降水量的时空分布不均,往往全年的降水量主要集中在夏季,约占全年降水量的45%～60%,降水的不稳定性极易引起旱涝灾害。

2.1.2　地貌特征

河南地势的总趋势为:西部海拔高而起伏大,东部地势低且平坦,从西到东依次由中山到低山,再从丘陵过渡到平原。河南平原广布,辽阔坦荡。省内中部、东部和北部平原由黄河、淮河和海河冲积而成,它西起太行山和豫西山地东麓,南至大别山北麓,东面和北面至省界,面积广阔,土壤肥沃,是我国重要的农耕区。西南部为南阳盆地,具有明显的环状和阶梯状地貌特征,面积约2.6万 km²,是河南最大的山间盆地;盆地中部地势平坦,水热资源丰富,多种植物均可在此生长发育。

2.1.3　土壤类型

河南受其气候、地貌、水文等自然条件的影响,加之农业开发历史悠久,其土壤大类型有黄棕壤、棕壤、褐土、潮土、砂姜黑土、盐碱土和水稻土 7 种。若以质地分类,它们占总耕地的百分比是:黏质 47.1%、砂质 19.9%、壤质 15.1%、砂壤质底层加胶泥 14.0%、砾质 3.9%。

2.1.4 病虫害发生情况

河南是冬小麦主产区,2006 年冬小麦播种面积达 501 万 hm^2,是重要的商品粮生产和出口基地。2004 年,河南小麦病虫害中度发生,全省小麦各种病虫害累计发生总面积 1 840 万 hm^2,其中:小麦病害累计发生面积 840 万 hm^2,虫害累计发生面积 1 000 万 hm^2。常见的小麦病害有条锈病、白粉病、赤霉病、锈病、黑穗病和全蚀病等,害虫主要有蚜虫、吸浆虫、麦蜘蛛、麦叶蜂、黏虫、潜叶蝇等。

2.2 数据调查与资料收集

2.2.1 地面光谱数据采集

在小麦病虫害发生期内,定期(7 d)对研究区内遭受不同程度病虫为害的小区进行高光谱测量,所用仪器为美国 Analytical Spectral Device 公司的 ASD FieldSpec HandHeld 便携式地物光谱分析仪,其快速、多次光谱平均和高信噪比的优点使得所采集的数据具有可靠的质量保证。该光谱仪的技术参数及配置如下:

探测器:低噪声 512 阵元 PDA;

光谱范围:325～1 050 nm;

波长精度:±1 nm;

测定速度:固定扫描时间为 0.1 s,多次光谱平均最多可达 31 800 次;

输出波段:512(间隔 1.438 nm);

采样时间:10 次/s;

标准参考板:ASD BaSO$_4$ 标准白板;

记录参数:DN(raw)值、相对反射率值(ref)或辐射值(rad),可选;

观测通道:单通道,光纤传输,非同步参考板测定;

光缆配置:标配 1.5 m;

镜头配置:3.5°前视场角镜头。

测量方法:用 ASD FieldSpec HandHeld 便携式地物光谱分析仪,选择晴朗无风天气,于 10:00 — 14:00 之间进行冬小麦冠层高光谱反射率测定,测定时探头垂直向下距冠层顶约 1.5 m,每一小区重复测定 20 次,每次测量前后均用标准的参考板进行校正。测量过程中,操作人员应面向太阳站立于目标区的后方(图 2-1),记录员等其他成员均应站立在观测员的身后,避免在目标区两侧走动。在转向新的测量小区时,测量人员应面向太阳接近目标区,测试结束后应沿进场路线退出目标区。测量时探测头应保持垂直向下,尽量选择在机下点测量,避免测量目标的二向反射性(BRDF)影响。对同一小区的测量次数(记录的光谱曲线条数)应不少于 10 次,每组观测均应以测定参考板开始,最后以测定参考板结束。特殊情况下,当太阳周围 90°立体角范围内有微量漂移的淡积云,光照亮度不够稳定时,应适当增加参考板测定密度。

图 2-1　田间高光谱反射率测量

2.2.2　低空遥感图像采集

低空遥感图像采集使用的是中国农业科学院基于航模的低空遥感系统(白由路等,2004)。该系统运载工具采用的是固定翼型无人飞机(图 2-2),该机操作简单、造价低,具有一定的飞行高度和距离,是低空遥感较为理想的运载工具。

a

b

图 2-2　低空遥感系统和采集到的遥感图像
a.低空遥感　b.遥感图像

在以微型无人机为运载工具的低空遥感中,由于其运载质量有限,传感器的类型受到很大的限制,目前主要使用常规摄影器材,即普通照相机和数字照相机,而其他传感器如多光谱扫描仪、红外扫描仪、测视雷达等均难以应用。因此,低空遥感的类型也主要以被动遥感为主。随着数字照相机和CCD 图像传感器技术的发展,使用数字照相机作为低空遥感的传感器具有较广阔的前景。这是因为：首先，以数字照相机作为传感器，更易于地面的监控，可以将数字照相机的取景器用 PAL 或 NTSC 制式传送到地面，避免盲拍，使空中拍摄成功率大为提高；其次，数字照相机拍摄的照片易于计算机处理，减少了胶片在洗印过程中产生的色偏等问题；还有，由于 CCD 的感光范围在可见光到红外波段，数字照相机稍加改造即能进行红外波段的反射光谱研究。

2.2.3　Landsat TM 卫星图像采集

Landsat TM 传感器是在 Landsat MSS 传感器基础上经重大改进而成的多光谱扫描仪，由它获得的图像是迄今在全球应用最广泛、成效最为显著的地球资源卫星遥感信息源。与 Landsat MSS 相比，Landsat TM 具有更高的图像几何分辨率和几何保真度，并有更好的光谱选择性与辐射准确性。Landsat TM 可以同时响应从可见光至热红外 7 个波段的电磁辐射信号，特别是波长为 1.55～1.75 μm 的中红外通道，处于多种地物反射特性差异最显著的光谱区，成为 TM 数据的精华（孙家炳等，2000）。

Landsat TM 7 个波段的数据及其特点（表 2-1）如下：

表 2-1　TM 波段、波长范围及分辨率

波　段	波长范围/μm	分辨率/m
1	0.45～0.52	30
2	0.52～0.60	30
3	0.63～0.69	30
4	0.76～0.90	30
5	1.55～1.75	30
6	10.40～12.50	120
7	2.08～2.35	30

TM1　0.45～0.52 μm，蓝波段。该波段位于水体衰减系数最小、散射最弱的部位（0.45～0.55 μm），对水的穿透力最大，可获得更多的水下细节，用于判别水深、浅海水下地形、水体混浊度、沿岸水、地表水等，进行水系及浅海水域制图。同时，它位于绿色植物叶绿素的吸收区（0.45～0.50 μm），对叶绿素与叶绿素浓度反应敏感，可用于海水叶绿素含量监测，特别是常绿与落叶植被的识别、森林类型制图以及土壤与植被的区分，也有助于植物胁迫的识别。

TM2　0.52～0.60 μm，绿波段。该波段位于健康绿色植物的绿色反射区（0.54～0.55 μm）附近，对植物的绿反射敏感，可用于识别植物类别和评价植物生产力。

TM3　0.63～0.69 μm，红波段。该波段位于叶绿素的主要吸收带（吸收谷在 0.67～0.69 μm），可根据对不同植物叶绿素的吸收来区分植物类型、覆盖度，判断植物生长状况、健康状况等。此外，该波段对地表、植被、土壤、地层、人文特征等可提供丰富的信息，为可见光最佳波段。

TM4　0.76～0.90 μm，近红外波段。该波段位于植物的高反射区，光谱特征受植物细胞结构控制，反映大量植物信息，故对植物的类别、密度、生产力、病虫害等的变化最敏感。用于植物识别分类、生物量调查及作物长势测定，为植物通用波段。同时，它处于水体强吸收区，可用于区分土壤湿度及寻找地下水。

TM5　1.55～1.75 μm，中红外波段。该波段位于水的两个吸收带（1.4 μm 和 1.9 μm）之间，受两个吸收带的控制。它反映植物和土壤水分含量，利于植物水分状况研究和作物长势分析等，从而提高了区分不同作物肥力状况的能力。此外，该波段雪比云反射率低，色调暗而形成较大的反差，易于区分雪和

云,特别是那些可见光、近红外、热红外波段均难以区分的小而薄的云。一般来说,TM5 信息量大,利用率高。

TM6 $10.40\sim12.50$ μm,热红外波段。它可探测常温的热辐射差异。根据辐射响应的差异,可进行植物胁迫分析、土壤湿度研究、农业与森林区分、水体和岩石等地表特征识别,并可监测与人类活动有关的热特征。

TM7 $2.08\sim2.35$ μm,短波红外波段。该波段位于水的两个吸收带(1.9 μm 和 2.7 μm)之间,受两个吸收带的控制,对植物水分、岩石和特定矿物敏感(赵英时,2004)。

本试验所用 Landsat TM 数据由中国科学院卫星地面站提供,两景图像拍摄时间分别为 2006 年 4 月 30 日和 5 月 16 日,轨道号为 124/36。

2.2.4 非遥感信息数据收集

非遥感信息数据包括地面调查数据和地理信息数据,均须收集掌握。地面调查数据主要包括病虫害发生级别、光谱反射率测量、全球定位系统(GPS)确定的调查点的位置信息、天气情况、风力等数据;地理信息数据主要为国家基础地理信息中心提供的 1:25 万电子地图,包含政区、水系、公路、铁路等信息。

2.3 数据预处理

2.3.1 高光谱反射率数据预处理

将田间测量所得光谱数据由光谱仪传入计算机,转换为反射率数据,再采用光谱仪自带的光谱反射曲线分析软件进行数据平均、求和等预处理,为下一步统计分析做数据准备。

2.3.2 遥感图像预处理

遥感图像预处理主要包括根据研究区对遥感图像进行导入、剪切、大气辐射校正和几何精校正等。

1. 遥感图像大气辐射校正

利用遥感器观测目标物辐射和反射的电磁能量时,从遥感器得到的测量值与目标物的光谱反射率或光谱辐射亮度等物理量是不一致的,遥感器本身的光电系统特征、太阳高度、地形以及大气条件等都会引起光谱亮度的失真。为了正确评价地物目标的反射特征和辐射特征,必须尽量消除这些失真,这种消除图像数据中依附在辐射亮度里的各种失真的过程称为"辐射校正"。完整的辐射校正包括遥感器校正、大气校正以及太阳高度角和地形校正(赵英时,2004)。由于系统辐射校正需要知道一系列参数,因此校正一般由卫星地面站完成。所用的遥感影像辐射亮度值是经过了系统辐射校正后的数据,因此研究中不需要进行系统辐射校正。地形起伏变化引起的图像变形的校正比较复杂,需要影像覆盖区域的 DEM 数据,由于本研究区为平原地区,地形相对平坦,不必进行地形起伏校正。需要做的仅仅是对大气影响的校正。

太阳光到达地物及地物反射和辐射光到达传感器均会被大气中的物质吸收和散射,地物除接受到太阳光的照射外,还受由大气引起的散射光影响。同样,传感器接收的光除了来自地物的反射、辐射外,也接收到大气的散射光,从而引起辐射误差,消除这些误差的处理过程称为"大气校正"。大气校正的方法主要有以下 3 种:一是利用地面数据进行大气校正,即通过将野外实地波谱测试获得的无大气影响的辐射值与卫星传感器同步观测结果进行分析计算,以确定校正量;二是利用波段对比分析来进行大气校正;三是测量大气参数,然后按照理论公式求得大气干扰辐射量而加以校正。

通常大气校正比较难,因为大气校正要求获取成像时当地的大气条件数据。作者采用了基于大气辐射理论的 6S 大气校正模型(Liang et al. ,2001)。6S 是 Second Simulation of the Satellite Signal in the Solar Spectrum 的缩写,该模型对不同情况(不同传感器、不同的地面状况)下太阳光在太阳—地面目标—遥感器整个传输路径中所受大气的影响进行了描述,包括大气点扩散函数效应和表面方向反射率的模拟(阿布都瓦斯提·吾拉木等,2004)。一直以来,国内外许多遥感专家都在积极从事该模型的发展,并结合地面场地外定标进行目标信息的反演研究,并取得较理想的结果(田庆久等,1997)。比如国家对地观测系统 MODIS 共享平台其大气校正采用了 6S 模型,三峡库区相关生态环境监测研究中应用该模型进行了 Landsat TM 影像大气校正。在软件里需要输入的主要参数如下:几何参数,包括太阳天顶角和方位角、卫星轨道参数与时间参数;大气组分参数,包括水汽、灰尘颗粒等参数(在本研究中由于缺乏精确的实况数据,用 6S 提供的标准模型里"中纬度夏季"模型的标准大气组分代替);气溶胶组分参数,包括水分含量以及烟尘、灰尘等在空气中的百分比等参数,也可用"大陆模型"来描述标准大气的气溶胶组分等;气溶胶的大气路径长度,一般可用当地的能见度参数表示;被观测目标的海拔高度及遥感器高度;其他参数等(赵英时,2004)。

2.遥感图像几何校正

从遥感卫星传感器获取的原始影像数据存在几何变形,即图像上的像元在图像坐标系中的坐标与其在地图坐标系等参考坐标系中的坐标之间存在差异,因此需要消除这种差异,即需要几何校正。几何校正分为绝对校正和相对精校正。卫星地面站和网站提供的 LEVEL 2 数据根据遥感平台的各参数已做过粗校正,但仍然不能满足应用要求,还需要作遥感影像相对于地面坐标的几何精确配准校正。几何精校正,即利用地面控制点(ground control point,GCP),图像上易于识别并可精确定位的点对因其他因素引起的遥感图像畸变进行校正。遥感图像几何精校正是实现遥感数据与实测数据相配准的主要环节,直接影响着分类结果的准确性。主要包括地面控制点采集、重采样计算、采样精度验算、调整控制点等几个步骤,其中最关键的是地面控制点即 GCP 的采集。经过位置计算后找到的对应 x 和 y 值,绝大多数不在原来像元的中心,因而必须重新计算新位置的亮度值,进行亮度值内插计算,也就是重采样。计算的方法通常有:最近邻法重采样、双线性内插和 3 次卷积内插。最近邻法(nearest neighbor),直接取其周围相邻的 4 个点中距离最小点的亮度值,计算方法简单,完全保留了原图像像元的光谱值,几何位置误差在 0.5 个像元以内,但会使部分线状特性发生扭曲或变粗成块;双线性内插(bilinear interpolation),取其周围 4 个邻点亮度值,利用 X 方向和 Y 方向进行 3 次内插得到;3 次卷积内插(cubic convolution),取其周围相邻的 16 个点亮度值,组成连续的内插函数计算得到。后两种内插方法都会不同程度地减少线状特性块状化现象,提高采样精度,改善图像目视效果,但同时也会改变原始图像的光谱特征值,降低图像分辨率,对图像起到平滑作用。考虑到校正后的数字图像将用于遥感影像自动分类,应尽量地减少影像亮度信息的损失和综合。因此,采用最近邻法重采样,采用二次曲线拟合法纠正变换关系,结果比较理想。纠正后图像经 RMS 检验,误差低于 1 个像元。

2.3.3　其他数据处理

本研究使用的气象数据包括每日 4 次(2:00, 8:00, 14:00, 20:00 时)定时气温数据。原文件存储形式为纯文本(txt)文件,经数据转换加工,形成 dbf 文件格式。

第3章　利用小麦冠层光谱变化监测麦蚜为害

　　遥感技术是目前国际上监测农作物遭受病虫为害后光谱特性变化最先进的手段之一,其依据是基于农作物遭受病虫为害时生理变化所引起的绿叶中细胞活性、含水量、叶绿素含量等的变化,表现为农作物反射光谱特性上的差异,特别是红色区和红外区的光谱特性差异。受害植物的光谱特性与健康植物的光谱特性相比,某些特征波长的值会发生不同程度的变化。研究农作物遭受病虫为害后的光谱变化,制作病虫危害程度与光谱变化曲线,确定不同农作物和病虫害监测的敏感波段和敏感时期,是高光谱遥感应用于病虫害监测的关键。因此,应用高光谱遥感技术,研究和利用受害农作物光谱特性的变异信息,可以为大规模地监测农作物病虫害发生动向提供可靠的依据。

　　地面光谱测量是研究农作物遭受不同程度病虫为害后光谱响应机理的基础性工作。本章利用ASD FieldSpec HandHeld 便携式地物光谱分析仪(高光谱仪),探测受麦蚜为害的小麦冠层光谱信息,研究小麦遭受麦蚜不同程度的为害后,其光谱反射特性的变异和微分光谱的变化,进而明确麦蚜灾害监测的敏感波段。

3.1　麦蚜简述

　　麦蚜是我国麦类作物上重要的害虫之一,每年发生面积占总面积的90%以上,它们不仅分布广、发生量大,直接造成麦类作物产量和品质的严重损失(产量损失达8%以上,最高可达30%以上),而且还是麦类黄矮病毒(BYDV)的主要传毒媒介。在我国,小麦上最常见的有麦长管蚜 *Sitobion avenae* (Fabricius)、麦二叉蚜 *Schizaphis graminum* (Rondani)和禾谷缢管蚜 *Rhopalosiphum padi* (Linnaeus) 3种。其中,麦二叉蚜分布偏北,禾谷缢管蚜在南方冬麦区为害,麦长管蚜在南北方地区均发生。

图3-1　麦长管蚜田间为害状

　　麦蚜以刺吸式口器吮吸麦株茎、叶等的汁液。其在苗期发生,可使小麦叶色发黄,分蘖减少,甚至死亡;穗期发生,则导致麦粒不饱满,品质下降,甚至使麦穗干枯不结实。麦二叉蚜的为害能力最强,它不但吮吸汁液,而且还能分泌毒素,破坏叶绿素,在叶片上形成黄色枯斑;它怕光,多分布在植株下部和叶的背面为害。麦长管蚜则喜光,多分布在植株上部、叶的正面和麦穗上(图3-1)。禾谷缢管蚜怕光喜湿,多分布在植株下部、叶鞘内和根际,嗜为害茎秆,最耐高温高湿。麦二叉蚜生长发育最适温区在15~20 ℃,麦长管蚜最适温区在12~20 ℃,禾谷缢管蚜最适温区在30 ℃左右。

　　秋播小麦出苗后,各种蚜虫由田外飞入麦田繁殖;次春小麦抽雄前,麦蚜大量发生为害;到小麦成熟前,麦蚜迁移到夏玉米幼苗和杂草上为害。秋季麦蚜再迁回麦田越冬,周年循环不息。

3.2 材料与方法

3.2.1 试验材料

试验品种为郑州 891 冬小麦。本试验于 2003 年 4—6 月在河南农业大学科技园区进行(34.86 °N,113.59 °E),试验小区长 7 m、宽 3 m,田间蚜虫为自然混合发生。考虑到大范围的应用,本试验没有设定无蚜区。

冬小麦冠层光谱测量仪器为 ASD FieldSpec HandHeld 便携式地物光谱分析仪。该光谱仪的波段值为 325～1 050 nm,分辨率 3 nm,视场角 25°,采样间隔(波段宽)1.41 nm。

3.2.2 光谱测量方法

在麦蚜为害初期,选择晴朗无风的天气,于 10:00—14:00 之间进行冬小麦冠层高光谱反射率测定。测定时将光谱仪的探头垂直向下距冠层顶约 1.3 m,测量前均同步测量参考板反射和太阳辐射光谱数据以用于标定,测定过程中用 $BaSO_4$ 白板进行校正。每一测量点重复测定 10 次,之后通过参考板反射率值和 DN(digital number)灰度值转换公式,计算出目标反射率值:

$$R = \frac{DN}{DN'} \times R'$$

式中 R 为目标反射率;DN 为目标灰度值;DN′ 为参考板灰度值;R' 为参考板反射率。

再将 10 次的反射率值平均,得到该测量点冬小麦冠层光谱反射率值。测量后立即调查百株蚜量。

蚜虫数量调查方法:在每一测量点的 2 m² 区域内选取 5 点,每点调查 20 株小麦,最后得出每百株小麦的蚜虫数量。

3.2.3 数据处理

光谱数据由光谱仪传入计算机后,转换为反射率数据,采用光谱仪自带的光谱反射曲线分析软件进行数据分析处理(波长数据范围 325～1 050 nm)。数据统计分析使用软件 SPSS 10.0 和 EXCEL 处理。

3.3 结果与分析

3.3.1 健康小麦冠层的基本光谱反射率特征

生长正常的小麦,由于叶绿素、叶黄素、胡萝卜素、花青素等色素吸收所致,在可见光波段(400～700 nm)反射率较低,大约在 553 nm 黄绿波段处有 1 反射峰——绿峰,在 640～680 nm 之间有 1 红光吸收谷——红谷,而在近红外区(700~1 000 nm)反射率较高,一般在50%左右,它是近红外反射光谱的高原区,这是叶片内部组织结构复杂、细胞层数多、经多次反射散射的结果(图3-2)。

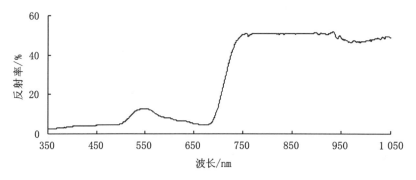

图3-2　健康小麦冠层的光谱曲线图

3.3.2　不同时期健康小麦的光谱特征

由图3-3可以看出,随着小麦生育期的推进,小麦冠层光谱在黄光区有着较大的差别,这与小麦随着生育期的推进逐渐变黄乃至成熟有关,表现在光谱上就是黄光区的反射率提高;而在近红外区域,它们的差异不是特别明显,都表现了很高的反射率。

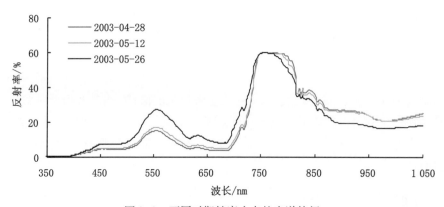

图3-3　不同时期健康小麦的光谱特征

3.3.3　受麦蚜不同程度为害的小麦冠层光谱反射曲线分析

麦蚜为害时吸取寄主汁液,破坏小麦叶片的细胞结构,降低了小麦叶片的养分含量和含水量,使植株生长发育不良,加上大量麦蚜聚集在叶片、茎秆和穗部排泄蜜露,从而影响植株的呼吸和正常的光合作用。其所受影响最明显的特征表现在植株叶片上。从光谱曲线来看,在麦蚜为害的初期,光谱特征差异就比较明显。如图3-4所示,在720~760 nm之间,小麦冠层光谱反射曲线斜率随麦蚜数量的增加而降低(近红外区的反射曲线斜率,也称作"红边",它的变化将在下面进行分析),近红外区光谱反射率也下降,而且受害重时比受害轻时的变化率大,使近红外陡坡效应受到明显的削弱。还可以看出,在蚜量较少时,小麦冠层叶片在近红外区的反射率就已经开始发生变化。

小麦遭受蚜虫不同程度的为害后,在各个不同的波段里光谱曲线有着明显的差异。由表3-1可以看出,随着麦蚜为害程度的加重,小麦冠层的反射率在不同波段有明显的下降,在不同的特征波段、不同为害程度间平均反射率的下降差异极显著,尤其在近红外区下降量更为显著。

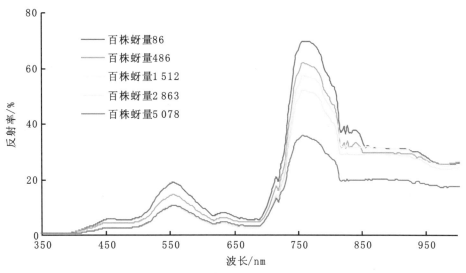

图 3-4　受麦蚜不同程度为害时小麦冠层的光谱曲线图

表 3-1　受麦蚜不同程度为害时小麦冠层光谱反射率的平均值及标准差

百株蚜量/头	560 nm	680 nm	760 nm
	平均反射率 ± 标准差	平均反射率±标准差	平均反射率±标准差
86	0.264 13±0.024[a]	0.809 1±0.026[a]	0.516 70±0.018[a]
486	0.201 60±0.015[b]	0.668 0±0.015[b]	0.465 54±0.016[b]
1 512	0.151 90±0.012[c]	0.381 8±0.020[c]	0.427 92±0.018[c]
2 863	0.146 30±0.022[d]	0.491 3±0.029[d]	0.386 10±0.029[d]
5 078	0.149 00±0.020[d]	0.481 0±0.026[e]	0.260 40±0.018[e]

注:表中同一列中标有不同字母的示 Duncan 氏多重比较,字母不同者为差异显著,字母相同者为差异不显著。下同。

3.3.4　小麦群体反射率一阶导数光谱在麦蚜发生时的变化

不同作物生长有其特有的季相规律,在其生长的不同阶段,从内部成分、结构到外部形态均会发生一系列的变化,从作物细胞的微观结构到植物群体的宏观结构上均有反映,这种反映导致作物个体或群体物理、光学特性的周期变化,在遥感影像中以各种色调、色彩、形状结构等来反映它的内容和特点,而遥感图像上的光谱信息,主要就是通过绿色植物冠层光谱特征的差异和动态变化反映出来的。

由于自然条件的复杂性,往往采用原始的植被冠层的反射辐射光谱曲线并不足以建立可靠的判读标志,因此需要进行一系列的统计计算,以便在最大程度上显示不同时期受麦蚜不同程度为害时小麦的光谱差异。

光谱微分技术可对反射光谱进行模拟并计算出不同阶数的微分值,从而迅速地确定光谱拐点及最大、最小反射率的波长位置。一般认为,可用一阶微分处理去除部分线性或接近线性的背景、噪声对目标光谱(必须为非线性的)的影响(图 3-5)。因此,使用导数光谱技术能够减小土壤背景对作物光谱反射值的影响。一阶微分光谱的近似计算公式如下:

$$\rho'(\lambda_i) = \frac{\rho(\lambda_i + 1) - \rho(\lambda_i - 1)}{2\Delta\lambda}$$

式中　λ_i 为每个波段的波长；$\rho'(\lambda_i)$ 为波长 λ_i 的一阶微分光谱；$\Delta\lambda$ 为波长 $\lambda_i - 1$ 到 λ_i 的间隔。

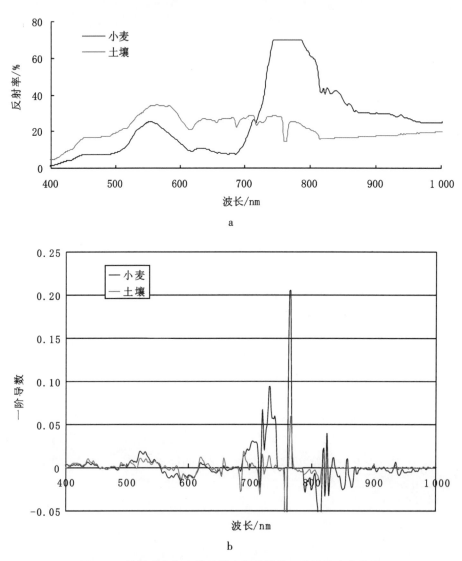

图 3-5　健康小麦与土壤反射光谱曲线及一阶导数变化曲线

a. 反射光谱曲线　b. 一阶导数变化曲线

由于部分减弱了背景因素的影响,光谱反射率的一阶导数变化能清晰地反映出作物光谱的变化特征。如图 3-5 所示,一阶导数光谱变化最大的部分为红边区域,红边是由于作物在红光波段强烈地吸收与近红外波段的反射造成的,通常采用红边斜率和红边位置这两个因子来描述红边特征。

由图 3-6 可以看出,受麦蚜不同程度为害时,小麦冠层反射率的一阶导数在近红外波段(650～800 nm)发生剧烈的变化,且随着为害程度的加重其一阶导数的值(即红边斜率)逐步下降(表 3-2)。在不同为害水平上,除百株蚜量 486 头和 1 512 头之间差异不显著外,其他各个水平差异均极显著,而红边位置的变化不是特别明显。

3.3.5　受麦蚜不同程度为害后小麦植被指数的变化

计算受麦蚜不同程度为害后小麦的归一化植被指数(NDVI)。如图 3-7 所示,麦蚜数量较少时,

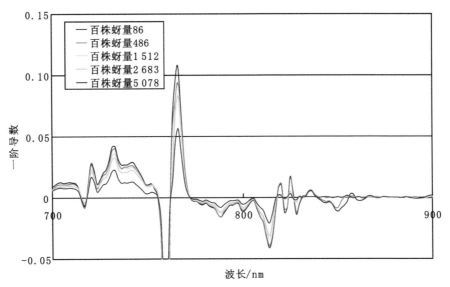

图 3-6　受麦蚜不同程度为害时小麦冠层反射率—阶导数变化曲线

表 3-2　受麦蚜不同程度为害时反射率的一阶导数最大值平均数及标准差

百株蚜量/头	一阶导数最大值平均数及标准差
86	$0.107 \pm 0.000\,2$ [a]
486	$0.093 \pm 0.003\,6$ [b]
1 512	$0.091 \pm 0.043\,0$ [b]
2 863	$0.083 \pm 0.003\,6$ [c]
5 078	$0.067 \pm 0.031\,0$ [d]

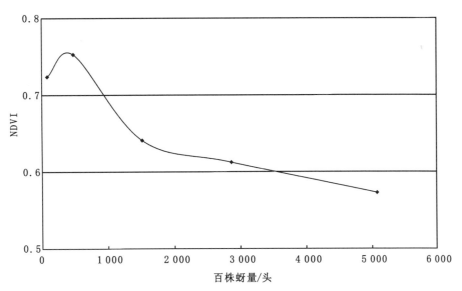

图 3-7　受麦蚜不同程度为害时小麦 NDVI 的变化

NDVI 保持了较高的值,而且百株蚜量在 486 头时的 NDVI 反而比百株蚜量 86 头时高,可能是由小麦的补偿效应造成的。当蚜量持续增加时,NDVI 值出现了显著的下降,表明小麦的内部组织发生了变化,麦蚜刺吸小麦叶片的汁液,造成细胞活性、含水量与叶绿素含量的变化,从而导致小麦发黄,而且麦蚜的排泄物污染了叶片,使小麦冠层的绿度下降,NDVI 值降低。

使用 NDVI 的一个不利因素是它对土壤背景的变化比较敏感,在大范围的遥感监测中背景变化非常剧烈,土壤颜色的变化及岩石等对 NDVI 影响较大。本试验在一个小的范围内进行,而且小麦对土壤背景的覆盖度较高,土壤背景的变化不是很大,对 NDVI 的影响较小,因此用 NDVI 表征植被绿度是恰当的。

将 NDVI 和百株蚜量作线性回归分析,得预测方程 $y = -0.3 \times 10^{-4}x + 0.728\,7$,$R^2 = 0.843\,1$,NDVI 的预测值如图 3-8 所示,因此可以用 NDVI 来反演小麦上的麦蚜数量。但正如上所述,NDVI 对土壤背景的变化比较敏感,在小麦生长后期即小麦对地覆盖率 90% 以上时其预测效果较好,而对前期则预测效果较差。不过小麦蚜虫发生时小麦已到拔节期,对地覆盖率已经很高,所以用 NDVI 来预测蚜量是可行的。

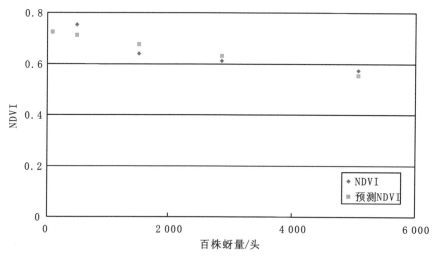

图 3-8　NDVI 和百株蚜量回归及其预测值

3.4　结论与讨论

麦蚜为害造成小麦光谱变化,主要是由于其为害导致小麦细胞活性、含水量与叶绿素含量下降和其分泌物对叶片污染所致。小麦生育期内叶绿素含量的变化与麦蚜数量间存在着动态关系(Riedell et al.,1999;何国金等,2002),叶绿素含量变化的光谱行为,表现为叶绿素在某些光谱波段的吸收率和反射率的变化,这就为应用遥感技术监测麦蚜虫害提供了可能。

绿色植物的光谱反射曲线具有较好的一致性:560 nm 附近绿光区具有较高的光谱反射率,680 nm 红光区的光谱反射率较低,进入 720 nm 波段光谱反射率开始急剧上升,在近红外区维持很高的光谱反射率。当植物受到病虫害侵染时,红光区和近红外区的光谱反射率发生明显变化。本试验结果表明:在麦蚜为害的初期,近红外反射率明显降低,即陡坡效应受到明显的削弱;随着麦蚜为害程度的加重,小麦冠层的反射率在不同波段有明显的下降,尤其在近红外区下降更为显著。利用光谱微分技术,对受麦蚜不同程度为害的小麦冠层反射率求一阶导数,得到红边斜率。结果表明:麦蚜为害后,小麦冠层的红边斜率在近红外波段(650~780 nm)发生剧烈的变化,且随着为害程度的加重其值逐步下降,而红边位置变化不是特别明显,这可能与麦蚜的为害部位有关,从调查的结果看,麦蚜中以长管蚜居多,多在穗部为害;也可能与不同为害水平时叶片叶绿素下降量差异不很明显有关。

麦蚜为害后的光谱曲线变化和大豆胞囊线虫(Nutter et al.,2002)、稻瘟病(吴曙雯等,2001)为害后作物的光谱曲线变化结果相一致。从目前的试验结果来看,小麦受到麦蚜不同程度的为害时,其冠层光谱特性发生变化并呈现出较好的光谱变化规律,尤其在病害感染初期近红外区反射率就已发生明显变化,这种变化有利于麦蚜的遥感早期监测与预报。

蚜量和 NDVI 也存在着相关关系(相关系数-0.91),蚜虫数量的增加导致了 NDVI 值的下降,而且在百株蚜量 500 头左右时 NDVI 值达到最高,之后随着蚜量的增加 NDVI 值逐渐下降。这和何国金等(2002)的研究结果一致,他们证明了利用此植被指数监测麦蚜的可行性,并给出了小麦蚜虫防治时点,即百株蚜量 500 头左右时。NDVI 的规律性变化为使用遥感技术大范围监测病虫害提供了基础数据。

第4章 低空遥感监测小麦白粉病

低空遥感至今还没有一个确切的定义,一般认为,高度在 1 000 m 以下的航空遥感称为"低空遥感"。低空遥感具有很大的优势,因为在 1 000 m 以下低空飞行,较少受云层影响,对作业天气条件的要求比传统航空摄影相机要低,而且系统质量轻,体积小,易操作。随着 CCD 技术的发展,使用基于 CCD 技术的传感器比传统相机更具优势:首先,基于 CCD 技术的传感器,更易于地面的监控,用 PAL 或 NTSC 制式传送到地面,可避免盲拍,使空中拍摄成功率大为提高;其次,数字照片易于计算机处理,减少了胶片在洗印过程中产生的色偏等问题;还有,由于 CCD 的感光范围在可见光到红外波段,数字照相机稍加改造即能进行红外波段的反射光谱研究。低空遥感最大的优势在于其价格低廉,降低了数据采集成本,提高了采集效率。

国内外研究者利用数字遥感在作物生长期监测(Adamsen et al.,1999;Jia et al.,2004)、氮素含量估计(Jia et al.,2004)、植被覆盖度(Lukina et al.,1999)、杂草识别(Goel et al.,2003)、外来入侵植物监测(Stow et al.,2000)和作物估产(Ye et al.,2006),以及精准农业(Seelan et al.,2003;白由路等,2004)等中都有应用。

在地面光谱测量的基础上,利用基于数字技术的低空遥感技术体系(白由路等,2004),我们于 2006 年在河北省廊坊小麦白粉病发生期内对其进行了低空遥感图像采集,并研究了低空遥感监测白粉病的可行性。

4.1 小麦白粉病简述

小麦白粉病 *Blumeria graminis* (f. sp)*tritici* 是世界性病害(图 4-1),在各国小麦产区均有分布。在 20 世纪 70 年代以前,我国小麦白粉病主要在西南地区和山东沿海地区局部严重发生,70 年代后期以来,其发生范围不断扩大。目前此病害的发生不仅遍及黄淮、长江流域等主要冬麦区,而且还波及至东北春麦区(图 4-2)。

小麦叶片受白粉菌感染后,叶片内部发生一系列形态组织结构变化,细胞表面和内部出现大量丝状物,表皮细胞的内含物解体,内部被菌丝体占据,向外一面的细胞壁加厚;维管束鞘和维管束细胞的壁变厚,维管束鞘内层和外层的细胞萎缩或解体;叶肉细胞里线粒体结构被破坏,叶绿体膜

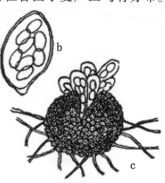

图 4-1 小麦白粉病菌形态

a.分生孢子和分生孢子梗(仿康振生等)

b.子囊和子囊孢子　c.闭囊壳和子囊

破裂,类囊体空泡化,基粒片层排列疏松。随着病情的发展,在叶片上开始出现黄色小点,而后逐渐扩大为近圆形或椭圆形的病斑,表面覆有一层白粉状霉层,发病严重时病斑连成一片,形成大片白色至灰色霉层。叶片形态和内部结构的变化最终导致植物光谱曲线形状的改变。小麦受白粉菌侵染的部位主要是叶片,但严重时叶鞘、茎秆和穗部也可受害。随着病害加剧,植株内部形态结构的变化直接影响其外部形态和农艺性状,致使叶色、叶面积指数(LAI)、生物量和覆盖度等显著变化,可见光到热红外波段反射光谱与健康植株差异逐渐明显,可见光区

图 4-2　小麦白粉病田间为害状

域的光谱反射率整体呈上升趋势,而在近红外区域呈下降趋势,叶绿素反射峰红移明显,红边区域的特征波长值蓝移,红谷吸收深度和绿峰顶点降低。因此,可利用光谱特征监测白粉病为害。

4.2　研究方法

4.2.1　低空遥感系统介绍

低空遥感的硬件设备主要由空中设备和地面设备组成。空中设备,包括摄影遥控接收机及舵机、数字照相机、视频发射机、飞行遥控接收机及舵机、微型无人机等;地面设备,主要包括摄影遥控器、视频接收机、取景监视器和飞行遥控器等。为了节约成本,微型无人机采用全人工目测遥控。整个系统的工作过程可分为两个基本部分:一部分是控制微型无人机飞行的控制和操作系统。微型无人机的飞行操作与控制由遥控器、接收机和 4 个舵机组成,分别操作微型无人机的风门、升降、副翼和方向舵,以控制飞机的飞行姿态、高度等。为了适应田间条件下的安全起降,该系统采用弹射起飞、滑橇着陆。另一部分是应用摄影操作和取景监视系统。该系统主要由摄影遥控器、接收机及舵机、数字照相机、视频发射机、视频接收机和取景监视器组成,其工作原理是:将数字照相机的取景器信号调制成 PAL 制式的视频信号,由视频发射机送至地面,再由地面的视频接收机接收,送入监视器,摄影操作员可根据监视器影像操作摄影遥控器,进行空中拍摄。由于微型无人机的飞行半径不超过 1 000 m,所以,视频接收机的功率为 0.5～1.0 W 功率即可。为了避免两套遥控系统之间的干扰,最好采用型号不相同的遥控系统,频率相差在 30 kHz 以上。

低空遥感运载工具是基于汽油燃料的轻型航模飞机,传感器采用 Canon-G2 数字照相机,镜头前加 UV 镜以减少紫外光的影响。相关参数设定:照相机分辨率 4.0G 像素,飞行高度 200 m,快门速度 1/400 s,光圈自动,连续中央自动对焦,地面分辨率 10 cm,图像格式 JPEG。

4.2.2　试验设计

供试冬小麦品种:由中国农业科学院植物保护研究所白粉病组提供的感病品种京双 16;供试白粉菌株:由白粉病组提供的 E20,为宽毒谱的菌株。

光谱仪选用 ASD FieldSpec HandHeld 便携式地物光谱分析仪,其性能见本书第 2 章 2.2.1 节。

试验在中国农业科学院植物保护研究所廊坊基地进行。试验分别设 5 个处理,用不同药剂浓度控制不同的病害发生梯度,3 次重复,随机区组排列,小区面积 20 m²,每个小区种植小麦 16 行,

行距 25 cm。

4.2.3　接种方法与病害调查

白粉病接种前,先将要接种的 E20 菌株在温室中用小花盆内的麦苗进行繁殖;待小麦幼苗发病后,于初春 3 月底接种于每个小区,方法是先在每小区扫接一遍,然后把幼苗栽于小区内。为使白粉病菌的侵染和发病有一个良好的环境条件,在田间管理上应注意多浇水,增加氮肥施用量,在小麦播种时和返青后各施 1 次尿素。

用改进的"0~9"级法对小麦发病情况进行调查(盛宝钦等,1991)。每个小区 5 点取样,每点调查 30 株,每隔 7 d 调查 1 次,并计算各小区病情指数。

4.2.4　低空遥感图像采集

低空遥感图像采集在小麦灌浆期进行。测量当天天气晴朗无风,地面能见度较好,飞行前用差分式 GPS 在田块拐角或有明显地物的地方定标,然后将坐标点转入 ArcGIS 8.3(ESRI Co.),形成一个点文件图层,将该文件作为基准图层,用于对拍摄的影像进行几何校正。由于飞行高度有限,在该研究中不再进行其他校正。

地面光谱测量方法见本书第 2 章 2.2.1 节。

4.2.5　数据处理

光谱数据由光谱仪传入计算机后,转换为反射率数据,采用光谱仪自带的光谱反射曲线分析软件进行数据初步处理。低空遥感图像在软件 ENVI 4.0(RSI Co.)中进行配准和几何校正,数字图像处理采用 ArcGIS 8.3 软件,利用属性特征查询工具提取每个小区红、绿、蓝 3 层的光谱信息。通过下式可计算出小麦的高光谱归一化植被指数(NDVI):

$$NDVI = \frac{1}{2\rho(\lambda)} \times \frac{d\rho(\lambda)}{d\lambda} = \frac{\rho'(\lambda)}{2\rho(\lambda)}$$

式中　$\rho(\lambda)$ 为波段 λ 的反射率;$\rho'(\lambda)$ 为波段 λ 反射率的导数。

数据的统计分析采用 SAS 8.0 的通用线性回归模型 GLM。

4.3　结果与分析

4.3.1　不同时期地面光谱与病情指数的相关性

小麦冠层光谱反射率和病情指数在灌浆期(5 月 19 日)绿光和近红外波段存在极显著的线性反相关关系(表4-1),冠层光谱反射率随着病情指数增大而降低,相关系数分别为-0.74 和-0.89。而在拔节期(4 月 19 日)和孕穗期(5 月 7 日),冠层光谱反射率和病情指数的相关关系不显著。其原因可能是由于白粉病发生时先在冬小麦基部叶片发病,随着病情的发展逐步向上蔓延,当病情发展到一定程度时其冠层光谱反射率才会有明显的变化,因此在灌浆期绿光和近红外波段光谱与病情指数存在极显著的反相关关系。

表 4-1　不同时期小麦冠层光谱反射率和病情指数的相关关系

日　期 （月-日）	蓝光波段		绿光波段	
	方　程	决定系数 r^2	方　程	决定系数 r^2
04-19	$y = 0.0003x + 9.50$	0.006	$y = 0.08x + 26.64$	0.068
05-07	$y = -0.053x + 16.53$	0.070	$y = -0.05x + 46.91$	0.032
05-19	$y = -0.008x + 10.63$	0.110	$y = -0.07x + 36.14$	0.550**
日　期 （月-日）	红光波段		近红外波段	
	方　程	决定系数 r^2	方　程	决定系数 r^2
04-19	$y = 0.048x + 9.65$	0.073	$y = 0.134x + 78.09$	0.017
05-07	$y = 0.005x + 17.40$	0.003	$y = 0.068x + 94.25$	0.017
05-19	$y = -0.018x + 15.36$	0.080	$y = 0.289x + 79.30$	0.79**

注：星号表示显著性水平：＊＊表示极显著（$P < 0.01$），＊表示显著（$P < 0.05$），下同。

4.3.2　低空遥感真彩图和波段分解

作者研究所用低空遥感传感器为数字照相机，数字照相机有 3 个不同的颜色滤光片耦合，每个对应可见光中不同的光谱敏感波段，这 3 个敏感波段在笛卡尔色彩空间通常叫红（R）、绿（G）、蓝（B），自然界中每一种颜色在该空间是 1 个点，RGB 的取值范围是从 0 到 255。图 4-3 为低空遥感采集到的真彩图和 R、G、B 单波段分解，病虫为害后在各波段都有反映，其定量关系将在下一节详细讨论。

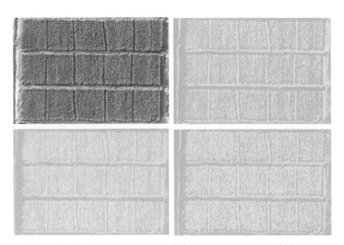

图 4-3　小麦白粉病低空遥感真彩图和红、绿、蓝单波段图

自上而下分别为真彩、红、绿、蓝单波段图

4.3.3　低空遥感各波段反射率与病情指数的相关性

利用遥感软件 ENVI 4.0（RSI Co.）计算各波段反射率值，其方法是先将裸地的反射率定义为 100%，然后求各波段的反射率，再利用属性特征查询工具提取每个小区红、绿、蓝 3 层的光谱信息，通过计算得到 3 个波段每个小区的平均反射率。用平均反射率和灌浆期病情指数作线性回归分析。结果表明，红光和绿光波段反射率与病情指数存在极显著的线性反相关关系，相关系数分别为 -0.79 和 -0.75；蓝光波段反射率和病情指数存在显著的线性反相关关系，相关系数为 -0.62（图 4-4）。

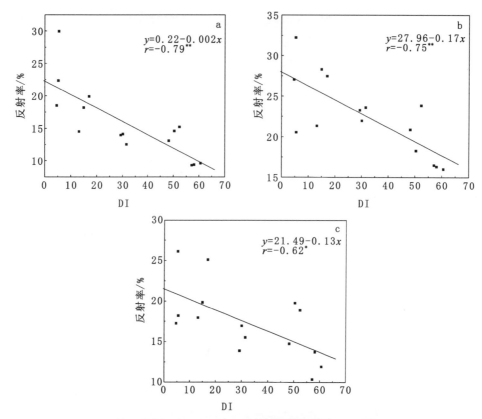

图 4-4　低空遥感红、绿、蓝 3 波段反射率与病情指数(DI)的相关关系

a,b,c 分别为红、绿、蓝波段,图 4-5 同

4.3.4　低空遥感各波段反射率与归一化植被指数的相关性

归一化植被指数(NDVI)是表征植被绿度的指数之一,其不但可以减少背景和外界条件对光谱测量的影响,还可以用来表征作物冠层光谱的变化。利用地面光谱测量得到的灌浆期 NDVI 和低空遥感反射率进行相关分析,以判定二者是否具有一致性。结果表明,低空遥感图像中,红光和蓝光波段反射率与 NDVI 存在极显著的线性正相关关系,相关系数分别为 0.68 和 0.70;绿光波段反射率与NDVI 存在显著的线性正相关关系,相关系数为 0.54。这说明低空遥感图像反射率与 NDVI 存在一致性,即 NDVI 值高则反射率高(图 4-5)。

4.4　讨　论

地面光谱测量小麦灌浆期冠层光谱反射率和低空遥感数字图像红、绿、蓝 3 波段反射率与小麦白粉病病情指数有良好的相关关系。就地面测量结果而言,近红外波段的相关性高于绿光波段,相关系数分别为-0.89 和-0.74;低空遥感数字图像红、绿、蓝 3 波段中,相关性依次降低,分别为-0.79、-0.75 和-0.62,而且低空遥感图像与 NDVI 也存在较好的相关关系,蓝、红、绿波段相关系数分别为0.70、0.68 和 0.54。这表明利用数字照相机作为低空遥感设备非破坏性地监测冬小麦白粉病有着良好的应用前景,对于小麦白粉病发生面积监测有重要意义。

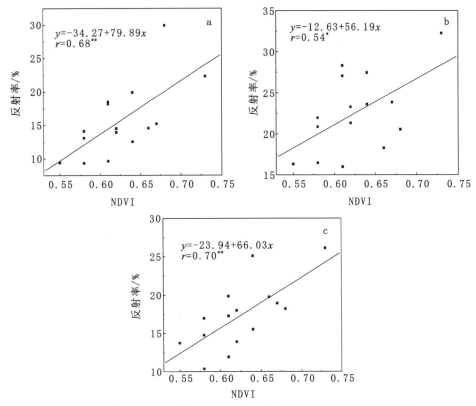

图 4-5　低空遥感各波段反射率与归一化植被指数(NDVI)的相关关系

植物冠层对可见光的吸收、反射和折射是影响冠层光学特性的主要因素。在可见光波段,植物叶片对 640~660 nm 的红光波段与 430~450 nm 的蓝紫光部分有较大的吸收,而对绿光的吸收最少,反射最多。从地面高光谱测量和低空遥感获取的田间冬小麦冠层图像中得到的冠层反射率信息中,与病情指数相关性最好的为红光和近红外波段,这表明 NDVI 在冬小麦白粉病监测中的重要意义。

利用数字照相机研究森林和农作物冠层反射光谱特性前人做了一些工作。Dymond et al. (1997) 使用 CCD 数字照相机通过航空摄影获得森林和牧场的彩色图像,经校验后评价了森林和牧场的植物冠层光的反射特性。Adamsen et al. (1999) 应用数字照相机在田间直接获取小麦彩色图像,经软件处理获得了冬小麦冠层的绿/红光比值(G/R),该比值与小麦叶片叶绿素测定值(SPAD)及 NDVI 值有很好的相关性。Lukina et al. (1999) 用数字照相机获取的田间小麦冠层图像,经处理获得了小麦冠层覆盖度并估计了冬小麦冠层生物量。Jia et al. (2004) 应用数字照相机在田间直接获取小麦彩色图像,经图像分析得到的冠层绿色深度与其他描述作物氮素营养状况的指标如植株全氮、叶绿素仪读数、茎基部硝酸盐浓度和地上部生物量等有良好的相关关系。白由路等(2004)利用自建的低空遥感技术体系在精准农业中进行初步应用,如地块边界数字化、地块面积估算、作物种类识别、作物长势分析等,结果表明系统运行稳定,具有广泛的应用前景。

低空遥感采用价格便宜、安全性好的超轻型飞机,提高了数据采集效率,降低了数据采集成本。随着科学技术的发展,特别是近年来 GPS 和 GIS 等技术的发展,给低空遥感技术注入了新的活力,使低空遥感影像的几何校正、空间定位都变得十分方便。计算机图像处理技术和栅格 GIS 的发展,可以从低空遥感影像图中获取更多的信息。因此,数字照相机的低空遥感技术以其灵活方便、费用低廉等特点在满足病虫害监测的时效性、高分辨率和不受天气条件影响等方面具有极大的潜力,应用前景广阔。

第5章 TM图像中病虫为害信息的提取

美国国家航空和宇宙航行局（National Aeronautics and Space Administration，NASA）的陆地卫星 Landsat TM 卫星影像是目前最常用的遥感信息源之一。它的特点是：空间分辨率高，约30 m（其中第6波段120 m），与气象卫星相比（星下点1.1 km²），其空间分辨率有较大的提高；光谱分辨率高，有7个波段，可形成4 060个假彩色合成组合。在这些组合中，TM1、TM2、TM3能较好地反映可见光的反射特征；TM4能很好地反映植被生长状况；TM5、TM7亮度值分布范围大，地物波谱信息丰富，可区分的地类多；TM6主要反映植被和土壤的水分状况。

国内外科学家利用TM图像数据对林业害虫监测进行了初步探测（武红敢等，2004），研究认为遥感在监测森林病虫灾害方面有着独到的优势，衰弱立木或早期灾害点（或虫源地）的探测可以为森林病虫害的预警服务，因为这些将是病虫害发生和蔓延的前兆。病虫害作为常发性生物灾害，自身有一定的发生发展规律，如果能够利用遥感手段定期开展监测（如一年1次），我们便能及时发现虫源地和虫情上升的迹象，尽快采取防治措施，制止其蔓延，最大限度地降低灾害。

根据麦蚜和小麦白粉病的为害机制，以及其与健康小麦的光谱差异，结合地面实地GPS定位调查，利用MPH技术——掩模（masking）、主成分变换（principal componet transformation）和色调调整（hue adjust）3种算法的组合，可在TM图像上提取麦蚜和小麦白粉病的为害信息。下面以2006年我们对麦蚜（麦长管蚜）和小麦白粉病为害信息的提取为例，阐明TM图像信息提取的方法。

5.1 材料与方法

5.1.1 麦蚜和小麦白粉病研究区位置

麦蚜和小麦白粉病研究区分别位于河南省中部的禹州市和西北部的孟州市，其TM图像如图5-1所示。该图上深蓝色为黄河及其支流，浅紫色为滩涂，深紫色为村庄和城镇区域，绿色为植被，间杂的一些浅紫色区域为撂荒地。

5.1.2 遥感数据准备

从中国科学院遥感卫星地面站获取了美国陆地卫星Landsat-5的TM数据，考虑到麦蚜和小麦白粉病的发生高峰，以及尽量减少因物候等因素的差异带来的影响，我们分别选取了2006年4月30日和5月16日的影像数据。实测光谱数据4组，每组测量20条小麦的反射光谱曲线，共计80条。

5.1.3 TM图像预处理

数据的预处理主要是对研究区内TM遥感影像数据进行大气和辐射校正、导入（import）、几何精校正(geometric correction)、配准(registration)、剪裁(subset)等处理。

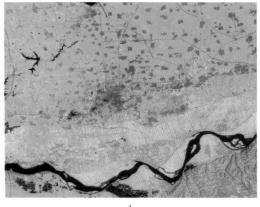

a　　　　　　　　　　　　　　　　　　　b

图 5-1　麦蚜和小麦白粉病研究区 TM 图像(第 5、4、3 波段合成)

a.麦蚜研究区　　b.小麦白粉病研究区

首先对两景数据进行大气和辐射校正,以消除传感器、大气以及季相差异造成的辐射偏差。本研究首先运用软件将数字影像值(digital numbers,DN)转换为行星反射率(exoatmospheric reflectance, ER),然后对两景数据进行严格的几何精校正和配准,即利用地面控制点(ground control point,GCP)对因其他因素引起的遥感图像畸变进行纠正。遥感图像几何精校正是实现遥感数据与实测数据相配准的主要环节,直接影响着分类结果的准确性。几何精校正主要包括地面控制点采集、重采样计算、采样精度验算、调整控制点等几个步骤,其中最关键的是地面控制点即 GCP 的采集。地面控制点应当在图像上有明显的、精确的定位识别标志,如公路、铁路交叉点、河流岔口、农田界线等,以保证空间配准的精度。地面控制点选取要均匀,而且要保证数量,GCP 选取太少则不易配准,太多运算量太大。初选控制点后还需要进行控制点匹配精度检验,剔除那些匹配误差(误差限额一般定为 0.5,至多 1 个像元)超限的像元,为了确保配准精度在 1 个像元之内,采用外业调查的 GPS 定位信息作为控制点,并用 1∶10 万地形图来选取地面控制点;再以 4 月 30 日图像为基准图像,对 5 月 16 日图像进行配准。然后利用 ENVI 4.3 的 subset 命令裁切出研究区域。

5.1.4　TM 图像的主成分分析

多光谱图像各波段之间经常是高度相关的,它们的数值以及显示出来的视觉效果往往相似。图像各波段之间的相关性可能是由物质的波谱反射率、地形及遥感器波段之间的重叠等几个因素结合起来引起的。如果图像各波段之间高度相关,则分析所有的波段是不必要的,主成分分析(principal component analysis,即 PCA,又称 K-L 变换)就是除去波段之间的多余信息,将多波段的图像信息压缩到比原波段更有效的少数几个转换波段的方法。即利用波段之间的相互关系,在尽可能不失信息的同时,用几个综合性波段代表多波段原始图像,使处理的数据量减少。Kauth et al. 利用 MSS 研究农作物生长时注意到 MSS 图像 DN 值的散点图表现出一定的连续性,比如一个三角状的分布位于第 2 和第 4 波段之间。随着作物生长,这个分布显示出一个似"穗帽"的形状和一个后来被称作"土壤面"的底部。也即随着作物生长,像元值移到穗帽区;当作物成熟和凋落时,像元值回到土壤面。他们用一种线性变换将 4 个波段的 MSS 图像转换并产生 4 个新轴,分别定义为一个由非植被特性决定的"土壤亮度指数",一个与土壤亮度轴垂直的、由植被特性决定的"绿度指数",以及"黄度指数"和噪声。这种转换就是"穗帽变换"(tasseled cap transform,TC)(Kauth et al.,1976)。穗帽变换(又称 K-T 变换)是一种特殊的主成分分析,和主成分分析不同的是其转换系数是固定的,因此它独立于单个图像,不同图像产生的土壤亮度和绿度可以相互比较。随着植被生长,在绿度图像上的信息增强,土壤亮度上的信息减弱;当植被成熟和逐渐凋落时,其在绿度图像上的特征减少,在黄度上的信息增强。

5.1.5 麦蚜和小麦白粉病为害特征信息提取方法

在构建像元光谱模型时,已经考虑到像元平均光谱是端元组分的混合光谱。在实际的应用中,我们关心的目标信息其实是由相同属性的像元集合构成,并且具有不规则的自然边界。像元光谱并不是纯光谱,它也包含了相邻像元的光谱,称之为"临边效应"。对像元分辨率小于 250 m 的多光谱数据弱信息提取时,一般要考虑"临边效应"的影响。MPH 技术是总结了原有图像处理方法,针对在排除临边效应和提取矿化弱信息的基础上提出的一种技术(马建文等,2001)。

基于先验知识的掩模技术,结合专题分析和研究的需要,从图像中确定了目标区后,选择对要掩模背景地物响应强的光谱波段选取阈值,并将阈值区赋为 0,做成掩模。用掩模与其他波段相乘,使其在后续处理过程中的方差为 0,由此提高后续算法对掩模剩余区信息的分解效率。

MPH 技术主要借用了主成分变换的两个算法功能:一是主成分变换对输入波段全部像元值的统计功能,二是对全部像元灰度值的压缩和分解功能。由于多波段像元灰度值相关性强的信息多为地形信息和反照度信息,遥感应用中称为"共同信息",主成分算法又将具有共同特征的灰度值压缩到第 1 主成分中,第 2 主成分后续的压缩成分被认为是去掉了地形和反照度信息后的较纯的地物信息。一景遥感数字图像总能量经过选择掩模、主成分压缩和两次光谱剥离计算后,剩余数据更能表达资源卫星 50~100 nm 识别能力。

麦蚜和小麦白粉病掩模主成分信息提取过程包括以下 4 个环节。

(1)裁取子区　将试验区裁下 1 块子区,大小为 100×100 像元。

(2)将图像做掩模处理　在遥感影像上,河流亮度值低,城镇和滩涂亮度值高,这些背景信息影响了整幅图像的像元亮度值分布。根据遥感图像特点,选取合适的波段和阈值,分 2 次掩模,将亮度值低和亮度值高的河流、城镇、滩涂等背景信息去除掉,使图像的亮度值分布突出植被信息。

(3)将掩模图像做主成分变换　主成分分析法(PCA)是在统计特征基础上进行的一种多维(多波段)正交线性变换,数学上称为"K-L 变换"。采用主成分分析的具体步骤如下:

第 1 步,计算掩模后的多光谱影像各波段相关矩阵;

第 2 步,由相关矩阵计算出特征值 λ_i 和特征向量 $\varphi_i(i=1,\cdots,n)$;

第 3 步,将特征值按由大到小的次序排列,即 $\lambda_1 > \lambda_2 > \cdots > \lambda_n$,特征向量 φ_i 也做相应变动;

第 4 步,按下式计算主成分影像:

$$PC_k = \sum_{i=1}^{n} d_i \varphi_{ik}$$

式中　k 为主成分序数($k=1,\cdots,n$);PC_k 为第 k 个主成分;i 为输入波段;n 为总的多光谱影像波段数;d 为 i 波段多光谱影像的数据值;φ_{ik} 为特征向量矩阵在 i 行、k 列的元素。

(4)麦蚜和小麦白粉病为害特征信息提取。其流程如图 5-2 所示。

5.1.6 非遥感源数据

GPS 定位数据 8 组,包括 4 组受灾区位置和 4 组健康小麦的位置,精度在 ±5 m 以内,用于确定健康小麦田和受害小麦田的精确位置;1:10 万地形图;野外样点健康田和受害田实地照片。

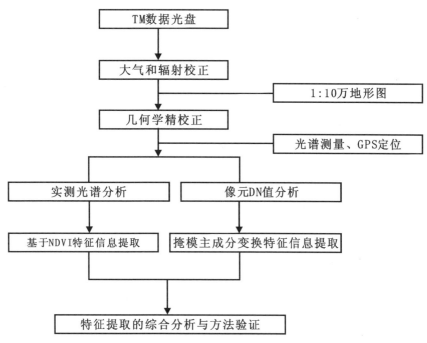

图 5-2　麦蚜和小麦白粉病为害信息提取流程图

5.2　结果与分析

5.2.1　研究区6个波段影像特征分析

由表 5-1 可以看出,波段范围最宽的是 TM5,其次是 TM7、TM4 和 TM3;标准差最大的是 TM5,然后是 TM7 和 TM3。波段范围宽且标准差大,说明该波段包含信息丰富,可能区分出的地物类别多。通过 TM 各波段的影像灰度分布直方图来看,TM4、TM5 和 TM7 亮度分布范围较 TM1、TM2 和 TM3 分布要宽,TM5 分布最宽,TM1 分布最窄。

表 5-1　研究区 TM 图像各波段的影像统计特征

编号	最小值	最大值	平均值	标准差
TM1	87	183	109.66	10.20
TM2	37	93	51.75	7.49
TM3	36	123	60.32	12.99
TM4	42	141	92.64	11.01
TM5	36	199	94.09	22.58
TM7	19	149	53.10	19.33

5.2.2　研究区各波段影像相关性分析

两波段影像之间的相关系数反映出两波段间的信息冗余度,相关系数越大,信息冗余度也越大。

研究区 6 个波段的相关系数如表 5-2 所示。由表 5-2 可以看出，相关性较小的有 TM1 与 TM4、TM2 与 TM4、TM3 与 TM4，而相关性较大的有 TM1 与 TM2、TM2 与 TM3、TM1 与 TM3。TM4 与其他波段的相关系数都较小，TM1、TM2 与 TM3 之间相关性较大。TM4 是近红外波段，主要受叶片内部结构的影响。此波段中植物反射近红外的强弱与植物的活力、叶面积指数、生物量等信息有关，对绿色植物类别最敏感，而且 TM4 的光谱信息具有较强的独立性，为植物通用波段，广泛用于生物量调查、作物长势测定、水域判别等。

表 5-2　研究区 6 个波段的相关系数

编号	TM1	TM2	TM3	TM4	TM5	TM7
TM1	1.000 0	0.973 1	0.964 9	−0.319 7	0.821 6	0.887 9
TM2	0.973 1	1.000 0	0.988 2	−0.319 0	0.856 2	0.918 1
TM3	0.964 9	0.988 2	1.000 0	−0.289 8	0.874 1	0.938 7
TM4	−0.319 7	−0.319 0	−0.289 8	1.000 0	0.061 8	−0.064 0
TM5	0.821 6	0.856 2	0.874 1	0.061 8	1.000 0	0.973 2
TM7	0.887 9	0.918 1	0.938 7	−0.064 0	0.973 2	1.000 0

5.2.3　健康小麦田和受害小麦田实测光谱分析

图 5-3 显示，健康小麦的光谱曲线表现出正常的植被曲线特征。在可见光的 550 nm 附近有 1 个反射率为 10%～20% 的小反射峰，在 450 nm 和 650 nm 附近有 2 个明显的吸收谷；在 700～800 nm 是 1 个陡坡，反射率急剧升高，而在近红外波段，反射率保持在 40% 左右或更高，形成 1 个平稳的高反射坪。健康小麦的这种反射光谱特征是由植物的叶结构、组分以及含水量等因素决定的。当小麦被白粉菌侵害时，叶绿素水平会出现不同程度的下降，叶细胞结构和含水量等也会发生相应变化，其反射波谱特征表现为近红外波段附近的反射率下降甚至反射峰的消失。白粉病害越严重，这种变化就越显著。从图 5-3 可见，实测的感染白粉病小麦田光谱曲线，绿波段和近红外波段的反射峰都消失，光谱值从可见光波段到近红外波段呈平稳增长，与健康小麦田的光谱曲线表现出较大的光谱差异。

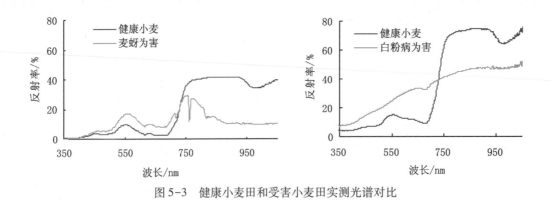

图 5-3　健康小麦田和受害小麦田实测光谱对比

5.2.4　基于实测光谱曲线的麦蚜和小麦白粉病特征信息提取

根据实测健康小麦和受害小麦田在近红外波段附近反射率的光谱差异特征，本研究采用归一化植被指数（NDVI）来提取麦蚜和小麦白粉病的特征信息。NDVI 是两个波段反射率的计算值，是近红外波段与红光段的差值与两者之和的比值。NDVI 充分利用了植被与其他地物在近红外波段的反射光谱差异,能够在大尺度上较准确地反映植被的绿度和光合作用强度,较好地反映植被的代谢强度及其季节性变化和年际间变化,因而该指数被广泛用于植被的监测、分类、物候分析、农作物估产等。NDVI 的比值为正值,表示有植被覆盖,且比值越高,植被覆盖度越大。健康小麦在近红外波段会出现反射峰,NDVI 值高,而感染麦蚜和白粉病的小麦成熟后叶面发黄,植被光合作用强度小,绿度较差,NDVI 值较低,因此利用 NDVI 可以有效地提取麦蚜和小麦白粉病为害的信息。

图 5-4 和图 5-5 分别是根据 2006 年 4 月 30 日和 5 月 16 日陆地卫星 Landsat TM 图像计算得到的小麦白粉病和麦蚜为害调查样点的 NDVI 值。

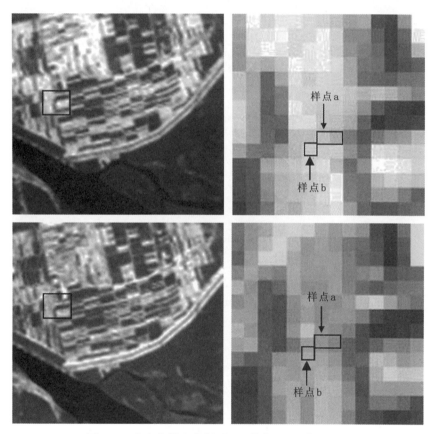

图 5-4　小麦白粉病为害后调查样点 NDVI 值的变化

上:4 月 30 日图像　下:5 月 16 日图像

根据野外光谱试验中用 GPS 全球定位仪测定的调查样点位置,我们在遥感图像上找到了相对应的样点(图 5-4 和图 5-5)。样点的详细 NDVI 值见表 5-3。

表 5-3　小麦病虫害调查样点 NDVI 值

| 日　期 | 小麦白粉病为害 | | 麦蚜为害 | |
（月-日）	样点 a	样点 b	样点 a	样点 b
04-30	0.259 74	0.259 74	0.263 84	0.263 84
05-16	0.269 84	0.286 82	0.283 23	0.294 25

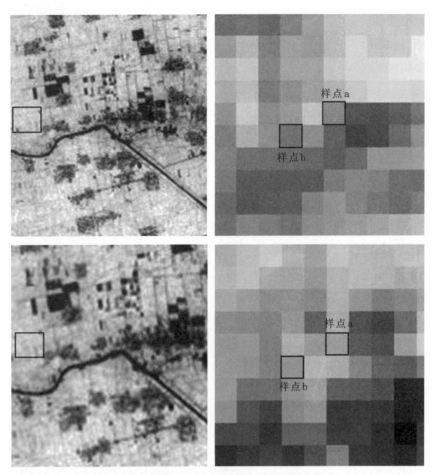

图 5-5　麦蚜为害后调查样点 NDVI 值的变化

上：4 月 30 日图像　下：5 月 16 日图像

　　4 月 30 日，小麦白粉病发病还不明显，在 NDVI 图像上，a 与 b 两个样点的 NDVI 值都是 0.259 74，没有差别。到 5 月 16 日，小麦白粉病全面为害加重，感染白粉病的小麦开始发黄枯萎，在当天的 NDVI 图像上，a 与 b 两个样点的 NDVI 值分别是 0.269 84 和 0.286 82。在 5 月 18 日的野外试验中观察到，样点 a 是小麦白粉病发病比较严重的地块，而样点 b 是健康小麦田地块。研究表明，白粉病发病前小麦田块的 NDVI 值相近，而到白粉病发病期间，健康小麦田的 NDVI 值升高，而受白粉病感染的小麦田 NDVI 值明显降低。

　　同样，麦蚜调查样点在 4 月 30 日 a 与 b 两个样点的 NDVI 值都是 0.263 84，到 5 月 16 日时两个样点 NDVI 值分别为 0.283 23 和 0.294 25。

5.2.5　遥感像元 DN 值分析

　　根据 GPS 记录数据，在 2006 年 4 月 30 日和 5 月 16 日的陆地卫星 Landsat TM 图像上找到小麦白粉病为害调查样点 a 和样点 b 所在的像元位置，提取这两个样点的像元值。图 5-6 为样点 a 和样点 b 在两景 TM 图像上的 DN 值。

　　4 月 30 日小麦白粉病发病表现不明显，a 与 b 两个样点的 DN 值差别不大，近红外波段所对应的第 4 波段出现正常植被的反射峰，到第 5 波段下降。到 5 月 16 日，随着白粉病为害加重，样点 b 的 DN 值在第 4 波段仍然呈现正常的近红外波段反射峰，到第 5 波段呈下降趋势，而样点 a 的 DN 值从可见光到近红外、中红外持续升高,反射峰值由第 4 波段位置转移到第 5 波段位置。

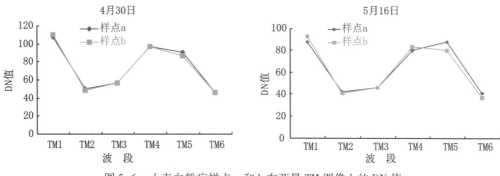

图 5-6　小麦白粉病样点 a 和 b 在两景 TM 图像上的 DN 值

5.2.6　基于像元 DN 值的麦蚜和小麦白粉病特征信息提取

如上所述,健康小麦在第 4 波段近红外波段会出现 1 个反射峰,到第 5 波段下降,而受白粉病感染的小麦在近红外波段的光谱值降低,反射峰值出现在第 5 波段。根据表 5-4 小麦白粉病受害麦田 TM 图像掩模主成分变换的特征向量矩阵,第 5 波段对第 3 主成分贡献最大(0.6),因此,可以通过第 3 主成分来提取小麦白粉病特征信息。图 5-7、图 5-8 分别是小麦白粉病和麦蚜为害 4 月 30 日与 5 月 16 日掩模图像的第 3 主成分结果。

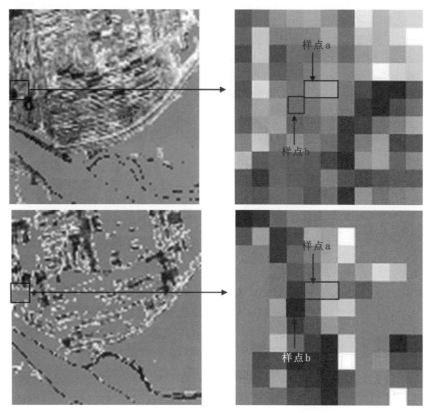

图 5-7　小麦白粉病为害掩模图像第 3 主成分结果

上:4 月 30 日掩模图像　下:5 月 16 日掩模图像

表5-4　小麦白粉病受害麦田 TM 图像掩模主成分变换特征向量矩阵

主成分数	波段					
	b1	b2	b3	b4	b5	b7
PC 1	0.532 174	0.242 567	0.261 571	0.526 340	0.503 602	0.242 658
PC 2	−0.029 380	−0.118 780	−0.344 050	0.751 511	−0.295 190	−0.463 410
PC 3	−0.640 790	−0.244 740	−0.261 050	0.203 429	0.600 004	0.244 877
PC 4	0.402 531	−0.049 490	−0.564 390	−0.340 300	0.458 061	−0.437 450
PC 5	0.320 164	−0.282 950	−0.524 610	0.031 551	−0.288 610	0.676 710
PC 6	−0.201 950	0.885 804	−0.388 990	0.003 907	−0.078 310	0.130 782

　　根据图5-7,掩模图像经主成分变换后的第3主成分在4月30日灰度值接近,到5月16日发病期间,样点 b 即健康小麦田的灰度值为3.907,而样点 a 即受白粉病感染的小麦田灰度值高达5.945。主成分变换的第3主成分能比较集中地表现小麦白粉病的特征信息。

　　麦蚜为害后掩模图像经主成分变换后的第3主成分在4月30日灰度值接近(图5-8),到5月16日,样点 b 即健康小麦田的灰度值为4.207,而样点 a 即受麦蚜为害的小麦田灰度值高达6.325。主成分变换的第3主成分能比较集中地表现麦蚜为害的特征信息。

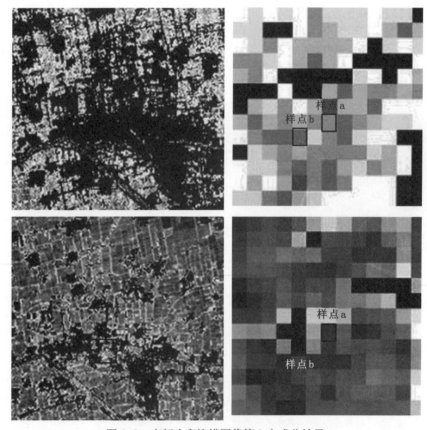

图5-8　麦蚜为害掩模图像第3主成分结果

上:4月30日掩模图像　下:5月16日掩模图像

5.2.7　方法验证

　　为了验证小麦白粉病特征信息提取的准确性,我们在试验区另一样点按照上述方法提取小麦白粉病的特征信息,结果如图 5-9 所示。

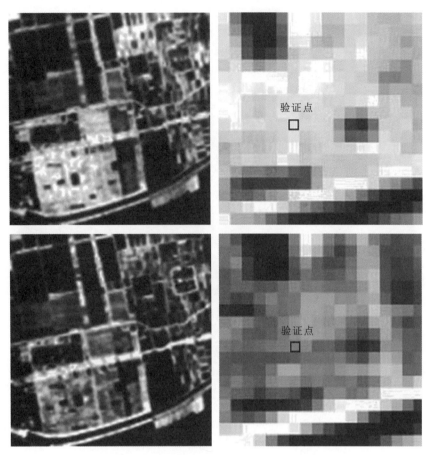

图 5-9　小麦白粉病为害验证点 NDVI 值的变化

上:4 月 30 日掩模图像　下:5 月 16 日掩模图像

　　该验证点位于北纬 34°51′718″,东经 112°55′226″。4 月 30 日验证点表现为健康小麦,而到 5 月 16 日表现为受白粉病感染严重。经计算,4 月 30 日的 NDVI 值为 0.293,5 月 16 日的 NDVI 值为 0.250,较 4 月 30 日明显降低。用掩模主成分变换方法计算验证点经变换后第 3 主成分的值 4 月 30 日为 2.866,到 5 月 16 日升高到 7.846。

　　麦蚜为害验证点 4 月 30 日的 NDVI 值为 0.285,5 月 16 日的 NDVI 值为 0.243,较 4 月 30 日明显降低。用掩模主成分变换方法计算验证点,经变换后第 3 主成分的值 4 月 30 日为 2.960,到 5 月 16 日升高到 7.653(图 5-10)。结果与研究区一致。

5.3　讨　论

　　如前所述,麦蚜和白粉病为害后冬小麦会发生外在颜色改变和内在生理变化,作者根据麦蚜和小麦白粉的为害机理,以及受害小麦和健康小麦的光谱差异在 TM 图像上的反映,对利用 TM 图像提取麦蚜和小麦白粉病为害信息进行了研究。

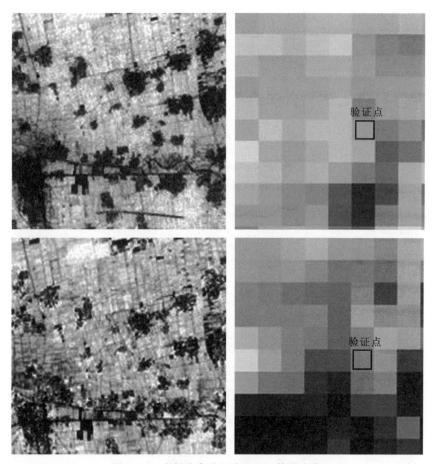

图 5-10　麦蚜为害验证点 NDVI 值的变化
上:4 月 30 日掩模图像　下:5 月 16 日掩模图像

　　TM 图像波段分布:TM1 是蓝色波段,TM2 是绿色波段,TM3 是红色波段,TM4 是近红外波段,TM5 是中红外波段。TM1、TM2、TM3 处在可见光区,主要受植物色素(特别是叶绿素)的影响;TM5(1.55~1.75 μm)处在中红外区,它是电磁波中人眼唯一能看到的波区。对研究区 TM 图像进行分析后发现,波段范围最宽的是 TM5,其次是 TM7、TM4、TM3;标准差最大的是 TM5。TM5 波段范围宽且标准差大,说明该波段包含信息丰富,可能区分出的地物类别多。

　　对麦蚜(麦长管蚜)和小麦白粉病为害信息的提取,我们用两种方法进行。其一,根据实测的健康小麦区与病虫为害区的光谱差异,利用 NDVI 图像对健康区和病虫害发生区进行对比,比较 NDVI 变化情况;其二,对 TM 图像的 DN 值进行统计分析。DN 值统计发现,健康小麦在近红外波段对应的第 4 波段会出现 1 个反射峰,到第 5 波段下降,而受病虫为害的小麦在近红外波段的光谱值降低,反射峰值出现在第 5 波段。根据 TM 图像掩模主成分变换的特征向量矩阵,利用第 3 主成分来提取病虫为害的特征信息,并利用验证点对两种方法进行验证,结果表明:两种方法都能提取到病虫为害信息。

　　以上信息的提取方法是基于 MPH 技术之上。MPH 技术用于排除“临边效应”的影响。燕守勋等(2001)在新疆昆仑地区高山积雪环境下,利用掩模去掉冰川和积雪后的主成分变换(MPCA)技术处理陆地卫星 TM 数据,MPCA3、MPCA5 和 MPCA6 合成图像揭示了褐铁矿化等蚀变色调异常信息,以及花岗闪长岩环形影像及其南缘构造透镜体等成矿蚀变和构造的组合信息,明确了野外验证目标,发现了罗布盖子沟多金属矿化区。韩秀珍等(2002)对西鄂尔多斯珍稀濒危植物群落进行了水平和垂直地带分布规律的研究,识别了建群植物及其种群组合特征,并结合三维景观影像对珍稀植物种群生存生境的地貌、土壤等条件的相关性进行了分析,揭示了其垂直、水平地带分异规律,建立了相关分析模型。他们进而采用 MPH 技术提取和区分珍稀植物及其组合特征信息,制作成模拟现实的三维景观图展示植物的空间分布规律;结合野外样方和前人的工作成果,证实了从岗德格尔山、桌子山西坡到东坡珍稀植物及植物组合的水平和垂直分带性规律。以上研究证实,MPH 技术用于遥感图像弱信息提取具有实用意义。病虫害的发生是由于多种因素影响的结果,相对于复杂的环境,它在遥感图像上的反映比较弱,但病虫害的发生有其自身的特点,我们可以根据病虫害发生机理和为害特点以及在图像上的反映来进行其为害信息的提取。MPH 技术是一种较为成熟的遥感弱信息提取技术,借助于此技术,可以增强应用遥感技术监测病虫害发生信息的可行性。另外,利用动态贝叶斯网络进行多时相遥感变化检测,监测病虫害发生动态也具有重要的研究意义,是下一步工作的重点。

　　虽然 TM 图像空间分辨率最高可达 30 m,但实际工作中尚不能完全满足需要。作者在病虫害发生地实地调查时发现,病虫害的发生并不是连续成片,其分布存在不均匀性,而且很少有大的病虫发生范围能够充满整个像元;作物分布也不是连续的,其中间杂着一些空白地和撂荒地,这些均影响到病虫害信息提取的精度。作者在研究中特别选择了病虫害发生严重的区域,结果证明能够提取到病虫为害的信息,但对于一些为害相对较轻的区域,还需要更高分辨率的卫星图像数据。

第 2 编

重大迁飞性昆虫雷达遥感监测

第6章 迁飞昆虫研究法与昆虫雷达监测技术

6.1 迁飞昆虫研究法

6.1.1 昆虫迁飞与为害

昆虫迁飞是一种特殊的行为,是在长期进化过程中形成的一种适应性,表现为昆虫种群周期性地从一个空间单位迁向另一个空间单位,以保证其生活史的延续和物种的繁衍(陈若篪,1989)。我国几种重要的农业和经济害虫如草地螟、棉铃虫、黏虫、稻飞虱等都是典型的迁飞性昆虫,迁飞也是这些害虫从时间和空间上躲避不良环境,完成自身发育和繁殖的一种手段,是导致大范围虫害暴发成灾的主要原因之一。近年来,我国迁飞性害虫成灾问题十分突出,专性和兼性迁飞害虫频繁暴发,给农牧业生产带来很大的危害。20 世纪 90 年代,棉铃虫的发生为害严重,尤其是 1992 年,棉铃虫突然大暴发,虫害席卷我国北方棉区,发生范围之广,面积之大,密度之高,受害作物种类之多,危害程度之重,均史无前例。2002 年第 3 代黏虫在黄淮和华北局部大面积暴发,使河南、山东、河北的玉米遭受了巨大损失,局部百株虫量达 300~500 头,最高达 5 000 头。2003 年以来,水稻"两迁"害虫(稻飞虱、稻纵卷叶螟)连年暴发,2005—2006 年褐飞虱特大发生,2007 年稻纵卷叶螟特大发生,迁入峰次多,发生不平衡,田间虫态发生复杂,世代重叠,对我国的水稻生产造成了极大威胁,并逐年积累形成了巨大的虫源基数。2008 年草地螟第 2 代幼虫在我国内蒙古、河北、山西、辽宁、吉林、黑龙江等省区再次大规模暴发,发生面积之广,危害程度之重,持续时间之长均为历史所罕见。据全国农技推广服务中心统计,2008 年 7 月下旬至 9 月中旬全国第 2 代草地螟发生面积达 1 200 hm^2,黑龙江桦南县单台测报灯日诱虫量达到 85.1 万头。目前,迁飞性害虫的频繁发生和大面积的暴发,已成为影响我国粮食产量和品质的主要因素之一。由于昆虫的迁飞受气候条件、农作物耕作栽培制度、作物布局等一系列因素的影响,给预测预报带来了极大的困难。因此,对迁飞性害虫开展实时监测预警,对于减少生产投入、提高农民收入、稳定我国粮食生产,以及确保农业的可持续发展具有重要意义。

6.1.2 昆虫迁飞的研究现状

世界各地对昆虫的迁飞先后都有大量的记载和研究。Glick(1939)于 20 世纪 30 年代在美国路易斯安那州的不同高度所捕捉到的昆虫隶属 20 目,216 科,700 多种;Hardy et al. (2005)报道,在英国约克郡夏季上空 45~630 m 高度范围内利用风筝携带捕虫网捕获昆虫,对其结果进行估计,在 2.6 km^2 的上空 45~600 m 间的空气柱内大约有 100 万头昆虫。在上述捕捉的各种昆虫种类中,尽管未必都具有迁飞习性,但在某种程度上,可以说迁飞现象在昆虫世界中有一定的普遍性。Herrell et al.(1964、1966)在太平洋、印度洋、大西洋洋面共捕获 15 目,192 种昆虫。自 20 世纪 30 年代起,英国著名昆虫学家 Williams 对昆虫的迁飞,特别是对蝶类、蛾类、食蚜蝇类以及蜻蜓类等的迁飞做了较为系统的研究工作。在 20 世纪 30—50 年代以他为代表的研究,其主要特点是表明了在自然界中昆虫的迁飞现象十分普遍,是一种重要的行为和生态现象。50 年代以后,尤其是昆虫雷达的出现,在研究种类中纳入了一些具经济重要性的害虫,如沙漠蝗、蚜虫、黏虫、秋黏虫、非洲黏虫、叶蝉类、稻飞虱、稻纵卷叶螟等,对其迁飞行为、生理、生态、季节性迁飞规律、遗传进化等方面进行了系统分析,取得了很大进展,大大促进了农、林、医卫等迁飞昆虫的研究发展。

我国有昆虫迁飞记载的历史非常悠久,对蝗虫迁飞的记载可追溯到公元前 243 年,在《史记卷六·秦始皇本纪第六》中,记载始皇四年:"十月庚寅,蝗虫从东方来,蔽天。天下疫。"这是叙述昆虫迁飞现象最早的史实。除蝗虫外,我国对稻苞虫、黏虫的迁飞记述亦较早。康熙年间,刘应堂(1667)详细记录了稻苞虫迁入的天气和田间幼虫为害的状况,以及用稻梳除虫的方法。同治十三年(1874)陈崇砥在《治蝗书·附捕黏虫说》中写道:"北地值田禾茂盛之时,或遇大雾或阴晴不定时,则生青虫,形似蚕",记述了黏虫发生与天气尤其是降水的关系(陈若篪,1989)。新中国成立以后,我国利用空中网捕和海面航捕,在全国主要迁飞性昆虫种类实证方面取得了很大进展。陈永林等(1963)根据在我国渤海、黄海海面迁飞昆虫的观察记录,发现有很多重要经济害虫如黏虫、小地老虎、棉铃虫、棉小造桥虫、稻苞虫、麦二叉蚜、麦长管蚜、桃赤蚜、豆天蛾等具有越海迁飞现象。吴孔明等(2001)在研究一代棉铃虫在渤海上空迁飞的情况时,灯光诱捕到迁飞昆虫 20 多种。1983 年上海星火农场在上海至大连的黄海海面共捕获昆虫 12 目,72 科,328 种。邓望喜等(1980)在 1977—1979 年夏、秋季节,在我国鄂、湘、赣 3 省范围内,从空中 100~3 000 m 不同高度范围内应用飞机捕捉,共捕获昆虫 10 个目,42 科,84 种。其中主要的农业害虫和天敌昆虫有褐飞虱、白背飞虱、黑尾叶蝉、稻纵卷叶螟、甘薯麦蛾、大豆螟蛾、黑肩绿盲蝽、中华草蛉、龟纹瓢虫、食蚜蝇、小茧蜂等。1978—1980 年江苏农业科学院李世良等利用改一型航模靶机和伞翼航模机对空中昆虫群落进行研究,3 年共捕获昆虫 139 头,隶属 9 目 20 科。陈瑞鹿等(1989)根据对多年我国迁飞性昆虫的研究发现并推测,我国迁飞性昆虫种类至少有 20 多种,随着研究的深入可能会更多。封洪强(2003)通过 2 年的探照灯诱集,也发现大量没有被记载的昆虫具有迁飞性,他还通过后期在山东北隍城岛对越海昆虫的雷达观测,进一步证实很多昆虫具有迁飞昆虫的生理特征和明显的迁飞现象,并在国内首次证实了蜻蜓、步甲的迁飞过程。

6.1.3　昆虫迁飞研究方法

在昆虫迁飞的研究方法上,各国昆虫学家都开展了大量的研究工作,现研究方法已由迁飞现象的推理分析发展到采用标记释放回收、雷达追踪等方法,以提供昆虫迁飞的直接证据。研究方法大致分为两个方面,一是迁飞能力的推理分析,二是迁飞现象的直接证实。

1.飞行能力的推理分析

昆虫飞行磨系统,是研究昆虫迁飞规律和迁飞行为机制的重要技术手段之一。它对于揭示迁飞性昆虫的起飞、降落和迁飞途中与环境条件如温度、湿度、光照和气流之间的关系,食物营养对昆虫飞行能力的影响,迁飞过程中昆虫体内物质变化和能量代谢,以及迁飞与产卵、繁殖等的关系,具有非常重要的作用。我国科研工作者利用飞行磨系统,对我国典型的迁飞性昆虫黏虫、小地老虎、棉铃虫、玉米螟等的飞行能力进行了测定。在微小型昆虫方面,利用程登发研究员自行设计的飞行磨系统对禾谷缢管蚜、麦长管蚜、稻飞虱、美洲斑潜蝇等的飞行能力进行了测定。飞行磨系统对于研究昆虫的迁飞和扩散能力及飞行生物学都具有积极的推动作用。

随着计算机技术的发展,轨迹分析成为研究昆虫迁飞的一个非常有用的工具,特别是轨迹分析模型,被广泛用来寻找害虫迁飞的虫源地、侵入地以及迁飞途径。轨迹的定义是一条追踪空间一定粒子的曲线。我国在 20 世纪 80 年代研究昆虫迁飞路线时,曾广泛应用空中风场对昆虫迁飞路线进行推测,取得了一定的成果(全国草地螟科研协作组,1987)。我国在轨迹分析方面起步较晚,目前还没有实现昆虫迁飞轨迹的及时分析与早期预警,只是对大发生年重要迁飞性害虫的迁飞轨迹进行了分析。如周立阳等(1995)分析了江淮稻区稻纵卷叶螟的虫源地及迁飞路径,封传红等(2002)分析了我国北方稻区 1991 年稻飞虱大发生虫源的形成,陈晓等(2004)分析了 1999 年我国东北地区草地螟暴发的虫源性质。目前在轨迹分析方法中应用最多的是由美国国家海洋和大气管理局(NOAA)与澳大利亚气象局联合开发的大气轨迹分析与扩散模型 HYSPLIT。这个模型主要应用大气化学领域中最常用的 Lagrangian 轨迹分析方法来找出大气污染物的可能来源以及扩散路径。模型数据使用美国国家环境预报中心(NCEP)建立的网格化气象资料,包括 NGM(nested grid model,1991—1997)、EDAS(eta data assimilation system,1997—2000)和 FNL(final operational global analysis)等资料。预测空气粒子扩散轨迹的模型建立在不同的气象预测模型基础上,例如 MM5 模式(mesoscale and microscale model,由 NOAA 开发制作)等。由于数据的精确度不同,轨迹分析的精确度也不一样。在 MM5 对昆虫迁飞轨迹分析研究中,我国南京农业大学翟保平教授研究室做了大量工作。胡高等(2007)用 MM5 中尺度数值模拟模式和 GRADS 气象图形软件对 1999 年褐飞虱迁飞降落过程及其大气背景场进行了个例研究。包云轩等(2008)利用 MM5 中尺度数值预报模式和由 PCVSAT 系统接收的气象数据对 2 个典型的白背飞虱南北迁飞降落过程的大气背景进行了数值模拟和客观分析、模拟。轨迹分析模型的准确度可以利用跟踪探空气球飞行路线的方法来检测,并完善轨迹分析模型的精确度。

分析农业害虫尤其是迁飞害虫的生态演变过程,需要将不同区域的大量环境条件数据和迁飞害虫的生物学、生态学特性相结合,以确定害虫的发生与地理分布、气象条件等因素的关系。这就需要大区域的遥感(RS)数据和地理信息系统(GIS)对空间数据的分析能力来实现,将地形地势图、土壤类型、植被类型、水系分布、病虫分布调查数据、气象因子分布情况等建成空间数据库进行综合分析。而 GIS 具有强大的数据存取、分析功能,能够支持大尺度上的生态关系建模。因此 GIS 平台就成为对害虫暴发、为害、迁飞、扩散等信息进行建模分析的良好平台,也成为国内外研究人员的强大分析工具。韩国应用 GIS 分析水稻害虫(二化螟、稻飞虱)的扩散分布及其与耕作制度和气候变化之间的关系;美国和加拿大将 GIS 应用于舞毒蛾、蝗虫、棉铃象甲等害虫的研究,分析其发生范围与地理气候变化的关系,预测其发生趋势和为害程度等(王海扣等,1997);英国应用 GIS 进行全欧洲蚜虫监测网的虫情处理并发布预报,还将 GIS 与卫星遥感结合起来预报非洲沙漠蝗和非洲黏虫的发生与分布。近年来,我国研究人员也广泛利用 GIS 开展病虫害测报等方面的工作。王正军等利用地理统计方法和 GIS 工具,以早稻二化螟卵块区域性空间分布为研究对象,对空间分布定量分析进行了探索,以解决应用传统统计方法进行测报数据分析,只能获得病虫害空间分布的定性信息,很难知道分布的具体位置和程度等问题;蒋建军、倪绍祥等对青海湖内陆盆地中 16 730 km² 的地区展开调查,从遥感影像处理、地理数据、专家知识一体化的角度出发,使用基于 GIS 的方法进行蝗虫生境遥感影像分类的研究,确定了防治草原蝗虫重点区域;李典谟等对河北省中南部地区 93 539 km² 的区域中棉铃虫卵的空间分布进行了研究,发现棉铃虫卵在所研究的尺度上存在空间相关性,单个年间相关的程度较弱且随年份和地域的不同而不同(王正军等,2004)。

种群基因组学与生物信息学近年来得到了飞速的发展,也成为研究昆虫迁飞的过程中除生态学方面之外,最主要的一种研究方法。国伟等曾利用微卫星标记技术对 12 个地理种群麦长管蚜的 3 个微卫星位点的遗传多态性进行标记,显示麦长管蚜不同地理种群间的遗传距离与地理距离间呈现出一定的相互关系。Taylor et al.(1995)在研究棉铃虫种群间差异时给出了以同工酶和钠离子通道为遗传标记的不同地方种群的比较,发现路易斯安那州的种群遗传多样性与来自其他州的种群相比,非常狭窄,这是由于太多的农药应用引起的。这也说明这一种群与其他周围的种群基因交换比较少。Sunnucks 等用微卫星标记技术检测了澳大利亚麦长管蚜 *Sitobion miscanthi* 的基因组 DNA,并阐明了其周期性孤雌生殖和寄主专化之间的遗传关系。无论是对于种群的远距离迁飞,还是近距离扩散,随着分子生物学日新月异的发展,其相关学科的应用将会越来越广泛。

2. 迁飞现象的直接证实

标记释放回收是研究昆虫迁飞扩散最直接的方法。20 世纪 60 年代,由李光博等领导的全国黏虫协作组于 1961—1963 年先后在 9 省 13 个地点进行了 17 次试验,总共标记成虫 202.5 万余头,曾在 5 个省 11 个地点共收回到标记成虫 12 头,标记回收地点的直线距离约 600~1 400 km。20 世纪 80 年代,经过全国多家单位的协作,我国在迁飞昆虫学方面取得了很大进展,先后对稻飞虱、稻纵卷叶螟、草地螟等进行了标记释放回收试验(全国褐稻虱科研协作组,1981;全国稻纵卷叶螟研究协作组,1981;全国草地螟科研协作组,1987),对为害我国农作物的典型迁飞性昆虫的迁飞为害规律有了一定的了解。澳大利亚的 Drake 博士等(1983)借鉴我国在黏虫迁飞研究中的成功经验,对非洲黏虫的迁飞进行了标记释放回收试验。Hagler et al. (2001)详细总结了用于昆虫标记的各种方法,包括记号笔、荧光粉、花粉、蛋白质、遗传标记等。针对具体的昆虫和研究的目的,需要选择相应的标记方法。比如蛋白质标记,虽然持久,但检测起来却非常耗时耗工;遗传标记的成本费用更高,而且需要专门性的研究。总的来说,标记以既不影响昆虫的飞行,又简单易行为好。

田间抽样是获取种群密度信息的重要手段。从诱虫灯、田间调查、捕虫网、诱捕器等获得的数据,与真实的昆虫空间分布和密度变化的关系,需要深入研究。虽然昆虫的田间扩散,使得其种群的空间密度分布处于动态变化之中,但可以由田间调查获取昆虫季节性消长规律的基本数据。我们还可以通过雌虫的卵巢解剖,判断昆虫为迁入或迁出种群,指导农业防治。目前我国各地植物保护站仍然在使用这种田间抽样方法,通过全国农业技术推广服务中心及时汇总数据,对我国迁飞性害虫进行预测预报。

6.1.4 传统研究方法的局限性

由于昆虫体型都相对较小,大多又在夜间高空迁飞,就是昆虫的一些常规短距离的飞行也远在人的视力和光学仪器的监测范围之外,因此,研究它们的飞行行为如果没有专业的仪器设备是不可能实现的。传统研究昆虫迁飞行为的方法主要依靠其飞行过程中的一些间接证据,如高空捕虫网、吸虫器以及地面诱虫灯虫情数据和标记释放回收等情况。这些方法受外界影响非常大,如诱虫灯受天气和月亮周期的影响,昆虫的迁飞时间与诱虫灯诱得昆虫的高峰期也有一定的时间差,经常在田间已经造成危害,诱虫灯内才发现迁飞成虫,失去了有害生物监测预警的意义,而且地面设备的观测并不能提供昆虫空中飞行行为的直接证据。迁飞的高度是利用空中风场推测昆虫虫源的重要依据,因为昆虫迁飞主要借助风的动力,而风的速度和方向随着高度的改变变化很大,弄清昆虫的飞行高度、空中飞行行为参数、飞行与空中风场的关系,对于研究昆虫的迁飞路线、分析迁飞昆虫虫源更具有现实意义。

6.2 雷达昆虫学概述

6.2.1 昆虫雷达简介

昆虫雷达是经过专门改进或设计的一种雷达,一般利用商用航海雷达的接收器和反射器改制而成。其工作原理是：昆虫身体内部有大量的水分，它和金属一样，是电磁波的良好反射体，如雨滴、云滴、冰粒、雪花及各种大气凝结核等都能向雷达接收机返回可分辨的回波能量（翟保平，1999）。当一束狭仄雷达波射向空中迁飞的昆虫时，昆虫身体会引起雷达波向四周反射，部分雷达波会返回雷达所在的方向，如果返回的雷达波能量足够大，就可以被雷达接收系统所接收，从而在雷达终端的显示系统上产生一个雷达回波信号。利用雷达的定向和测距性质，可以计算出昆虫迁飞的方位、高度、运动方向和昆虫在一定体积内的密度等（程登发等，2005）。

昆虫雷达有多种类型。根据其工作方式，可分为扫描雷达、垂直监测雷达和跟踪雷达；根据运载方式，可分为车载雷达、机载雷达、船载雷达和地面固定雷达；根据波长，可分为毫米波雷达和厘米波雷达；根据调制方式，可分为脉冲波雷达和调频连续波雷达等类型。这些昆虫雷达可以具有不同的测量参数：①目标的坐标（与雷达位置的方向、距离、高度）；②目标的位移（方向和速度）；③目标的密度（每立方米昆虫的数量）；④目标的定向（随机或非随机）；⑤平均飞行高度；⑥飞行的起始和结束时间；⑦昆虫的航向和气流速度；⑧振翅速度；⑨根据大小、形状判别目标的类型等。

昆虫雷达的出现为研究昆虫空中迁飞提供了一种有力的工具，在监测昆虫迁飞中扮演重要角色，其优势主要表现在：①能同时监测到距地面 1 km 高度内的不同昆虫的飞行过程，相对于传统方法，能够提供大范围的空间取样（Chapman et al.，2002）；②自身主动发射电磁波，监测不受白天黑夜的限制，而且昆虫在飞越雷达上空时并不受雷达电磁波的干扰，这种方法对于研究昆虫的空中飞行行为参数，尤其是空中昆虫定向具有无与伦比的优势（Reynolds et al.，1979）。因此，昆虫雷达的出现实现了空中昆虫迁飞由定性分析到定量研究的转变（Schaefer，1969；Riley，1975；吴孔明等，2001）。昆虫雷达对于更好地了解昆虫迁飞的习性、空中分布状况及迁飞路线等提供了良好的研究方法，在研究迁飞昆虫的起飞、巡航高度、定向、成层及其与环境条件的关系等方面作用突出，可以揭示昆虫在迁飞过程中的各种行为特征，以及大气结构和运动对昆虫飞行行为的影响（Drake et al.，1988）。

近年来，国内外雷达昆虫学家利用昆虫雷达在研究昆虫迁飞、迁飞与大气边界层的关系等方面都取得了一定的研究成果，尤其是数据采集的自动化（Cheng et al.，2002），使昆虫雷达的应用逐渐走向自动化和网络化，雷达监测技术也逐渐走向成熟。目前，昆虫雷达广泛应用于监测空中昆虫种群动态、决定昆虫的迁飞能力、预测害虫暴发的种类和时间，以及推测环境变化对物候和昆虫种群的影响等方面。长期的监测数据也为了解昆虫迁飞规律提供了基础性信息资料，具有非常重要的现实意义。昆虫雷达的出现极大地推动了迁飞昆虫学的研究与发展。

6.2.2　雷达昆虫学的起源

首先将雷达应用于生物目标观测的是鸟类学家，在战时的雷达操纵经验使他们认为雷达有用于飞鸟研究的潜力。雷达鸟类学的发展极大地扩大了鸟类迁徙研究的范围和准确度，得到了关于鸟类迁徙行为的详细的崭新的描述。1949 年 Crawford 在美国首次证实雷达可检测到昆虫，1951 年昆虫作为雷达目标被再次确认。而在 1950 年，当时在东非沙漠蝗治理组织（Desert Locust Control Organization for East Africa，DLCOEA）工作的英国昆虫学家 Rainey 并不知道 Crawford 的发现，单从推理上认为，由于昆虫体内含有水分，气象雷达至少应该像探测降水一样易于探测到昆虫群，于是他正式建议用雷达研究蝗虫的飞行。接着他促成与英国气象办公室的合作，安排使用了 G. L. Ⅲ 型雷达对所有经过的"云团"进行观测，这种雷达后来在中东大多数气象站用于测风。结果 1954 年英国皇家海军在波斯湾偶然用 10 cm 波长的雷达观测到了蝗群（Riley，1980）。这些发现激发了在伦敦的英国治蝗研究中心（Anti-Locust Research Centre，ALRC）和 DLCOEA 的兴趣，于是他们共同进行了机载雷达用于探测蝗虫群的研究，并于 1962 年在英国皇家雷达建造厂进行了蝗虫作为雷达反射体（即它们的雷达散射截面)的有效性的检测,弄清了商用 X 波段的机载天气雷达可以探测到 10 km 高空处的蝗虫群。DLCOEA 于 1965 年正式立项,委托 D. G. Smith 博士设计建造 1 部监测沙漠蝗的机载雷达。然而困难是可以预见的。如何区分昆虫的雷达回波与降水及地面回波呢? Harper(1966)认为,蝗虫飞行时翅膀的运动将产生与众不同的有特色的回波,但在没有尝试的情况下很难下这种坚定的结论。此间,证实单个昆虫与某些雷达回波有关的有力报道开始出现,而且表明雷达回波是昆虫产生的证据不断积累。Glover et al. 于 1966 年再次测定了昆虫的雷达散射截面,无疑几种昆虫的个体都可产生雷达回波,并且飞行着的单个昆虫可以被自动跟踪雷达所追踪。这个试验跟踪了 1 只蜻蜓,它可以产生 1 个小的但是持久的稳定的振幅,这说明在 9~7 Hz 处的这个振幅可能是由蜻蜓振翅产生的。这个值比实验室测得的 41~46 Hz 小得多,Glover 认为是由周围环境温度降低引起的。Schaefer(1976)认为这个振翅频率太低,不像是蜻蜓在 8 ℃时的振翅频率,而且认为 Glover 测得的约 4 m/s 的升速是由当时的上升气流产生的,而不是由蜻蜓振翅产生的。尽管对这个结果存在疑问,Schaefer(1976)、Riley(1967)和 Reynolds(1979)都确信"一个给定种类的昆虫的这种独特的雷达散射截面谱"在昆虫学上将是有用的,这也为后来的研究所证实。

上面的这些结果都没有得到关于昆虫飞行的有用的昆虫学信息。Rainey et al. (1990)在印度用气象雷达观测到 1 个蝗群,并提供了蝗群的密度及垂直高度的新信息。在这些新结果的影响及在 Rainey 的不断努力下,ALRC 邀请已有雷达追踪鸟类研究经验的 Loughborough 大学的 Schaefer 教授建造 1 部专用昆虫雷达(3.2 cm 波长,X 频带)。1968 年 9—10 月间在尼日尔进行了首次对昆虫迁飞的雷达观测,并取得了成功。这台改造的 3.2 cm 波长的航海雷达显示了 2 km 以内单个蝗虫的部分飞行轨迹,并测量了其空中密度、地面速度、飞行高度(高达 1.2 km),还观察到夜间风切变线上密度神奇增加的现象。由于雷达可以从远距离快速扫描一个巨大的空气团,故被广泛用来观测昆虫起飞和降落的习性、飞行中翅膀的振翅频率和在空中垂直分布的状况等,并使得夜间观测昆虫的迁飞成为可能。此后,在英国昆虫学家 Riley 的带领下,这项技术得到了进一步的发展,并在澳大利亚、美国、中国等国家建立了一个新的学科领域——雷达昆虫学。作为使用雷达研究昆虫运动的一门科学和技术,雷达昆虫学的深入发展,使人们对昆虫迁飞的认识得以大大提高。

6.2.3 国外雷达昆虫学的发展

国外对昆虫雷达研究较多,且拥有专用昆虫雷达设备的研究机构主要有:英国自然资源研究所雷达昆虫学研究实验室、澳大利亚联邦科学和工业研究组织、美国农业部农业研究局区域性害虫治理研究实验室等。相关雷达昆虫学家利用昆虫雷达系统在本国和有关发展中国家开展了大量研究工作。

1. 英国雷达昆虫学的发展

在英国雷达昆虫学的主要研究机构是由 Riley 领导的昆虫雷达组,即后来的英国自然资源研究所(Britain's Natural Resources Institute,NRI)雷达昆虫学实验室。该机构研究人员对昆虫回波的物理属性、目标种类的辨识、空中种群的迁飞行为、观测数据的定量分析和昆虫雷达新机型的研制等做了大量研究、革新和发明。20 世纪 70 年代中期,他们首先研制出垂直监测雷达(VLR)并应用于空中种群定向行为的研究。20 世纪 80 年代,NRI 的研究人员认识到:昆虫雷达的散射截面同昆虫目标个体大小存在函数关系,个体越小的昆虫,在瑞利散射区域里,其散射截面越小;使用 3 cm 波长的雷达系统在有效的范围内无法检测到微小昆虫,但在瑞利区域内,散射截面同雷达波长的 4 次幂成反比,因此降低雷达波长,可以增加微小昆虫的散射截面,从而使得昆虫雷达可以实现对微小昆虫远距离飞行的观测(Riley,1992)。随着雷达短波技术的发展,1988 年 NRI 建造了世界上第 1 台 8.8 mm 波长、Q

频带的脉冲不连续波扫描昆虫雷达,将其应用于蚜虫、稻飞虱等微小型昆虫的空中迁飞动态监测,并在东南亚及我国南方稻区开展了微小型昆虫的雷达监测研究。此外,他们还研制了观测昆虫近地飞行的收发分置谐波雷达,使得低空飞行的昆虫可以在背景噪音很强的情况下,通过雷达回波分辨出来(Mascanzoni et al.,1986;Riley et al.,2002)。Riley et al.(2002)利用谐波昆虫雷达跟踪蜜蜂,对蜜蜂寻找蜜源、回巢以及与同伴之间的信息交流进行了研究,他们并建成了全自动的第2代VLR。如今世界上正在应用的昆虫雷达的大多数机型均为他们首创,他们在亚非发展中国家进行的雷达观测也取得了许多开创性成果,为雷达昆虫学的发展作出了卓越贡献。由于机构调整,2002年这一雷达昆虫学实验室被合并到英国洛桑试验站(Rothamsted Experimental Station,现称 Rothamsted Research)。

2. 澳大利亚雷达昆虫学研究

1971年,澳大利亚联邦科学和工业研究组织(Commonwealth Scientific and Industrial Research Organisation,CSIRO)的昆虫雷达由 Schaefer 帮助建成并投入使用。Drake 博士入主该组织后,澳大利亚的雷达昆虫学有了长足的进展,陆续发表了一系列重要结果。Drake 在雷达观测和结果分析的定量化理论和方法上作出了重要贡献,最突出的成就是关于大气结构和运动对昆虫迁飞的影响,尤其是中小尺度环流对昆虫迁飞行为的影响的研究(Drake et al.,1981,1988)。除了在澳大利亚本土对蝗虫和棉铃虫的观测研究外,Drake 还与我国陈瑞鹿先生领导的公主岭雷达组就中国东北黏虫迁飞开展了长达10年的合作研究,为推动雷达昆虫学在中国的发展发挥了积极的作用。1990年,他加入澳大利亚新南威尔士大学物理学院(ASOP)的低空大气研究组(LARG),建造了2台ZLC(zenith-pointing linearly-polarized conical-scan)制式的垂直雷达,并与 LARG 拥有的多普勒 UHF 雷达(测风廓线)和无线电声探空系统(测温廓线)联合使用,通过连续自动监测和气象要素的实时采集研究昆虫迁飞的生物气象学。

3. 美国雷达昆虫学研究

1978年,美国的雷达昆虫学学科正式确立。在美国农业部(United States Department of Agriculture,USDA)农业研究局(Agricutural Research Service,ARS)区域性害虫治理研究实验室(Areawide Pest Management Research Unit,APMRU)工作的 Wolf 领导昆虫雷达组在研制昆虫雷达方面取得了多项成果,除了扫描昆虫雷达外,在船载雷达、机载雷达和调频连续波雷达等方面均处于领先水平。1979年,他将军用雷达改装上航海雷达的发射兼接收机,在亚利桑那的棉田内进行昆虫飞行的观测(Wolf,1995)。1987年 Wolf 与 Cranfield 大学的 Hobbs 博士合作,进一步发展了机载昆虫雷达,用它成功地跟踪了一个蛾群整夜数10万m的迁飞过程,这在雷达昆虫学研究中还是唯一的一次。他们还重新组装了地面雷达,使它能快速移动和架设,这使他们能对一系列的观测点进行连续观测,其间隔只有1 h 左右。

1985年,USDA 在得克萨斯州成立了由 Beerwinkle 博士率领的第2个雷达昆虫学研究组。他发展了最初由 NRI 设计的垂直监测雷达,并且用计算机进行数据的自动采集与分析,可对飞行高度在地面以上400~2 400 m 的昆虫进行自动监测,于1990—1991年进行了连续2年的自动观测(这也是雷达昆虫学研究中的第1次),获得了大量关于边界层内昆虫种群动态和飞行行为及其与风温场的关系等珍贵的研究资料。

6.2.4 我国雷达昆虫学的发展

我国雷达昆虫学起步于20世纪80年代。1983年,吉林省农业科学院植物保护研究所陈瑞鹿先生与无锡雷达厂合作,成功组建了我国第1台扫描昆虫雷达,对我国北方典型的迁飞性昆虫黏虫、草地螟的迁飞行为进行了雷达观测(Chen et al.,1989;陈瑞鹿等,1992)。中国农业科学院植物保护研究所与无锡雷达厂再次合作,于1998年成功组建了我国第2台扫描昆虫雷达,并于2001—2002年在该所河北廊坊试验基地对我国华北地区迁飞性昆虫进行了为期2年的雷达观测(封洪强,2003)。2003年起该雷达安置到山东省北隍城岛,开展了迁飞性昆虫的越海迁飞研究。扫描昆虫雷达的相关研究在昆虫的迁飞行为和位移定向方面取得了一定进展。2004年6月,中国农业科学院植物保护研究所与成都锦江电子系统工程有限公司合作,借鉴扫描昆虫雷达的数据采集和分析系统,组建了我国第1台垂直监测昆虫雷达,并于2004年7—9月在成都郊区文家场进行了为期3个月的调试工作。结果表明,该雷达整机运转良好,能长期自动地准确监测到空中飞行的昆虫种群,并实时记录飞越雷达上空的昆虫飞行的时间、高度和数量(张云慧等,2006、2007)。该所2005年在吉林省镇赉县、2006—2007年在内蒙古集宁进行了连续3年的雷达观测,对我国北方重要迁飞性害虫草地螟、黏虫的迁飞行为和规律进行了相关研究,并在国内首次证实了未曾报道过的旋幽夜蛾和步甲迁飞的事实(张云慧等,2008a)。

2007年,中国农业科学院植物保护研究所与成都锦江电子系统工程有限公司再次合作,成功地组建了我国首台(世界第2台)毫米波扫描昆虫雷达。该雷达可以对蚜虫、稻飞虱等微小型昆虫开展雷达监测工作,目前被安置在广西兴安县,对水稻迁飞性昆虫进行雷达监测。2007年,南京农业大学翟保平教授研究室与南京信息工程大学合作,成功地组建了1台收发分置的多普勒雷达,一般雷达因地面回波干扰而对250 m低空昆虫无法观测,该雷达系统通过把雷达收发系统分置,可以对地面50 m以上的目标昆虫开展雷达监测。这台多普勒雷达已被安置在南京浦口区,用于对水稻"两迁"害虫的雷达观测研究。目前我国投入使用的昆虫雷达已达7台,对我国农业典型的迁飞性昆虫开展了大量研究工作,为指导农业防治、保证粮食丰收起到了促进作用。随着农业部、科技部等相关部门对昆虫雷达应用的日益重视和扶持,以及雷达监测工作的持续开展,我国有望建成农牧区的雷达监测网,真正实现迁飞性害虫的实时监测。

6.3 昆虫雷达技术

6.3.1 垂直监测昆虫雷达技术

早期应用于昆虫迁飞研究的雷达主要是X-波段的扫描昆虫雷达。这种雷达具有抛物面形的天线,可以以不同的仰角做圆周旋转;同时,雷达波束沿着一系列的仰角发出,波束遇到目标后,返回亮点。此时,图像显示方式为平面位置显示器(PPI)显示。通过跟踪一系列的亮点,可以估算目标的速度和方向(Schaefer,1976)。扫描昆虫雷达用于监测空中昆虫种群动态,确定昆虫的迁飞能力,预测害虫暴发的种类和时间,推测环境变化对物候和昆虫种群的影响。长期的监测数据也为了解昆虫迁飞规律提供了基础性信息资料。然而,不论是车载雷达,还是机载和船载雷达,应用起来代价都相对较高,操作和数据处理都非常费时费力,仅适用于对短期昆虫的迁飞行为开展一些研究性工作,并不适合应用于生产,无法实现迁飞性害虫早期预警的长期观测。为此,英、美、澳、中等国家都对垂直监测昆虫雷达技术进行了大量研究。

与传统的扫描昆虫雷达相比,垂直监测昆虫雷达的抛物面形天线竖直向上,双极馈源(double-dipole feed)稍微偏离抛物面的对称轴,向上发射波束。波导馈源(wave-guide feed)围绕垂直轴进行机械转动,使得垂直波束的线性极化(linear polarization)也不断旋转。同时馈源也围绕抛物面的对称轴旋转,使垂直向上的波束形成锥扫(张智等,2012)。随着垂直监测雷达技术的成熟,昆虫雷达逐渐向可以用于长期自动观测的垂直监测昆虫雷达方面发展。目前,垂直监测昆虫雷达技术不仅使昆虫的长期自动化监测成为可能,而且具有高空昆虫种类的辨别能力,能够从雷达回波中提取到目标昆虫的质量、定向、位移速度、方向以及与体型有关的相关参数(Drake et al.,2002)。

1. 垂直监测昆虫雷达技术的发展

早在20世纪70年代初期,垂直监测气象雷达上就监测到类似昆虫的雷达回波,并且通过计算回波时间的变化,可以得到目标物体的水平速度。受垂直监测气象雷达原理的启示,英国自然资源研究所由Riley领导的昆虫雷达组,开始致力于开发把垂直雷达技术应用于昆虫监测,直到1975年雷达组在非洲西部研究蝗虫迁飞的过程中才研制成功了第1台垂直雷达系统。这个系统用3.2 cm波长单一脉冲代替10 cm波长的连续波脉冲,频率调制系统则沿用了Atlas的设计(Riley et al.,1989);雷达波速平面旋转极化,从而可以精确测量单个昆虫在波速中的定向,在昆虫身体与雷达波速平行时可得到最大的雷达散射面积(radar back scattering cross-section,RCS)。采用这一原理,可以使体型细长的目标昆虫经过波速的旋转极化而转化成椭圆形的球体,并希望通过这种设想得到昆虫的翅振频率,以此作为辨别昆虫种类的一种辅助方法。该雷达可产生目标昆虫高质量的翅频记录,并且能提供迁飞种群定向分布的微尺度细节,但对迁飞个体的体型信息的提取未能成功。Schaefer博士提出引入跟踪雷达所用的章动原理来增进VLR性能的设想,1984年Bent把章动原理应用到了垂直雷达系统研究上,并提出了ZLC制式的完整概念,即垂直上指(zenith-pointing)、偏振旋动(polarization-rotation)、波束章动(beam-nutation)、锥形扫描(conical-scan),并通过室内模拟试验表明,只要使VLR天线的旋动馈电稍做偏转,即可很方便地将旋动和章动结合起来,从而测得飞行体的速度、方向和定向,以及与体型有关的2个RCS参数。通过改进这种装置,在后来的两次试验中都成功地监测到目标昆虫的定向,并可以产生高质量的目标昆虫的翅频记录,但仍然没有提取到昆虫体型特征的信息。这是因为在旋转极化时主要依靠目标昆虫的大小和形状,但目标昆虫的大小和形状又受目标在雷达波束中的高度影响(离雷达波束越近,反射回波越强)。通过使雷达天线在旋转的同时偏离天线中心1个波束宽度的章动原理,从而幸运地得到了关于目标物体到天线中心的距离。Bent的工作使Riley深受启发,他和助手们在Bent的基础上设计了新的信号分析算法,重新把章动原理应用到了旋转极化的垂直昆虫雷达上,并进一步改进了硬件系统,于1985年建成了全自动的第2代VLR,主要用于观测中大型昆虫。第2代VLR样机分别于1985和1986年在印度、1990年在澳大利亚进行了试运行,成功地监测到了雷达上空单个昆虫的速度、方向和定向,以及与体型(大小和形状)有关的3个RCS参数,所有的数据处理程序在电脑上自动进行(Riley et al.,1986)。1993—1994年在毛里塔尼亚进行了跨年度第1次正式观测,1995年7—9月又在英国本土进行了连续3个月的长期监测试验。结果表明,该雷达不仅目标辨识能力有所提高,而且整机运行和数据分析全部实现计算机自动控制,观测费用也大大降低,从而使迁飞性害虫的长期自动监测成为可能。自1995年以来,英国雷达昆虫学家以洛桑实验站为基地,把两台垂直监测昆虫雷达分别安置在英国东南部,配合欧洲蚜虫监测网用VLR在英国本土进行长期的雷达监测,在空中昆虫群落的变化和迁飞性昆虫季节性迁飞规律方面取得了很大进展(Chapman et al.,2005)。

20世纪80年代中期,在美国农业部农业研究局区域性害虫治理研究实验室(APMRU)由Beerwinkle博士率领的第2个雷达昆虫学研究组致力于研究垂直监测昆虫雷达系统,在雷达系统设计过程中移植了旋转偏振的设计思想,而放弃了锥形扫描功能。此举大大降低了制造和操作成本,但也因此丧失了检测空中种群迁飞方向的能力。1989年,美国建成了电脑控制的全自动VLR,实现了对飞行高度在地面以上400～2 400 m昆虫的自动监测。

在澳大利亚,Drake 博士引入 ZLC 技术,于 1990 年建成了 2 台 ZLC 制式的垂直监测昆虫雷达。它们以西北方位分别被置于澳大利亚的半干旱内陆地区,距离中心实验室 650 km 的新南威尔士州(1998 年 5 月开始)和 950 km 的昆士兰州(1999 年 9 月开始)。昆士兰州是澳洲疫蝗和澳洲棉铃虫的主要虫源区,安置在该地区的雷达主要用于监测害虫的起飞;新南威尔士州是澳大利亚疫蝗的发生区,其雷达主要监测昆虫向东南方向的农牧区迁飞情况,以实现提前预警。两台雷达相距 300 km,刚好是昆虫完成一夜迁飞的大致距离。两台雷达通过公用电话线与设置在堪培拉的雷达控制中心实验室相连。垂直监测昆虫雷达和相关气象设备在微型计算机的控制下自动接受和处理数据,微型计算机则通过公用电话线连接到雷达控制中心计算机上,并在雷达控制中心计算机上实现数据接受、系统维护、故障诊断的远程控制。雷达控制中心计算机既可获取雷达每天的观测数据,还可以对雷达进行必要的维修。雷达每晚对飞越上空的昆虫进行自动化的常规监测,实时、持续地提供昆虫迁飞过程的最新信息。观测的主要结果包括迁飞过程中昆虫飞行密度、高度、速度和位移方向,昆虫定向、大小和振翅频率。研究人员利用地理信息系统,综合分析昆虫的种群数量和栖息地环境,并根据降水和卫星遥感测得的地面植被指数,对昆虫迁飞降落区和为害程度进行分析。昆虫雷达监测可对每日的实地监测进行有效的补充,相对于每日各地的观测数据,昆虫雷达运转起来费用较低、观测结果数据充足、连续性更好。每台雷达当日的观测结果传输到雷达控制中心计算机上进行整理,并通过互联网进行发布。科学工作者可以利用相关信息对澳洲疫蝗的发生作出防治决策,还可以将长期的观测数据制作成数据库,使之成为向澳大利亚疫蝗委员会和其他研究机构提供预测和防治决策的基本数据(Drake et al.,2002)。

在数据采集和分析方面,英国的 Riley 和澳大利亚的 Drake 在 20 世纪 70 年代末和 80 年代初创造了手工分析方法(Riley,1979;Drake,1981)。由于数据的分析十分烦琐,使得观测资料的处理非常的费时费力,无法应用于长期监测,具不为一般技术人员所掌握,限制了昆虫雷达的发展。20 世纪 90 年代,随着计算机技术的发展,昆虫雷达的发展也走向了"数字革命"时代,我国程登发研究员自行设计研制了扫描昆虫雷达数据实时采集、分析系统(Cheng et al.,2002),实现了昆虫雷达监测的自动化,解决了数据处理费时、费力的难题。数字采集的自动处理分析,电脑与电子设备的应用使昆虫雷达由研究型走向了实用型。

2. 垂直监测昆虫雷达技术的应用前景

农作物生物灾害的实时监测和预警,是及时有效地控制其暴发为害的先决条件之一。多年来由于缺少相应的设备,人们对害虫的高空迁飞只是"知其然不知其所以然",对迁飞昆虫空中的演化机制缺乏系统了解,当害虫暴发时,只能采用被动的应急措施。垂直监测昆虫雷达克服了扫描雷达因操作不便和代价高昂而只能用于迁飞季节作短期监测的不足,能够长期自动监测昆虫的迁飞,同时提供构成昆虫迁飞系统所需的若干参数,即可估测昆虫迁飞在特定季节、特定时间、特定方向响应于特定环境条件而发生的情况,并能自动记录数据供以后处理(Drake,2002),为测报机构人员提供对主要迁入目标害虫及可能迁入区的预警。此外,垂直监测昆虫雷达还可用于更广泛的生态监测,特别是空中生物流量年际变化的定量监测。垂直监测昆虫雷达的出现也使对昆虫迁出活动的短期、集中的观测研究发展到对迁入事件的长期监测研究。更重要的是,垂直监测昆虫雷达系统结构简单、造价低廉、数据采集量小,故很容易实现对雷达运行、信号采集、存储和处理的微机全自动控制,从而实现对迁飞性害虫的长期监测和实时预警。垂直监测昆虫雷达取样空间较小,使得近地空间的波束较窄,因而可减少由于此处昆虫密度较高造成回波重叠所产生的信息损失(Smith et al.,2000)。由于垂直监测昆虫雷达系统天线固定不动,可以实时记录目标经过天线上空的时间系列回波变化强度,如果目标物体是昆虫,在昆虫经过天线上空时,时间系列的回波强度就会有轻微的变化,调频也会由于昆虫振翅频率的变化而使雷达散射面积（RCS）发生相应改变。利用专门用于昆虫监测的全自动雷达的监测资料,可以对高空昆虫迁飞进行定性和定量分析,雷达输出的初级数据可提供不同时间和高度昆虫数量的变化,把输出数据组成生态模型,用于害虫的预测预报。

在垂直监测昆虫雷达系统中,最需要改进的地方为降低雷达监测的最低高度,使之能够监测到低空飞行的昆虫,另外就是增强对小型昆虫在更高范围内的监测和辨别能力。对于低空昆虫的飞行行为研究问题先前已被连续调频波雷达所解决（McLaughlin et al.,1994）。与垂直监测昆虫雷达系统不同,连续调频波雷达缺少用于昆虫种类辨别的参数信息,但这种雷达系统作为垂直监测昆虫雷达在监测方面的一种补充却是非常有用的。对于在大范围内监测高空迁飞的微小型昆虫如蚜虫、稻飞虱等的飞行行为问题,国内外已成功组建的毫米波昆虫雷达系统,弥补了厘米波昆虫雷达系统的不足,但随之也带来了成本高昂的问题。很显然,在昆虫雷达短波技术改进方面并不缺少相应的技术,现今有待解决的问题是进一步提高获取信息的精确度以及降低成本预算。目前可以通过与气象部门合作,利用气象雷达（连续调频波多普勒雷达、谐波雷达等）接收到的相关信息进行联合监测,以期得到昆虫迁飞更多的相关信息。

尽管雷达系统在昆虫种类辨别能力方面有了很大的提高,但仍然需要一种权威的物种鉴定方法或技术。为了使垂直监测昆虫雷达的数据在昆虫迁飞和空中生物群落方面更具有说服力,最好在雷达监测的同时配合气象数据的监测。最主要的方法还是利用新一代气象雷达监测到的气象信息,综合分析垂直监测雷达系统得到的空中昆虫的垂直分布情况和风对昆虫迁飞的影响。空中昆虫的取样仍然是判断迁飞昆虫种类的一种必要手段,尤其是雷达监测到有高密度昆虫过境时。除了小范围内系留气球的空中取样,还有适合大范围空间的空中航捕取样,它们均有助于对垂直监测昆虫雷达目标的辅助辨别。

另外,我国地处东亚季风盛行地带,远距离迁飞昆虫种类也相对较多（翟保平,1999）。在利用传统方法对我国几种重要的迁飞性昆虫如黏虫、草地螟、棉铃虫等的研究方面已取得一定成效,建立了一定的理论体系,但由于缺少相应的工具,没有直接的证据证明其迁飞动态。而垂直监测昆虫雷达长期自动的观测,对于弄清迁飞昆虫的迁飞路线、空中生物流量变化有重要的实践意义。从昆虫雷达技术目前的发展方向来看主要有两个方面,一是为了便于观测微小型昆虫如蚜虫、稻飞虱等,昆虫雷达由厘米波向毫米波方向发展;二是为了弄清昆虫的飞行行为以实现重要迁飞性害虫的实时监测预警,昆虫雷达从单一的扫描昆虫雷达向固定的垂直监测昆虫雷达和雷达网方向发展。随着各项技术在垂直监测昆虫雷达上的应用与发展,垂直监测昆虫雷达系统将在迁飞性昆虫的实时监测和早期预警中发挥更大作用。

6.3.2 毫米波扫描昆虫雷达监测技术

1. 毫米波扫描昆虫雷达监测技术的发展

随着雷达短波技术的发展,雷达可以观测到体长小于 8 mm 的微小型昆虫,并被用于稻飞虱、蚜虫高空迁飞动态的观测,从而使得昆虫雷达可以实现微小型昆虫的远距离飞行观测（Riley,1991）。英国自然资源研究所（NRI）利用这个原理,于 1988 年建造了世界上第 1 台 8.8 mm 波长、Q 频带的脉冲不连续波扫描昆虫雷达。该雷达被用于研究质量仅约 2 mg 昆虫的飞行,其对个体微小昆虫的有效观测距离可以达到 1 km 以上。同年该所昆虫雷达组（NRIRU）使用该雷达系统在菲律宾观测热带地区水田稻飞虱和半翅目昆虫的飞行行为,观测试验结合了空中网捕,发现了大量的天敌昆虫——黑肩绿盲蝽,结果显示了雷达观测情况和空中网捕的相关性,以及稻飞虱的飞行能力和飞行距离受光照、气流等影响而发生的变化（Riley et al.,1987）。1988—1991 年,NRIRU 和南京农业大学合作,分别在中国江苏省江浦县和江西省北部利用毫米波雷达监测了中国东部地区水稻迁飞性害虫——稻飞虱和稻纵卷叶螟的秋季回迁。连续几年的观测结合了空中网捕、田间笼罩,结果显示雷达观测与空中网捕、田间笼罩观察情况相符合,证实了雷达观测的可靠性,并被主要用于分析研究稻飞虱和稻纵卷叶螟的季节性迁飞规律及其迁飞轨迹。

2007年6月中国农业科学院植物保护研究所建成了国内第1部毫米波扫描昆虫雷达并投入使用,用来监测华南地区水稻重大"两迁"害虫的空中种群动态(杨秀丽等,2008)。同年南京农业大学与农业部全国农技推广服务中心利用国家专项资金筹建的1部多普勒昆虫雷达也投入对水稻害虫迁飞的监测。

2. 毫米波扫描昆虫雷达监测技术的应用前景

针对害虫种群暴发性突增(即能够成灾的虫害)的实时监测和预警,是及时有效地控制其暴发为害的先决条件之一(翟保平,2001;程登发等,2005)。毫米波扫描昆虫雷达能够长期监测微小型昆虫的迁飞,尤其对于我国水稻重大迁飞性害虫——稻飞虱和稻纵卷叶螟的监测意义重大,它的出现无疑为常规灾变预测方法的研究注入了新的活力。毫米波扫描昆虫雷达可提供昆虫飞行行为的若干参数,即昆虫在不同季节、环境条件下特定的飞行时间、高度、方向以及速度,为测报机构人员确定目标害虫的迁入时间、迁入区并及时发出预警信息提供切实可靠的帮助。毫米波扫描昆虫雷达兼具灵敏度高、扫描空间范围广的优势,由于波段小,对于微小型昆虫的监测是可行的,重要的是其监测距离远,完全可以跟踪至目标昆虫的飞行高度;它的扫描天线扫描范围广阔,可以进行极大空间的取样,从而保证反映不同空间层昆虫分布的真实面貌。

目前,对于毫米波扫描昆虫雷达最需要改进的地方是要完全实现无须人工操作的自动化监测,以及建立后台数据的分析系统。此外,目标昆虫回波的识别仍是雷达监测中的重点和难点。随着昆虫学家们的努力和信息技术的不断发展,昆虫雷达在昆虫种类的辨别能力方面已经有了很大的提高,但在比较长的一段时间内,空中昆虫的取样以及地面虫情调查仍然是研究和判断迁飞昆虫种类的必要手段之一。从毫米波扫描昆虫雷达的监测效果来看,其优势已经凸显,在重大迁飞性害虫的雷达监测过程中,尤其是针对我国南方水稻上"两迁"害虫,毫米波扫描昆虫雷达将在今后建立昆虫雷达网、实时监测预警重大迁飞害虫的工作中占据一定位置。

第7章 雷达遥感监测技术平台

昆虫迁飞是一个多尺度、多变量的演进过程,对其开展研究涉及地学、天气学、气候学、物理学、化学、生物学等多学科领域,是一个极其复杂的科学问题,需要相应的科学理论和技术方法来支撑。要实现对迁飞性昆虫的追踪监测、准确预报和有效防控,就必须开展多尺度、多学科的综合研究和技术集成,而"3S"技术和昆虫雷达技术等高新技术则是达到这一目标的基本工具。近年来,在国家"973"计划、国家科技支撑计划和国家自然科学基金等项目资助下,我国昆虫雷达系统建设取得了重大进展。中国农业科学院植物保护研究所、南京农业大学、河南农业科学院植物保护研究所、北京农林科学院植物保护环境保护研究所等多家单位共组装了7台昆虫雷达系统,它们分布于我国具有代表性的观测地点,组成了一个小型的雷达监测网,对棉铃虫、草地螟、稻飞虱、稻纵卷叶螟等重大农业害虫开展长期实时监测。本章以作者在东北、华北、华南研究区进行的重大迁飞性昆虫监测研究为例,介绍昆虫雷达监测系统及其应用。

7.1 研究区概况

7.1.1 东北和华北研究区概况

1. 气候特征

东北地区位于我国温带湿润、半湿润季风气候区,冬季寒冷,夏季温度较高,雨热同期,热量与水分配合得较为协调,水分条件可以满足一年1熟作物生长的需要。东北地区受纬度、海陆位置、地势等因素的影响,自南而北跨暖温带、中温带与寒温带,热量显著不同。日平均气温≥10 ℃的积温,南部可达3 600 ℃。冬小麦、棉花和暖温带水果在辽南各地可正常生长;中部日平均气温≥10 ℃的积温达1 000~3 600 ℃,属中温带,可种植的农作物为春小麦、大豆、玉米、高粱、水稻、甜菜、亚麻等;北部日平均气温≥10 ℃的积温约1 000 ℃,属寒温带,可种植的农作物为春小麦、大豆。自东而西,降水量自1 000 mm降至300 mm以下,气候上从湿润区、半湿润区过渡到半干旱区,农业上从农林区、农耕区、半农半牧区过渡到纯牧区。水热条件的纵横交叉,形成东北区农业体系和农业地域分异的基本格局,是综合性大农业基地的自然基础。

华北地区位于北纬32°~42°之间,属典型的暖温带大陆性季风气候。西邻青藏高原,东濒黄、渤二海,北与东北地区、内蒙古地区相接。大致以≥10 ℃积温3 200 ℃(西北段为3 000 ℃)等值线、1月平均气温-10 ℃(西北段为-8 ℃)等值线为北界。从丹东、阜新、彰武、围场、张北、右玉、榆林、定边、中宁至乌鞘岭,此线以南大部分属暖温带,作物二年3熟,黄土广泛分布,主要种植小麦、玉米、棉花、花生。华北地区的西界,自乌鞘岭以南沿祁连山东麓、洮河以西至白龙江,大致以3 000 m等高线与青藏高原相接。南界为著名的秦岭淮河线,相当于≥10 ℃积温 4 500 ℃、1月平均气温 0 ℃等值线。具体界线为秦岭北麓,经伏牛山,淮河至苏北灌溉总渠。亚热带作物逾越此线则不能正常生长,各种自然现象在这条线的两侧都有显著差异,是我国自然地理上的一条重要分界线。

2. 地貌特征

东北地区被称为"山环水绕,沃野千里",这是对东北地区地面结构基本特征的形象描述。具体说来"山环"是指它的西、北、东三面为大兴安岭、小兴安岭和东北东部山地所环峙,南端濒临辽东湾;"水绕"是指它的周围有黑龙江、乌苏里江、图们江、鸭绿江等河流;"沃野千里"是指它的中部东北平原南北长约 1 000 km,东西宽约 300~400 km,面积约 35 万 km²,是中国最大的平原,并且平原多黑土和黑钙土,十分肥沃。东北平原上有松花江与辽河水系流贯南北,两大水系之间有松辽分水岭将其隔开,在地形上可以分为 3 部分,即东北部为松花江、黑龙江、乌苏里江冲积形成的三江平原,北部为松花江与嫩江及其支流冲积而成的松嫩平原,南部为辽河水系冲积而成的辽河平原,中部是松辽分水岭。

华北地区包括 4 个自然地理单元:东部的辽东、山东低山丘陵地带,中部的黄淮海平原和辽河下游平原,西部的黄土高原和北部的冀北山地。辽东、山东半岛以掎角之势环抱渤海。这两个半岛上的山地丘陵海拔大多在 500 m 左右,只有少数山峰超过 1 000 m,山势虽不高,但对海洋季风的运行却有一定的影响,构成华北地区海陆间的第 1 道地形屏障。中部广阔的黄淮海平原和辽河下游平原,地势低平,海拔一般不超过 50 m,黄淮海平原北缘的冀北山地和西缘的太行山海拔 600~1 000 m,构成华北地区第 2 道地形屏障,进一步阻挡海洋湿润气流的向西延伸,加强了华北地区自然景观的东西差异(图 7-1)。

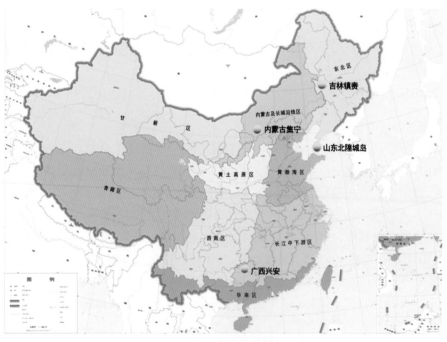

图 7-1　雷达观测点的地理位置

3. 主要迁飞性昆虫

东北与华北地区是我国主要的小麦、玉米、大豆产区,在粮食生产中具有举足轻重的地位。病虫害的发生是影响该地区粮食产量和质量的主要因素之一,尤其是迁飞性害虫草地螟、黏虫、棉铃虫等的大量发生,给这些地区的粮食生产造成了严重的危害。此外,一些次级害虫如旋幽夜蛾、植食性步甲等也上升为田间主要害虫并频繁暴发为害。天敌昆虫中华草蛉、异色瓢虫、七星瓢虫等与害虫的伴迁现象在昆虫迁飞中也普遍存在,在大规模防治害虫时,也会大量杀伤伴迁的天敌昆虫。因此,弄清迁飞性昆虫的迁飞种类、迁飞动态,对于该地区有害生物的防治和天敌昆虫的保护具有重要意义。

7.1.2　华南研究区概况

1. 气候特征

华南研究区监测点位于广西壮族自治区兴安县。县境内属中亚热带季风气候,春夏季刮西南(偏南)风,秋冬刮东北(偏北)风,具有无霜期长、四季温和、雨量充沛的特征。年平均温度为 17.8 ℃,极端最高气温 38.5 ℃,最低气温-5.8 ℃。温度和光照适宜作物生长繁育。

2. 地貌特征

兴安县地处北纬 25°18′~26°55′、东经 110°14′~110°56′之间,地形为东南和西北高,中间低,西北部为越城岭山脉,东南纵贯都庞山脉。两大山脉中间的狭长地带为"湘桂走廊",其间分布着丘陵及河谷平原,是农业耕作区和水果种植区。粮食作物以水稻为主。

3. 主要迁飞性昆虫

兴安县地处"湘桂走廊"谷地,为水稻稻飞虱和稻纵卷叶螟等迁飞性害虫("两迁"害虫)迁飞路径的必经之地,是其北迁南移的"中转站"和增殖、扩繁基地。"两迁"害虫在该县迁入峰次多,虫量大,田间发生重,一年可发生 6 代。近几年来"两迁"害虫的发生为害有逐年加重趋势,虫源基数如得不到有效的控制,就会大量地迁向长江中下游的湖南、湖北、江西、安徽、江苏、浙江等稻区,从而给这些稻区的防治工作带来极大的压力,对水稻生产造成严重影响。

7.2　昆虫雷达监测系统

7.2.1　垂直监测昆虫雷达系统

本研究采用 2004 年 6 月中国农业科学院植物保护研究所与成都锦江电子系统工程有限公司合作组建的垂直监测昆虫雷达系统,其基本参数见表 7-1。

表 7-1　中国农业科学院植物保护研究所垂直监测昆虫雷达基本参数

参数名称	数　值	参数名称	数　值
波长/mm	32	天线直径/m	1.5(旋转抛物面天线)
发射频率/MHz	9 410±30	波束极化	水平极化
峰值输出功率/kW	10	天线波束宽度/(°)	1.8
脉冲宽度/μs	0.08,0.35	增益/dB	38
脉冲重复频率/Hz	1 500,2 250	波束旋转角度/(°)	1.5(与铅垂线夹角)
接收器噪声系数/dB	<6	波束旋转频率/Hz	0.33
接收器动态范围/dB	20	雷达显示器	光栅数字(PPI 显示)
雷达量程/m	300~3 000	距离分辨率/m	50

1.垂直监测昆虫雷达的硬件系统

垂直监测昆虫雷达的硬件系统主要包括室外天线、收发装置、室内数据处理工作台和空中工作台等。

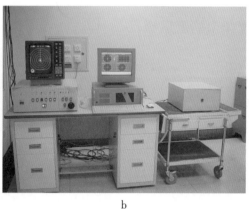

a   b

图 7-2 垂直监测昆虫雷达的天线系统

a.室外天线装置 b.室内控制工作台

（1）室外天线装置（图 7-2a） 包括天线系统、锥扫系统和天线座等。天线系统由天线罩和反射体组成。天线罩直径 1.5 m,采用无骨架玻璃钢蜂窝夹层结构,由 1 个上罩和 2 个下护罩连接而成;反射体为直径 1.5 m 抛物面,可保证 6 级风能工作,10 级风不损坏。锥扫系统由锥扫转动部分、锥扫馈源、旋转关节组成,它驱动锥扫馈源以 0.33 Hz 的频率旋转。天线座是雷达天线的支撑和定位装置,它的上部与反射体相连,下部装有调平装置用于调整天线水平,天线座内部装有收发机箱和配电箱,装有 4 个轮子便于水平移动。天线座上表面装有水平仪可调整天线水平。

（2）室内控制工作台（图 7-2b） 主要包括雷达电源控制台、伺服系统、昆虫雷达信号处理系统和终端系统。雷达电源控制台,主要用于给各系统供给电源,完成相应的功能。伺服系统,按闭环调速系统原理构成,可实现馈源的旋转运动,从而完成波束在空中的锥形扫描。昆虫雷达信号处理系统,主要接收对数接收机送来的对数信号,经过 A/D 变换电路、数字视频积分后,得到回波的强度信息（图 7-3）;通过积分单元与计算机相连,向计算机输出强度信号,供计算机作彩色图像处理和事后分析;产生本系统的各种实时信号;接收天线同步机送来的三相电压产生的 12 位角码信号;同时具有校零作用。终端系统对信

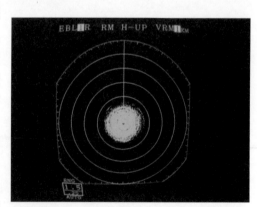

图 7-3 垂直监测昆虫雷达 PPI 图像

号处理器采集的雷达回波信号进行计算,在显示器上按 PPI(平面显示)和高度方位方式进行显示,并将昆虫雷达原始回波数据保存到数据文件中,同时计算出天线扫描每圈的昆虫个数以及所在的方位和高度,再将相邻两圈的昆虫数据进行比较,计算出昆虫飞行的方向和高度。

2.垂直监测昆虫雷达的软件系统

软件系统主要由实时程序和非实时程序组成。实时程序,本研究中用 Microsoft Visual C++6.0 编写,硬件接口驱动程序用 TVicHW 32 编写。执行实时程序时可以根据实地需求进行参数设置,显示高度共分为 1 000 m、2 000 m 和 3 000 m 3 个距离档,噪声门限和昆虫判别门限也可以在参数设置中实现;存

数设置可以设置存数类型(自动和定时)和定时存数的时间范围。非实时程序,供以后分析处理数据使用,同实时程序的差别是没有参数设置,增加了显示速度来设置每圈显示的间隔时间(图7-4)。

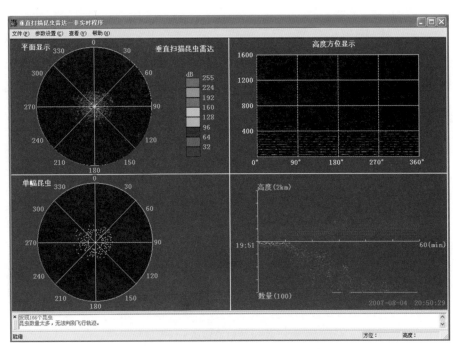

图 7-4　垂直监测昆虫雷达非实时程序图

3. 垂直监测昆虫雷达系统的工作原理

收发组合由天线向空中辐射电磁波,天线馈源偏心 1.5°,旋转时波束形成锥扫,将发射单元经开关送来的电磁波向天空辐射,遇到昆虫时,部分电磁波反射回天线,经收发开关送至接收机。接受单元接受反射回来的信号,进行混频、对数放大等处理后形成视频信号,送至信号处理系统。信号处理器接收对数接收机送来的对数信号,经 A/D 变换电路、数字视频积分后,得到回波的强度信息,送给计算机,供计算机分析处理。数字采集终端响应信号处理发出的中断请求信号,接收角码信号、回波的强度和高度信号,当波束旋转 1 周后,分析判断出每一高度层有无昆虫,若有昆虫,则计算出昆虫所在的位置和在该位置的时间,进而得到波束旋转 1 周后探测到的昆虫的空间分布和时间信息单幅数据。再对连续的几个单幅数据进行处理,计算出该时间内昆虫的数量及各个昆虫的飞行高度、方向、速度和航迹的时段数据。若判断出有昆虫,则通过数据传输装置将该时段数据发送到用户指定的计算机(或其他接收设备)上。

4. 雷达数据的处理

在垂直监测昆虫雷达的实时程序中,单个昆虫、路径、高度可以直接显示在电脑接收器上,并可显示持续 1 h 的记录数据。自动监测记录的结果以记事本形式储存,储存方式以每 5 min 统计 1 次,按每 50 m 一个距离段统计回波数量,这样可以直接根据相关的参数设置计算昆虫不同的空间密度。迁飞速度和方位在一个扫描周期内回波点少于 15 个,雷达可以直接测得昆虫迁飞的速度大小和方位;在回波点数量相对较多时,可以通过改变回波点的参数设置来减少回波点;也可以根据单个回波点的位移除以时间求得昆虫迁飞的速度。

本台雷达为垂直监测昆虫雷达,由于雷达收发系统连续发射电磁波,一个目标物体可能产生多个回波点,目前用于处理回波重叠的相关软件还在研制中,对于空中昆虫密度的计算,暂定以雷达回波

点的数量进行计算,公式如下:

$$昆虫密度=\frac{雷达回波点数量}{取样空间体积×取样时间×对应高度平均风速}$$

7.2.2 毫米波扫描昆虫雷达系统

本研究采用的毫米波扫描昆虫雷达系统由中国农业科学院植物保护研究所与成都锦江电子系统工程有限公司于2006年12月合作建成,是我国第1套8.0 mm波长、Kα频带的脉冲不连续波扫描昆虫雷达系统(图7-5)。2007年6月10日,该雷达系统开始运行。其基本参数见表7-2。

a   b

图7-5 毫米波扫描雷达天线系统

a.室外天线装置 b.室内设备

表7-2 中国农业科学院植物保护研究所毫米波扫描昆虫雷达基本参数

参数名称	数 值	参数名称	数 值
波长/mm	8.0	天线直径/m	1.2
发射频率/MHz	3 500±135	波束极化	水平极化
脉冲输出功率/kW	≥10	天线波束宽度/(°)	0.5
脉冲宽度/μs	0.5	天线方位转速/(r·min^{-1})	2, 3, 6
脉冲重复频率/Hz	1 000	天线俯仰转速/(°·s^{-1})	1～3
接收器噪声系数/dB	≤5	雷达显示器/cm	43.18(17 in 液晶显示)
接收器动态范围/dB	≥80	距离分辨率/m	75
雷达量程/m	300～30 000	角度分辨率/(°)	1

1.毫米波扫描昆虫雷达系统的组成

毫米波扫描昆虫雷达由硬件系统和软件系统两方面组成。硬件系统主要由室外天线、主控柜和终端组成,可完成雷达整机操作与信号的发射和接收工作;软件系统包含实时程序和非实时程序,每个程序均采用相同的数据格式和图像格式。本研究中实时程序由 Microsoft Visual C++6.0 编写,主要完成雷达控制、PPI 和 RHI 扫描显示以及序列 PPI 数据采集;非实时程序在后期数据处理分析时使用,显示图像采集时间、仰角、方位角、距离、高度等参数。雷达系统基本组成如简化框图7-6所示。

本毫米波扫描昆虫雷达采用了适合毫米波段使用的高增益、低副瓣的卡塞格伦天线,监测量程最远可以达到30 km,完全可以跟踪至稻飞虱等微小型昆虫飞行的高度。

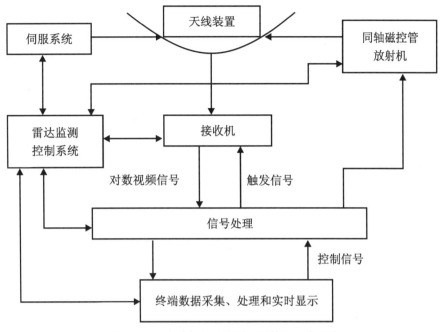

图 7-6　毫米波扫描昆虫雷达系统的基本组成

2. 毫米波扫描昆虫雷达系统的工作原理

其工作原理是雷达发射机接收信号处理器发送的触发信号,使磁控管振荡,形成 0.5 μs 宽的射频信号,通过馈线系统到天线,形成发射到目标的笔形波束;然后昆虫目标反射回来的微弱信号经过同一天线馈给接收机,经过对数放大处理,形成对数视频信号,信号处理器接收对数视频信号,进行 A/D 变换、数字视频积分后,得到回波强度信息。通过电缆与计算机相连,向计算机输出强度信息,终端即进行彩色图像处理和数据分析,得到不同仰角、不同方位时昆虫某一高度层的飞行高度、数量、飞行方向等信息。

该雷达可以采集到 3 种不同的扫描数据,即 PPI(plan position indicator,平面位置显示器)扫描、RHI(range height indicator,距离高度显示器)扫描和体积扫描数据,如图 7-7 所示。

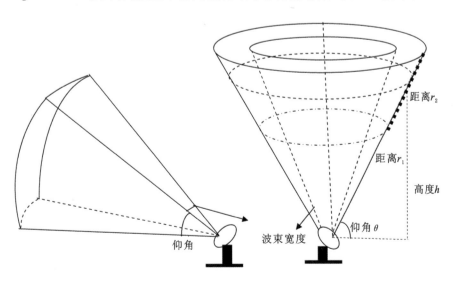

图 7-7　毫米波扫描昆虫雷达扫描示意图

3. 雷达数据的预处理

毫米波扫描雷达终端显示的数据是原始信号数据,没有经过投影图像处理。分析雷达数据的目的是研究空中昆虫的动态分布情况,这就需要选择参数——雷达回波点数量并对其进行描述。雷达数据的预处理即统计出距离环之间的回波点数,并通过统计分析软件进行分析。本研究中计算得到的数据利用 SAS 9.13 统计分析软件进行统计分析。

7.3 虫情资料收集

7.3.1 地面虫情资料的收集

雷达观测点地面虫情数据主要通过地面诱虫灯的诱集而获得,本研究中诱虫灯采用佳多 JDA 型和 PS-15 型测报灯(图 7-8)。佳多 JDA 型测报灯诱虫光源为 20W 黑光灯管,晚上自动开灯,白天自动关灯并设有雨控装置开关,将雨水自动排除。它利用远红外快速处理虫体,由接虫器自动转换处理,如遇特殊情况,当天没有进行收虫,特设置的 8 位自动转换系统可使虫体按天存放。其缺点是,由于远红外的处理,使得虫体变干而不易于解剖。本研究中除了 2007 年 4 月底至 5 月底在北京市延庆县雷达观测期间采用该型号诱虫灯外,其他地方使用的都是 PS-15 型杀虫灯。PS-15 型杀虫灯通过高压电网处理诱集到的昆虫,被高压电死或电晕的昆虫直接进入集虫袋内,虫体保存完好,便于解剖,其他参数与佳多 JDA 型测报灯相同。

a   b

图 7-8 地面诱虫灯

a. 佳多 JDA 型测报灯 b. PS-15 型杀虫灯

针对稻飞虱等小型迁飞性昆虫,我们在其扩散迁飞盛期,即 5 月中旬至 9 月下旬,每 5 天进行 1 次田间调查。当灯下目标昆虫突然增多或减少时,及时在田间取样调查稻飞虱的成虫。取样时使用 33 cm × 45 cm 搪瓷盘(上面均匀抹有一层薄薄的机油),进行盘拍,采取平行跳跃法,调查 25 点,每点 4 丛,总共 100 丛。将粘到的雌成虫进行卵巢解剖,数量不少于 20 头。调查稻纵卷叶螟时,使用捕虫网在面积至少 667 m² 以上的田间随机扫捕,雌成虫量达到 20 头以上时进行生殖解剖,并记录数据(图 7-9)。

对于田间长翅型稻飞虱的迁飞测定采用田间笼罩,笼罩由纱网做成圆柱体,直径 1.2 m,占地 1 m²(约栽植有 25~30 穴稻株)。观察时间在太阳落山前后半个小时左右,设定间隔时间记录目标昆虫起飞迁出的时间和数量。

图 7-9 田间取样

a. 田间盘拍 b. 田间笼罩

田间虫情的获取主要通过定期赴虫害发生区进行田间调查、高峰期集中调查而得,异地虫情信息主要采用各地测报站向全国农技中心测报处定期汇报的测报灯下虫情资料,包括高峰期蛾量、峰值日期、田间百步惊蛾量、雌虫卵巢发育级别和当地田间幼虫发生量、为害程度等。同时与各地植物保护站加强合作,及时了解各地虫情信息,并对虫害暴发地进行实地考察。

7.3.2 空中虫情资料的收集

(1) 高空探照灯的空中取样 本研究中高空探照灯由 GT75 型探照灯制作而成,探照灯内装备 ZJD 1 000 W 金属卤化物灯泡,灯泡安装在灯具抛物面形发光面的焦点上,灯泡发出的光经反射后平行射出,形成一个巨大的光柱,可以对空中 500 m 以下飞行的昆虫产生明显的诱集作用。探照灯用铁丝固定在白铁皮制成的大漏斗内,漏斗下端接以直径 10 cm 的集虫口,距集虫口 10 cm 处放置盛有 0.5% 洗衣粉溶液的集虫盆,用以收集被灯光诱集到的昆虫。探照灯和白铁皮制成的大漏斗放置在 100 cm×100 cm×120 cm 的金属支架上,便于收集诱集到的昆虫(图 7-10)。昆虫活动高峰期,夜间探照灯光柱会诱集到大量飞行昆虫(图 7-11)。

图 7-10 高空探照灯

图 7-11 夜间灯下虫情

(2) 系留气球的空中取样 本研究中系留气球在北京市航云气球气模厂定制,是一外层为牛津布、内层为聚氯乙烯(PVC)、体积 9 m³ 的充氮气飞艇。捕虫网网口用直径 20 mm 粗的铁丝做成,网直径 1.5 m,网深 3.5 m,网孔直径 3 mm。系留气球(汽艇)携带捕虫网升空后,在风的作用下网口能逆着风向张开,顺风迁飞的昆虫很容易直接进入捕虫网(图 7-12 和图 7-13)。系留气球(汽艇)绳长

400 m,固定在手动绞车上,每晚可以根据雷达观测迁飞性昆虫迁飞高度,释放系留气球进行空中定时取样。

图 7-12　系留汽艇

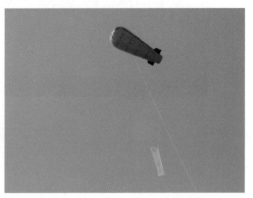

图 7-13　系留汽艇的空中状态

7.3.3　虫情资料的处理

昆虫的迁飞行为和卵巢发育有着密切关系,解剖雌成虫生殖系统,分析卵巢发育进度和交配情况,是了解虫源性质的重要手段之一。这种方法已经被广泛采用(张孝羲等,1979;李汝铎等,1978)。昆虫开始迁飞时雌虫的卵巢未发育成熟或只有部分成熟,多种昆虫当雌虫卵巢发育成熟时即停止迁飞而进行定居繁殖。大多数昆虫迁飞都发生于较长的产卵前期之中,这可以认为是迁飞昆虫的生态适应性,以保证迁飞足够的距离,并在新的适宜场所繁衍后代(陈若篯等,1989)。

雌虫的迁飞与卵巢发育、产卵因种类不同而有各种类型。其中,一种类型的雌虫在卵巢成熟前开始迁飞,在迁飞运行途中卵巢停滞发育,一直降落在适宜的定居场所后,卵巢才继续发育并交配产卵,如稻飞虱;另一种类型的雌虫在卵巢发育成熟前开始迁飞,在迁飞途中卵巢内部分卵粒或胚胎逐渐育成熟,并在迁飞结束前在中途多次停留取食或产卵,如稻纵卷叶螟(陈若篯等,1989)。

每日收集诱虫灯内昆虫,将地面诱虫灯和高空探照灯内昆虫分别进行处理和种类鉴定。参考书有《中国北方农业害虫原色图鉴》(何振昌,1997)、《昆虫分类学的原理和方法》(田立新等,1989)、《英汉昆虫学词典》(朱弘复等,1991)、《中国经济昆虫志》(朱弘复,1963、1964)、《中国蛾类图鉴》系列(中国科学院动物研究所,1981、1982、1983)、《华北灯下蛾类图志》系列(北京农业大学,1977、1978)、《蛾类幼虫图册(一)》(朱弘复等,1979)、《中国动物志昆虫纲》(1991、1996、1997)等。蝶类鉴定主要参考周尧主编的《中国蝴蝶原色图鉴》(1999)。在昆虫英文名称和拉丁名称校正时参照中国科学院编译出版委员会名词室编《昆虫名称》(1956)和朱弘复、钦俊德主编的《英汉昆虫学词典》(1991),以及利用互联网资源对诱集到的昆虫进行鉴定。常见种类鉴别到种,个别种类请分类专家进行鉴定,对于无法鉴定到种的可以鉴定到科或目。将无法鉴定到种的鳞翅目昆虫按身体硕大、鳞片粗糙和身体纤细、鳞片细腻分别归为其他夜蛾类和其他螟蛾类昆虫,鉴定后统计不同种类的昆虫数量。每天记录诱集到的草地螟、黏虫、旋幽夜蛾等昆虫的性比,并取50头进行卵巢解剖,记录卵巢发育进度、占诱虫总量的百分比,对比高空探照灯和地面诱虫灯内的昆虫在种类、数量、雌虫卵巢发育等方面的异同点。

根据林昌善等(1963)、李汝铎等(1987)的方法,将黏虫和旋幽夜蛾的卵巢发育级别分为5级;根据孙雅杰等(1991)的方法,将草地螟的卵巢发育分为4级;根据陈若篯等(1979)、吕万明(1980)的方

法,将稻飞虱的卵巢发育分为 5 级;根据张孝羲等(1979)的方法,将稻纵卷叶螟的卵巢发育分为
5 级。

7.4　气象数据分析

昆虫迁飞过程具有起飞(迁出)—运行—降落(迁入)3 个阶段。迁飞性昆虫起飞是一种主动行
为,但是起飞迁出的实现还须依赖气象条件。迁飞昆虫作长距离飞行,基本上是借助于气流的输送
的。昆虫的降落也受气象因素的影响。

7.4.1　地面气象资料的测定

本研究中,作物冠层的常规温湿度由 WDQ 系列嵌入式温度显示表记录;地面风速风向由 PH 便
携式风速风向仪进行测定。

7.4.2　空中风温场气象数据的获取

1. 测风经纬仪测定低空气流数据

雷达观测点低空风速风向的探测,采用中车集团沈阳车桥公司生产的 70-1 型测风经纬仪。该
经纬仪具有 4× 和 24× 双目镜头,下面配置三脚架(图 7-14a)。

a　　　　　　　　　　　　　b

图 7-14　低空气流数据的获取

a. 测风经纬仪　b. 气球跟踪

(1)测风经纬仪调零　把测风经纬仪三脚架放置到合适的位置,尽量使三脚架保持水平;把经纬
仪小心地放到三脚架上固定好,调节经纬仪上的水平仪,使气泡位于中间位置;调整经纬仪上的指北
针,使之指向正北方向;启用经纬仪低倍目镜,调整经纬仪的仰角和方位角旋钮,使刻度达到 0°,方位
角和仰角调好后应是 4 个 0 对齐。

(2)测风气球　测风气球采用从中国气象局购置的 30 g 气象气球,充气前用电子天平称量气球、
灯笼和蜡烛的质量,记录到试验记录标上。查气象局提供的数据表得到应充气球的浮力。把称量后
的气球端口接到氢气罐的减压阀上,用扳手轻轻转动减压阀使氢气慢慢充进气象气球内,估计到一定

量后(一般要多充一些),扎好气球出口,用弹簧秤称量气球浮力,通过放气和充气使气球浮力保证气球以 100 m/min 的速度上升。把点燃的蜡烛放到灯笼内,把灯笼口密封好拴到气球的下方,一切准备工作就绪。

(3)经纬仪跟踪气球　跟踪气流需要 3 个人合作。一人准备好秒表、试验记录纸和手电筒,持球人走到距经纬仪一定距离后站定,跟球人通过经纬仪找到气球的方位后,通知持球人松手放球,同时记录人员开始计时(图 7-14b)。跟球人员根据球上升速度和方位,旋转经纬仪仰角和方位角使气球总在经纬仪的中心位置处。记录人员根据秒表时间,用手电筒照射经纬仪进光源的地方,每 30 s 提醒跟球人员读一次经纬仪上的仰角和方位角,并把读数结果记录在试验记录纸上。继续跟踪气球,在气球看起来相对较小时,转换到经纬仪高倍目镜状态跟踪,直到气球钻入云层或消失于视野范围之外。把经纬仪从三脚架上取下,小心地放入经纬仪工具箱内,取回三脚架放置到合适位置,保存记录数据。

2. 大区气流及轨迹分析数据的获取

陈林博士在 GrADS 软件的基础上进行了集成,实现了一套脚本自动化程序。本研究利用该程序以及高空风场数据进行分析、绘图,以便辅助分析昆虫高空飞行情况。

轨迹分析模型被广泛用来寻找害虫迁飞的虫源地、侵入地及其迁飞的途径。轨迹的定义是一条追踪空间移动粒子的曲线(Huschke,1980)。本研究中将迁飞性昆虫视作随气流漂浮的粒子,运用混合单粒子拉格朗日整合轨迹(hybrid single-particle Lagrangian integrated trajectory)模型 HYSPLIT_4 分析迁飞昆虫的运行轨迹。

HYSPLIT_4 模型由美国国家海洋和大气管理局(NOAA)的空气资源实验室与澳大利亚气象局联合研发,是用于计算和分析大气中惰性粒子输送、扩散轨迹的专业模型。该模型根据不同的地表形态,从三维角度来计算空气粒子的移动轨迹,并且预测空气粒子的扩散以及沉降(Draxler,1996),它使用美国国家环境预报中心(NCEP)建立的网格化气象数据资料,是一个配有详细使用说明的在线程序,可以通过 NOAA 的空气资源实验室网站(http://ready.arl.noaa.gov/HYSPLIT.php)在网上运行,其运行程序和计算数据能够下载。利用该软件可以直接计算不同高度大气的运动轨迹,并且可以在地图上直接生成图形文档,得到各轨迹点的地理坐标(经纬度)。本研究主要分析重大迁飞性害虫迁入和迁出种群的轨迹。

(1)高空风场数据　由美国国家环境预报中心(National Centers for Environmental Prediction,NCEP,其前身为美国国家气象中心 National Meteorological Center,NMC)和美国国家大气研究中心(National Center for Atmospheric Research,NCAR)提供。

(2)轨迹分析软件　HYSPLIT_4 模型是一套完整的软件系统,能够实现惰性粒子分散和沉积过程模拟,从而达到粒子飞行轨迹模拟(Draxler,1996;Draxler et al.,1997、1998)。该软件可以从 NOAA 的空气资源实验室网站(http://www.arl.noaa.gov/)免费获得。

(3)轨迹分析数据　HYSPLIT_4 可以使用多种来源的数据,如 NCEP 再分析数据、MM5 模型导出结果数据等。本研究使用的数据为 GDAS 网格数据,网格大小约为 111 km,地理范围为全球范围,数据中包含温度、风向、高度、相对湿度等要素,可以从 NOAA 的空气资源实验室网站免费下载获取。本研究使用的数据时间范围从 2005—2007 年,共计 372 d 数据,每日有 8 个时段数据。

7.4.3　气象数据的处理

1. 风温场数据的处理

地面气象数据经每日记录地面气象仪器数据而获取,作为冠层温湿度、风速风向等气象资料。测风经纬仪测得的低空气流数据,通过中国气象局提供的软件进行分析,得到低空风速风向数据。大区气流分析的高空风场数据从美国国家环境预报中心(NCEP)和美国国家大气研究中心(NCAR)的相关网站下载,经过 ArcGIS 8.3 二次开发和 GIS 再分析,采用 UTC(协调世界时)12:00(北京时间 20:00),925 hPa 压力层面 u 分量和 v 分量数据,合成风场矢量图,分析昆虫迁飞高峰期盛行的空中风场。

2. 轨迹分析

轨迹参数的确定与分析:

(1)轨迹分析方向　对迁出种群做顺推轨迹分析,对迁入种群做逆推轨迹分析。

(2)起点位置　迁入、迁出地点以相关区域的地理坐标表示。

(3)轨迹分析的个例次数　选择昆虫有明显的迁入、迁出峰期,以每日作为 1 个分析个例。

(4)每日轨迹分析的时间和长度　包括起飞或降落时间,起飞时间定为 19:00,降落时间设定为 8:00。每日轨迹分析长度为 12 h。

(5)飞行高度　本研究采用两种高度进行分析。根据不同研究对象,雷达监测其空中飞行高度,并选择不同的海拔高度进行分析。例如,稻飞虱迁飞高度为 1 000~2 000 m,选择 850 hPa(平均海拔 1 500 m)等压面高度进行分析;鳞翅目昆虫迁飞高度多在 1 000 m 以下,则选择 925 hPa(平均海拔 700 m)等压面高度进行分析。

7.5　雷达遥感系统平台的建立

7.5.1　雷达及相关辅助设备的观测

雷达观测点的垂直监测昆虫雷达系统、高空探照灯、地面诱虫灯在每日的日落时开,日出时关(雨天除外);每晚 20:00 释放探空气球,用测风经纬仪跟踪气球,每 30 s 记录一次气球仰角和方位角,并据此计算出每 50 m 的平均风速和风向。

7.5.2　雷达回波的识别

昆虫雷达的原理决定了它不仅可以探测到昆虫,而且还可以探测到飞机、鸟类、降水和上升气流。飞机飞行较高,根据昆虫飞行高度一般选择 2 000 m 距离档进行探测,因此探测到飞机的可能性概率很小。降水和上升气流是经常被探测到的,与昆虫相比,其回波点较小、密度较高且经常布满整个雷达显示器,各个高度层的回波点比较均匀,而昆虫迁飞经常聚集成层或在较低的高度飞行,因此昆虫和降水、上升气流易于识别。鸟类回波与昆虫在大小上难以区别,但鸟类迁移飞行高度较高,飞行速度比昆虫大,并且鸟类夜间飞行对灯光没有明显的趋性,通过高空探照灯对空中迁飞种群的诱集可以区别鸟类和昆虫。

7.5.3　不同昆虫种类的辨别

在昆虫迁飞高峰期对高空探照灯内诱集到的昆虫进行定时取样,对比雷达回波与定时取样昆虫数量的变化趋势是否具有一致性,以辨别雷达回波是否为目标昆虫;根据雷达回波高度,释放系留气球携带的捕虫网进行空中取样,进一步证实迁飞昆虫种类。高空探照灯主要诱集空中飞行的昆虫,只有迁飞昆虫降落地面,进行田间活动时才能被地面诱虫灯诱集到,因此高空探照灯诱集昆虫的峰值日期要早于地面灯1~2 d。根据高空探照灯和地面诱虫灯诱集到的昆虫种类、数量和变化趋势,结合田间调查,可以进一步区分当地种群或迁飞种群。

7.5.4 迁飞路线的轨迹分析

利用垂直监测昆虫雷达记录的各高度层回波强度,结合测风经纬仪测得的低空风速风向,计算昆虫迁飞与低空气流的关系。利用HYSPLIT_4软件系统,把GDAS网格数据(网格大小约为111 km,数据中包含温度、风向、高度、相对湿度等要素,每日有8个时段数据)导入软件系统,以雷达观测点为中心,以111 km为半径散布若干个点,对迁出事件进行顺推,顺推时间以20:00为起始时间。起点高度设置为400 m,最大高度2 000 m,超过此高度软件自动停止对该点的分析。同理,对迁入地进行逆推分析,逆推时间以06:00为起始时间。分析迁飞昆虫在高峰期的迁飞路线。

7.5.5 统计分析

诱虫灯内的虫情数据和雷达采集数据用非实时程序输出后,采用SAS 9.13软件进行统计分析。

第8章 草地螟迁飞行为与虫源分析

8.1 草地螟简述

草地螟 *Loxostege sticticalis* L. 属鳞翅目,螟蛾科,是一种世界性害虫。主要分布在欧亚大陆和北美洲,在我国主要分布区为华北、东北及新疆的阿勒泰地区(图8-1)。一年发生2~4代,以老熟幼虫在土内吐丝作茧越冬。翌年5月化蛹和羽化。卵常3~4粒在一起散立于叶背主脉两侧。幼虫共5龄,具有群集性、突发性、多食性等特点,可严重为害大豆、甜菜、苜蓿、向日葵等农作物和黎科、豆科牧草。1987年全国草地螟科研协作组通过标记—释放—回收得到了其成虫具迁飞性的直接依据。新中国成立以来,草地螟在我国已出现过3次规模较大的暴发周期,尤其是1995年开始进入的第3个暴发周期(罗礼智,1996),持续时间长、发生面积大、为害重。2007年越冬代草地螟在我国东北地区再次暴发,与每周期为11年的传统理论不符。

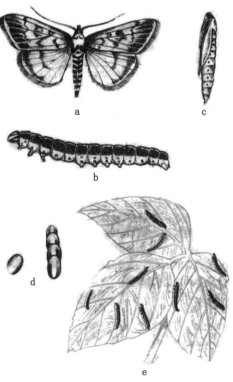

图8-1 草地螟形态和为害状
a.成虫 b.幼虫 c.蛹 d.放大的卵 e.为害状

目前,我国对草地螟的发生为害规律还了解甚少,无论是对其种群动态规律还是成灾的环境特征均不甚清楚,对各地大发生的虫源问题和迁飞路线亦认识模糊,监测和预测预报工作十分困难,在防治上十分被动。1982—1985年全国草地螟科研协作组(1987)研究认为,河北坝上、山西雁北、内蒙古乌兰察布地区为草地螟的主要越冬地,越冬代成虫羽化后,随着西南气流向东北方向远距离迁飞。陈晓等(2004)通过分析迁入峰期的天气学背景和风场的时空分布,认为1999年东北地区大发生的草地螟只有少部分来自以往认为的"主要发生基地",其大部分虫源来自蒙古国东部及中蒙边界地区。王秋荣等(2005)通过对呼伦贝尔越冬地的调查发现,该地区草地螟越冬基数和存活率都很高,成为草地螟发生的一个潜在越冬区。通过近年来我国北方各省对草地螟的越冬基数调查情况可以看到,草地螟的越冬场所并不限于以往所认为的"发生基地",而是在年际之间存在着大范围变迁。苏联草地螟研究资料指出,草地螟迁飞规律与种群状态、种群数量和天气条件有密切联系。草地螟在反气旋天气条件下起飞,起飞到空中随气流方向运行,当气旋温度下降,多云或降水,于冷暖锋交接区域降落。因此,草地螟每年的迁飞并不遵循固定的路线,除了受虫源基数的影响外,也受大区气流演变的影响。虫源地的复杂性和迁飞路线的多变性也成为制约草地螟早期监测预警的主要难题。

因此,要准确预测草地螟的迁飞路线,单纯依靠传统的预测预报方法是远远不够的,做好草地螟的空中种群动态实时监测具有重要的研究意义。昆虫雷达就是一项重要的研究手段,吉林省农业科学院植物保护研究所的陈瑞鹿等(1992)和河南省农业科学院植物保护研究所的封洪强等(Feng, et al.,2004)先后利用扫描昆虫雷达对草地螟的迁飞行为进行了相关研究,取得了一定的进展,但由于受扫描昆虫雷达操作方法的限制一直没有开展长期的观测。

2005—2007年,作者使用中国农业科学院植物保护研究所2004年组建成功的垂直监测昆虫雷达系统及相关辅助设备对草地螟的季节性迁飞活动进行了观测,对其飞行高度、飞行时间、雷达回波强度进行了监测,并根据雷达监测到的草地螟迁飞高度分析了相应高度盛行的空中风场。利用HYSPLIT_4软件系统对迁入地和迁出地草地螟虫源进行了分别逆推、顺推分析,结果表明,迁飞是草地螟生活史的重要部分,因虫源基数不同,迁飞规模有所差异,但每年都能观测到草地螟的迁飞现象(张云慧等,2008b)。

8.2　诱虫结果

从2005—2007年的诱虫结果来看,草地螟在雷达观测点具有明显的突增突减现象。2005年6月9—14日在吉林省镇赉县的雷达观测点诱集到一次明显的草地螟突增现象(图8-2):诱虫高峰期内草地螟卵巢发育级别以2～3级为主(图8-3),诱虫百分比为21.3%～74.6%,雌雄性比值大于>1;峰值日期6月11日草地螟成虫诱虫百分比为74.6%,雌雄性比例接近2∶1;6月14日雄虫数量明显增多,雌雄性比值接近1,分析原因是草地螟雌虫迁飞能力比雄虫相对较强引起,随着雄虫的进一步迁入和雌虫的持续外迁,雌雄性比值逐渐接近1。草地螟是当日灯下主要种群,探照灯高峰日期比地面灯早2d,具有典型迁飞性昆虫的生理特征(图8-4)。6月11日田间调查,百步惊蛾量100～200头;6月14日田间调查,百步惊蛾量10～50头;20日田间调查,幼虫量很少,没有形成危害。7—9月,雷达观测点诱虫灯下没有出现草地螟明显的高峰期;就全国范围内来看,2005年草地螟发生普遍较轻。

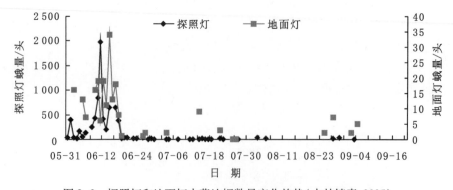

图8-2　探照灯和地面灯内草地螟数量变化趋势(吉林镇赉,2005)

2006—2007年雷达观测点设置在内蒙古乌兰察布市集宁区,该地区是我国草地螟发生的主要越冬区。从诱虫结果来看,草地螟种群数量均有几个明显的高峰期,年际间诱虫量存在着明显的差异,高峰期时间都集中在 6 月和 8 月。2006 年,雷达观测点 5 月中下旬气温较低,6 月上旬气温才逐渐回升,使越冬代成虫高峰期比 2007 年晚 10 d 左右。2006 年越冬代成虫出现在 6 月中下旬,8 月上中旬诱虫量大、持续时间长,8 月下旬和 9 月初又出现相对较小的高峰期。2007 年,越冬代成虫高峰期出现在 6 月上中旬,越冬代成虫诱虫量大、持续时间长,中间不断出现诱虫高峰期,7 月上旬又出现 1 次明显的高峰期,从生理特征和发育历期判断应同为越冬代虫源;8 月下旬和 9 月上旬分别出现 2 次诱虫高峰期,蛾量比 2006 年同期明显减少。在每次高峰期内,草地螟所占诱虫总量的百分比大都在 50% 以上,卵巢解剖和雌雄性比也显示其具有明显的迁飞性昆虫生理特征。

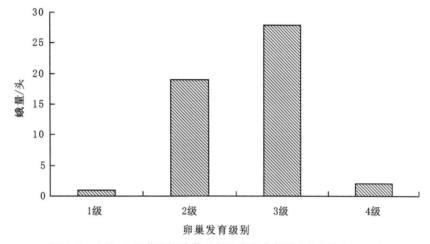

图 8-3　6 月 11 日草地螟峰值日期卵巢发育情况(吉林镇赉,2005)

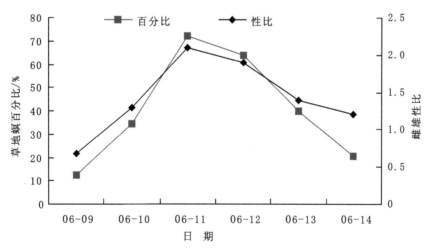

图 8-4　6 月草地螟高峰期探照灯内诱虫百分比和雌雄性比(吉林镇赉,2005)

　　2006 年 4 次高峰期分别出现在 6 月 18—27 日、8 月 1—6 日、8 月 13—17 日和 8 月 29—9 月 3 日。8 月 21—26 日也有 1 次小的高峰期,因与前一次峰期比较接近,草地螟成虫的生理解剖较上次也具有很高的相似性,故把它归到 8 月 13—17 的高峰期(图 8-5)。6 月 18—27 日探照灯上诱到大量草地螟,高峰期分多个峰值,其中 6 月 18 日草地螟达到一个相对较大的高峰期,诱虫数量突破 2 000 头;其卵巢发育级别较低并且比较整齐,主要是 1~2 级,大部分未交配,连续 1 周卵巢发育基本上保持不变(图 8-6a)。探照灯诱集到的成虫雌雄性比值>1,峰值日期 6 月 18 日草地螟占诱虫数量百分比达到 80%。6 月 27 日以后还有一定数量的草地螟成虫,但其雌雄性比例已经接近 1∶1,卵巢发育级别也比较分散,初步判断是当地扩散种群(图8-7)。雷达观测点附近地区6月中下旬气候干燥,植被稀疏,草地螟没有充足的食物来源,田间调查并没发现草地螟幼虫,由此推测监测到的草地螟为越冬代成虫由越冬地向外迁出。

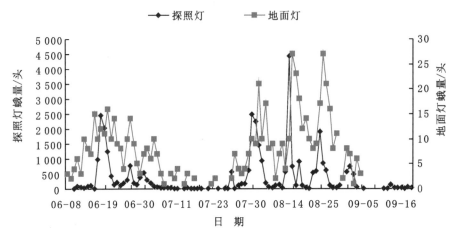

图8-5　6—9月探照灯和地面诱虫灯内草地螟数量变化趋势(内蒙古集宁,2006)

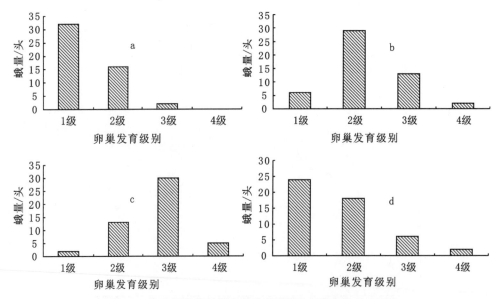

图8-6　草地螟峰值日期卵巢发育情况(内蒙古集宁,2006)

6月18日(a)、8月3日(b)、8月14日(c)、8月23日(d)草地螟高峰期峰值日期探照灯内草地螟成虫的卵巢发育级别

2006年7月30日草地螟数量又开始回升。8月2—4日用系留气球携带的捕虫网进行空中取样,高度设置为200 m、300 m、400 m,于每晚20:00—22:00进行定时取样,结果在不同高度都能捕获到草地螟成虫。系留气球捕获的草地螟成虫和高空探照灯内草地螟成虫的生理特征基本一致,判断探照灯内诱集和空中网捕的虫源为同一批迁飞虫源。探照灯内峰值日期为8月3日,草地螟诱虫百分比接近90%,是探照灯下优势种群;雌雄性比例接近2:1,卵巢发育级别主要集中到2～3级(图8-6b)。8月13—17日,又出现一次草地螟高峰期,此次诱集虫量非常大,8月14日突破6 000头,早上探照灯灯罩上和周围田间、杂草上也聚集了大量草地螟成虫。此次的草地螟生理特征和8月3日

相比,卵巢发育级别比上次明显偏高(图 8-6c)。根据两次高峰期的时间推测,应同为第 2 代草地螟成虫,迁飞来源上不同,造成在发生时间和虫源的生理特征上存在一定的差异。此季节正是草地螟第 2 代成虫发生期,当地 7 月中下旬田间并没有发现大量草地螟幼虫,所以此次草地螟成虫应是从外地迁入。8 月下旬田间调查发现,四子王旗农牧区草地上聚集大量入土越冬的老熟幼虫。根据草地螟的发育历期分析,应为 8 月上中旬迁入的草地螟成虫在当地繁殖产生的下代幼虫。

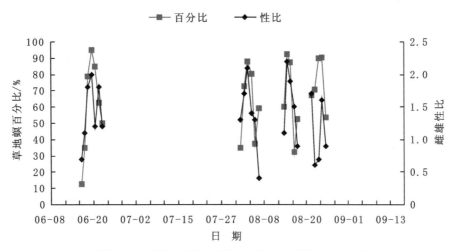

图 8-7 6—9 月草地螟高峰期探照灯内诱虫百分比和雌雄性比(内蒙古集宁,2006)

2006 年 8 月 29 日至 9 月 3 日高空探照灯和地面诱虫灯又诱集到一次草地螟成虫高峰期,与前几次高峰期相比,本次草地螟虫量相对较少。对探照灯内诱集到的草地螟雌虫进行卵巢解剖发现,雌虫卵巢发育级别较低(图 8-6d),卵巢发育主要集中在 1～2 级。诱虫灯诱集到的草地螟成虫翅面新鲜,应为羽化不久的成虫,雌雄性比值也接近 1,可能为当地羽化或附近虫源地迁入。9 月上旬雷达观测点最低气温已低于 5 ℃,田间农作物基本成熟,缺少了草地螟必需的食源。本次诱集到的虫源,因当地自然条件并不能满足此次草地螟定殖的条件,故此次迁飞对当地不会造成什么危害,可视为当地无效虫源。

2007 年垂直监测昆虫雷达系统和其他相关辅助设备共监测到草地螟明显的迁飞过程 4 次,分别为 6 月 7—13 日、7 月 1—7 日、8 月 15—20 日、9 月 4—7 日(图 8-8)。2007 年 5 月 30 日以后雷达观测点高空探照灯和地面诱虫灯不断诱集到草地螟成虫,出现较小高峰期,表现出数量从几头到上百头的突增现象。6 月 7—9 日草地螟出现一次规模较大的迁飞过程,6 日探照灯内诱虫 163 头,7 日突增到 5 632 头,其余几天都维持较高水平,14 日数量下降到 156 头。6 月 7 日雷达观测点田间草地螟百步惊蛾量 300～500 头。高峰期前草地螟雌雄性比值接近 1,主要为当地羽化种群,诱虫百分比都在 35% 以下;6 月 5 日草地螟蛾量开始增多,雌蛾数量也明显增多,高峰期内雌雄性比值都>1,草地螟诱虫百分比都在 50% 以上(图 8-9)。6 月 7—9 日草地螟雌雄性比例接近 2∶1,卵巢发育 1～2 级占 90% 以上,基本没有交配,整个高峰期草地螟卵巢发育进度没有明显变化,主要为 1～2 级种群(图 8-10a),具有典型的迁出昆虫生理特征。6 月 15 日田间调查显示,草地螟百步惊蛾量 10～50 头,田间卵块和诱虫量很少。在草地螟集中越冬区四子王旗牧区调查,越冬代幼虫大部分已孵化,因当地气候干旱,植被稀疏,缺少食源,虽然越冬基数很高并有大量初羽化成虫,但经过后期调查并没有发现幼虫为害。6 月中下旬内蒙古兴安盟、呼伦贝尔,黑龙江齐齐哈尔、大庆等地田间草地螟幼虫大量暴发。根据草地螟发育历期推测,东北地区和内蒙古乌兰察布市等地的应为同一批虫源。7 月 1—7 日内蒙古集宁观测点,诱虫灯内又出现一次草地螟蛾量高峰期,7 月 2 日草地螟成虫数量突破 8 000 头,诱虫百分比达到95.7%,是2007年诱集到成虫最多的一次,雌雄性比在高峰期内变化也较大。雌虫卵巢发育主要集中在1级末期和2级(图8-10b),多数已经交配。此次诱集到的虫源性质相对复杂,根据时间推测可能为越冬代虫源,也可能为第1代成虫。

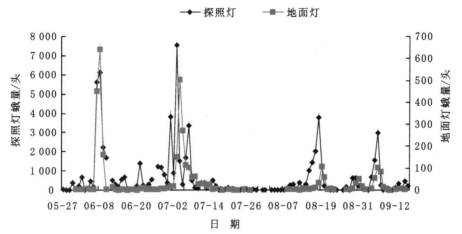

图8-8　5—9月探照灯和地面诱虫灯内草地螟数量变化趋势(内蒙古集宁,2007)

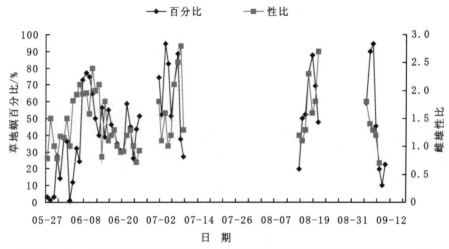

图8-9　5—9月草地螟高峰期探照灯内诱虫百分比和雌雄性比(内蒙古集宁,2007)

2007年8月15—20日高空探照灯和地面诱虫灯内草地螟成虫又出现一次明显高峰期,峰值日期8月18日诱虫数量3 788头。高峰期内雌雄性比值基本都>1,卵巢发育主要为2级(图8-10c)。诱虫灯内与草地螟同期增多的昆虫主要是旋幽夜蛾,其他种类昆虫数量较少。9月4—7日诱虫灯下草地螟又出现明显突增,峰值日期9月6日(9月7日以后其数量明显减少),此时雌雄性比值接近1,雌虫卵巢发育级别较低(图8-10d),多数卵巢没有发育,推测为羽化不久的成虫,但也存在雌性不孕的可能性。

2007年雷达观测点诱虫灯下整个观测季节诱集到的草地螟成虫发育级别都较低,卵巢发育达到3级以上的很少,应是以本地虫源和迁出虫源为主。

综上所述,2005—2007年雷达观测点高空探照灯和地面诱虫灯共诱集到草地螟的典型迁飞高峰期及峰值日期具体如下:

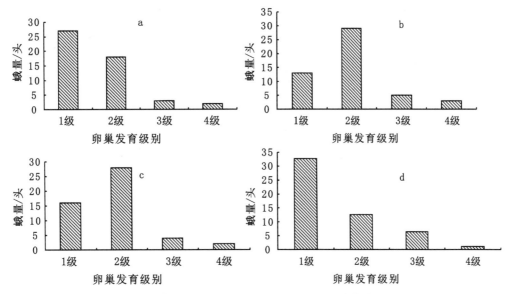

图 8-10　草地螟峰值日期卵巢发育情况（内蒙古集宁,2007）

6 月 8 日(a)、7 月 1 日(b)、8 月 18 日(c)、9 月 6 日(d)草地螟高峰期峰值日期探照灯内草地螟成虫的

卵巢发育级别

2005 年监测到草地螟明显迁飞过程 1 次：

（1）2005 年 6 月 9—14 日,峰值日期出现在 6 月 11 日。

2006 年监测到草地螟明显迁飞过程 4 次：

（1）2006 年 6 月 17—27 日,峰值日期 6 月 18 日；

（2）2006 年 8 月 1—6 日,峰值日期 8 月 3 日；

（3）2006 年 8 月 13—17 日,峰值日期 8 月 14 日；

（4）2006 年 8 月 21—26 日,峰值日期 8 月 23 日。

2007 年监测到草地螟典型迁飞过程 4 次：

（1）2007 年 6 月 6—13 日,峰值日期 6 月 7 日；

（2）2007 年 7 月 1—7 日,峰值日期 7 月 3 日；

（3）2007 年 8 月 15—20 日,峰值日期 8 月 18 日；

（4）2007 年 9 月 4—7 日,峰值日期 9 月 6 日。

8.3　雷达观测结果

8.3.1　雷达目标回波判别

目标昆虫的直接辨别一直是雷达监测昆虫迁飞的难点,本次试验主要采用高空探照灯诱集、空中网捕、田间调查等研究方法对雷达目标昆虫进行辅助辨别。以 2007 年内蒙古集宁监测点越冬代草地螟迁飞为例来说明：雷达观测到草地螟回波高峰期出现在 6 月 7—11 日,此时正值当地草地螟越冬代幼虫化蛹后集中羽化期。6 月 7 日雷达回波点突然增多;6 月 11—12 日受对流天气影响,当地普降小雨后转阵雨,回波强度相对较小;6月12日以后雷达回波强度和持续时间逐渐减弱、减少。6月8日日落后半小时雷达回波点逐渐增多,开始主要集中在400 m高度,随着回波点的增多,300 m和500 m高度的回波点也开始增多,22:00左右达到一个高峰期,此种状态一直持续到00:00左右;00:00以后回波点继续增多,02:00回波点开始减少,直到天亮(05:00)的时候回波点消失。探照灯内同时进行定时取样(22:00,0:00,02:00,05:00),发现探照灯内草地螟成虫数量的变化趋势与雷达回波具有很高的一致性,高空探照灯内诱得的草地螟成虫数量占诱虫总量的百分比也在70%以上,是当日诱虫灯下主要种群。同时由系留气球携带的捕虫网在200～400 m的不同高度都捕获到草地螟成虫,雌虫卵巢发育级别和其他生理特征与高空探照灯诱集的草地螟具有一致性,故判定监测到的昆虫应为草地螟(图8-11)。飞行高度主要集中在300～500 m,回波强度较高时可以达到600 m,700～800 m高度的回波点很少,400 m是其主要的飞行高度,可以在此高度完成整夜飞行,持续飞行时间可达9 h。草地螟迁飞主要选择在夜间,白天很少观测到其迁飞现象。

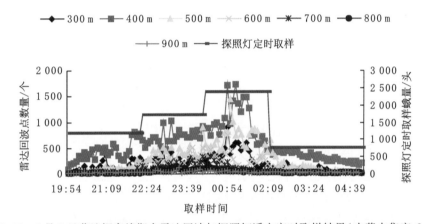

图8-11　6月8日草地螟高峰期内雷达回波与探照灯诱虫定时取样结果(内蒙古集宁,2007)

8.4　迁飞与气流的关系

2007年6月7—8日草地螟迁飞高峰期,测风经纬仪测得低空风向主要为偏南风,200 m高度风速开始迅速增大,400 m高度出现风速极大值,随着高度的增加风速又逐渐缩小。2007年8月18日又出现一次草地螟迁飞高峰期,低空气流风向主要为南风,200～600 m高度同样出现一个极值风速带,风速最大值出现在400 m左右高度(图8-12)。历次草地螟峰值日期低空气流的分析表明,草地螟迁飞一般选择在风向相对稳定的时间起飞,飞行高度主要处于风速较大的气流层,借助气流运载进行迁飞,风速极大值附近草地螟的密度相对较高。

8.4.1　季节性迁飞高度

内蒙古集宁地区是草地螟的主要越冬地,2006—2007两年的雷达观测表明,越冬代草地螟的起飞一般都出现在日落后半小时。雷达回波高度一般从低空开始逐渐增加,表明是本地起飞的蛾群;草地螟起飞后迅速爬升到300～500 m的巡航高度,22:00之前高度主要集中在300～400 m,主要为当地羽化的蛾群不断起飞外迁;22:00开始500 m高度回波点开始增多,高峰期回波高度可达600 m,表明雷达观测点上空除了本地起飞的草地螟外,又出现了从外地过境迁飞的成虫,飞行高度相对较高。

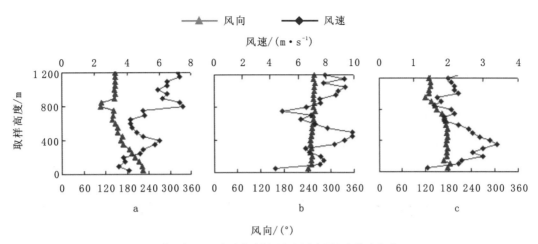

图 8-12　草地螟迁飞高峰期低空风速风向图(内蒙古集宁,2007)

a.6 月 7 日风向图　b.6 月 8 日风向图　c.8 月 18 日风向图

02:00 后起飞的蛾量较少,雷达回波强度也逐渐降低,300～400 m 高度存在一定量的回波(图 8-13)。2005 年吉林镇赉县草地螟的迁飞过程与内蒙古集宁存在着很大的区别,前者在草地螟迁飞高峰期雷达回波点增加时间一般出现在日落后 1 h 或更长时间,回波高度的增加主要从 500 m 开始,飞行高度主要在 300～600 m,雷达回波可持续整个夜晚,天亮后消失。草地螟迁出地和迁入地虽然在夜间回波密度增高的起始时间和回波开始出现时的高度上存在一定的差异,但回波密度较高时草地螟的飞行高度主要集中在 300～600 m,400～500 m 是其越冬代成虫的主要飞行高度。

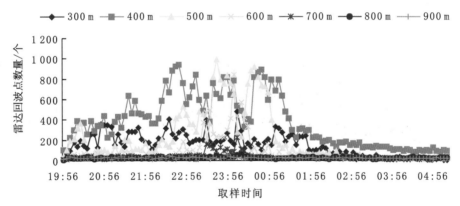

图 8-13　6 月 8 日草地螟越冬代成虫迁飞高峰期内雷达回波点数量的时空变化(内蒙古集宁,2007)

2005—2007 年 7 月和 8 月的雷达观测结果显示,草地螟第 1 代成虫高峰期主要集中在 8 月份,2007 年 6 月底至 7 月初出现过一次诱虫高峰期。3 年的雷达观测结果表明,在 7 月中上旬没有发现过草地螟诱虫量的突增现象。2006—2007 年在内蒙古集宁的雷达观测结果显示,8 月份草地螟迁飞高峰期雷达回波高度相对较低,主要在 300～400 m,500 m 以上很少有雷达回波出现;雷达回波出现时间主要集中在 22:00 之前,0:00 以后回波基本消失(图 8-14)。高峰期间高空探照灯上尽管诱虫量比较高,但雷达回波强度并不大。表明草地螟第 1 代成虫夏季夜间主要进行求偶、交配、产卵等飞行活动,飞行高度较低,活动时间较短,很少能爬升到 300～600 m 的迁飞高度层。少数爬升到一定高度的草地螟其飞行时间主要集中在 22:00 之前,主要是受种群密度和食物源的影响而选择近距离扩散的种群,飞行时间也相对较短,基本没有能完成整夜飞行的个体。

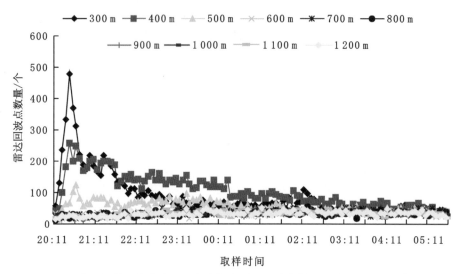

图 8-14　8 月 4 日草地螟第 1 代成虫迁飞高峰期内雷达回波点数量的时空变化（内蒙古集宁，2006）

草地螟秋季迁飞与越冬代成虫迁飞具有的共同特征就是都能完成整夜飞行。3 年雷达观测显示，9月份草地螟迁飞高峰期雷达回波高度主要在 500 m 以下，300～400 m 是其主要飞行高度，受夜间温度的影响，其飞行高度比越冬代草地螟迁飞高度明显降低，飞行时间基本能完成整夜飞行（图 8-15）。

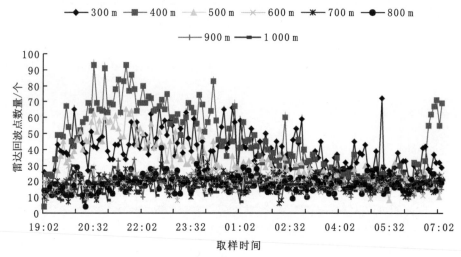

图 8-15　9 月 6 日草地螟秋季迁飞高峰期内雷达回波点数量的时空变化（内蒙古集宁，2007）

8.5　草地螟迁飞虫源分析

8.5.1　2005 年草地螟迁飞虫源分析

2005 年 6 月 8—9 日我国东北与华北地区空中风场以西南气流为主，6 月 10 日因蒙古高压和副热带低压的影响，我国东北地区大部受气旋控制，气旋中心位于内蒙古的兴安盟地区。6 月 11—12日气旋中心逐渐向西北方向移动，6 月 14 日在蒙古国境内消失（图 8-16）。6 月 10 日吉林省镇赉县雷达观测点天气晴转阵雨,当日高空探照灯内草地螟数量开始增多,数量 993 头。6 月 11 日天气转晴,当日高空探照灯诱虫量近 200 头,6 月 12 日以后草地螟诱虫量逐渐减少。6 月 12 日以雷达观测点为中心,选择周边 10 个点进行 2 d 的逆推分析,结果显示:以镇赉县为基点的轨迹回推点主要来自内蒙古的兴安盟地区,周边几个点可回推至内蒙古的呼伦贝尔和中蒙边界等地。6 月 11 日的顺推分析表明,当日迁飞过来的草地螟主要在当地徘徊,6 月 12 日部分种群再次起飞,6 月 13 日迁飞种群到达内蒙古与黑龙江的边界处,部分到达内蒙古的呼伦贝尔地区(图 8-17)。

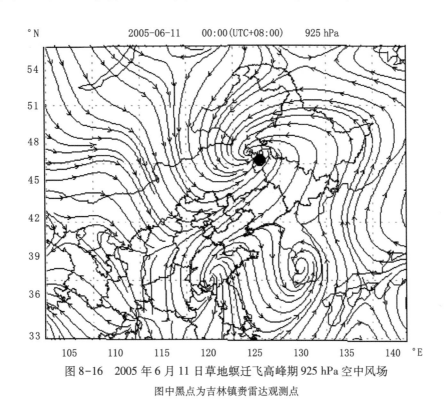

图 8-16　2005 年 6 月 11 日草地螟迁飞高峰期 925 hPa 空中风场

图中黑点为吉林镇赉雷达观测点

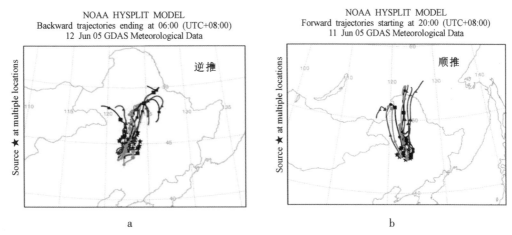

图 8-17　2005 年 6 月 11—12 日草地螟迁飞高峰期的轨迹分析

a. 6 月 12 日 06:00 草地螟的逆推轨迹　b. 6 月 11 日 20:00 草地螟的顺推轨迹

附近各地植物保护站的虫情信息分析显示:6 月 6—8 日兴安盟科尔沁右翼前旗索伦镇单灯 3 d 累计诱蛾 1 188 头(最多 6 月 6 日单灯诱蛾 700 头),6 月 6 日田间百步惊蛾量 2 000 头;6 月 8 日索伦镇丰林七队、乌敦四队百步惊蛾量 1 500～2 000 头,阿力德尔坤都冷嘎查百步惊蛾量 1 000 头,好仁苏木白音敖包嘎查百步惊蛾量 800～1 000 头,卵巢发育 80% 为 3～4 级;通辽市植物保护站 6 月 9 日在奈曼旗大镇西湖边的玉米田(杂草较多)调查,百步惊蛾量 300～1 000 头,雌雄性比例为 3:1,雌蛾抱卵 2 级占 30%、3 级占 70%;6 月 14 日在科左中旗舍伯吐的苜蓿田调查,百步惊蛾量为 200～1 000 头,雌雄性比例为 1:1;6 月 16 日,呼伦贝尔市植物保护站在鄂温克旗大地草业公司试验田(苜蓿地)调查,草地螟越冬代成虫平均百步惊蛾量为 800～1 000 头,最高达 2 000 头以上;在其附近草场及撂荒地调查,平均百步惊蛾量为 100 头左右,最高为 300 头以上。以上地区草地螟的卵巢发育级别和峰值日期都和吉林镇赉县雷达观测点的结果相符,各地虫情信息与轨迹分析结果也基本一致。

8.5.2 2006 年草地螟迁飞虫源分析

2006 年 6 月中下旬,我国华北与东北地区空中风场变化较大,只有在 6 月 18—19 日空中风场形成稳定的西南气流,在内蒙古的兴安盟、呼伦贝尔地区形成气旋中心。6 月 16 日雷达观测点内蒙古集宁的草地螟数量开始增多,峰值日期出现在 6 月 18 日,当日 00:00 雷达观测点上空空中风场为西北方向,西北气流在河北北部与西南气流相遇偏转为典型的西南气流(图 8-18)。据呼和浩特市区域病虫测报站调查,6 月 14—26 日,单灯诱蛾共 1 809 头,其中,最多一日为 17 日,单灯诱蛾 600 头,雌雄性比例为 4:1,卵巢发育均为 2～3 级。呼和浩特市和林县 6 月 19 日调查,田间百步惊蛾量 800～1 200 头。6 月 18 日,锡林郭勒盟太仆寺旗单灯诱蛾 509 头,雌雄性比例为 1.04:1,雌蛾抱卵多为 2 级,当日太仆寺旗和多伦县草滩百步惊蛾量 20～40 头;乌兰察布市兴和县 6 月 19 日和 20 日最高诱蛾量分别为 5 240 头和 1 139 头,雌蛾抱卵 1～2 级占 80%,3～4 级占 20%。上述各地植物保护站虫情信息表明,6 月 16—18 日内蒙古呼和浩特市、乌兰察布市、锡林浩特市等地区普遍出现草地螟高峰期。6 月 18 日以雷达观测点及周围地区为基点进行 2 d 的逆推分析显示,草地螟虫源主要来自中蒙边界,内蒙古的鄂尔多斯、包头,山西大同、朔州等地(图 8-19)。

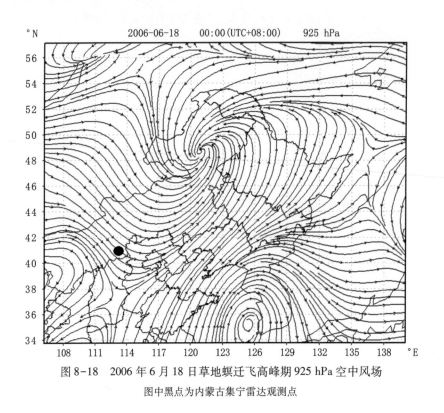

图 8-18 2006 年 6 月 18 日草地螟迁飞高峰期 925 hPa 空中风场

图中黑点为内蒙古集宁雷达观测点

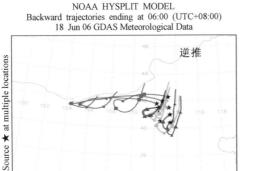

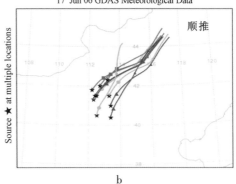

图 8-19　2006 年 6 月 17—18 日草地螟迁飞高峰期的轨迹分析

a.6 月 18 日 06:00 草地螟的逆推轨迹　b.6 月 17 日 20:00 草地螟的顺推轨迹

2006 年 6 月 20 日河北省康保县黑光灯诱得草地螟蛾 2 031 头,佳多自动虫情测报灯诱蛾 5 336 头,雌蛾均占 5 成多;6 月 27 日黑光灯诱蛾 4 228 头,佳多自动虫情测报灯诱蛾 15 606 头,雌蛾均上升至 7 成。河北省丰宁县 6 月 16 日起草地螟蛾开始增多,6 月 22 日为 15 000 头,6 月 26 日为 12 096 头。内蒙古赤峰市林西县植物保护站于 6 月 25—27 日调查,一台杀虫灯 1 d 诱到草地螟蛾 3 000 多头,雌雄性比例为 3∶1,田间百步惊蛾量为 10 000~15 000 头。以 6 月 18 日 20:00 为起始时间进行 2 d 的顺推分析显示,从雷达观测点及周边迁飞的草地螟,除少部分降落外,6 月 19 日早上可到达河北康保、丰宁等地。当地气候条件湿润,食源丰富,多数个体停止迁飞在当地定殖,使 2006 年康保、丰宁等地草地螟发生较严重。部分个体在 6 月 20 日晚继续迁飞,6 月 21 日凌晨到达辽宁省北部、吉林省西北部和内蒙古通辽等地,数量较少,没有形成一定的危害。

2006 年 8 月上中下旬各有 1 次草地螟高峰期,8 月上旬雷达观测场上空风场变化较大,8 月 4 日探照灯内草地螟诱虫量突破 2 000 头,以 8 月 5 日 06:00 为起始时间,以雷达观测点及周边地区为起始坐标点进行 2 d 逆推,草地螟虫源主要来自内蒙古锡林浩特地区。8 月 4 日 20:00 的顺推分析显示,8 月 4 日起飞的草地螟虫源可以借助偏南气流向中蒙边界方向迁飞(图 8-20)。但 8 月 4 日雷达观测结果显示,当日雷达回波主要集中在 20:00—22:00,因此当日草地螟虫源主要进行近距离扩散,仅极少数个体进行整夜长距离迁飞。

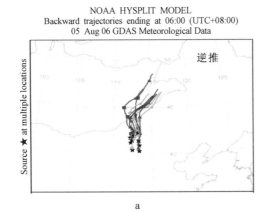

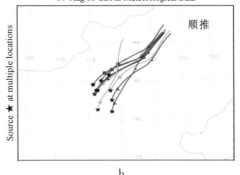

图 8-20　2006 年 8 月 4—5 日草地螟迁飞高峰期的轨迹分析

a.8 月 5 日 06:00 草地螟的逆推轨迹　b.8 月 4 日 20:00 草地螟的顺推轨迹

2006年8月14日探照灯内草地螟数量突破6 000头,卵巢发育级别主要以3级为主。8月15日06:00的逆推分析结果表明,雷达观测点草地螟虫源主要来自内蒙古呼和浩特、包头、山西大同等地,很少部分来自中蒙边界和蒙古国中东部地区。当日起飞的虫源在空中受气流影响聚集,在内蒙古乌兰察布等地集中降落。8月14日20:00的顺推分析显示,当日起飞的草地螟种群虽然当日探照灯诱虫量比较大,但由于没有合适的气流运载,主要在当地徘徊,没有形成大规模远距离迁飞(图8-21)。8月下旬在乌兰察布地区四子王旗田间调查,草原上聚集了大量入土越冬的老熟幼虫,构成了2007年越冬代草地螟发生的主要虫源地,根据草地螟发育历期分析,其应为8月中旬迁飞聚集的草地螟虫源产卵而形成的下一代幼虫。

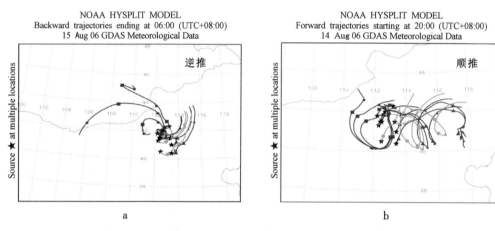

图8-21　2006年8月14—15日草地螟迁飞高峰期的轨迹分析

a.8月15日06:00草地螟的逆推轨迹　b.8月14日20:00草地螟的顺推轨迹

2006年8月23日高空探照灯上又出现一次草地螟诱虫高峰期,探照灯内于22:00定时取样时,诱虫盆内草地螟数量很少,清晨在探照灯灯罩上聚集了大量草地螟,雷达回波显示0:00以后回波点开始增多,分析草地螟应为0:00以后迁入,卵巢发育级别主要为1～2级,与8月14日草地螟高峰期虫源在生理特征上存在很大的差别,判断不是同一批虫源。根据草地螟的卵巢发育进度分析,草地螟羽化地距离雷达观测点距离应该不是太远。8月24日06:00的逆推分析结果表明,8月23日草地螟虫源主要来自内蒙古鄂尔多斯、呼和浩特和山西省大同、朔州等地。以雷达观测点及周边地区为基点,以8月23日20:00为起始时间的顺推分析显示,8月23日飞越雷达上空的草地螟种群受气流影响种群不断聚集,形成一定量的迁飞种群向东北方向迁飞,8月25日到达与内蒙古锡林郭勒盟和呼伦贝尔交接处的中蒙边界地区,部分可到达内蒙古的呼伦贝尔地区(图8-22)。

8.5.3　2007年草地螟迁飞虫源分析

2007年6月上旬至中旬,草地螟在我国北方地区先后进入盛发期。5月25—6月3日内蒙古乌兰察布市的四子王旗、察哈尔右翼中旗、察哈尔右翼后旗、商都县、化德县等地草地螟相继进入盛发期,草场、田间百步惊蛾量达3 000～6 000头,雌蛾卵巢发育级别1级率达90%～100%。6月7—9日据内蒙古自治区植物保护植物检疫站和乌兰察布市植物保护植物检疫站联合调查,在这些地带草地螟越冬代成虫百步惊蛾量仍达3 000～5 000头,卵巢发育级别1～2级率在95%以上,仍然有大批越冬代幼虫化蛹羽化迁出。同期,河北省康保县、万全县、张家口坝上地区也出现诱虫高峰,田间百步惊蛾量1 000～3 000头,卵巢发育1～2级率在75%以上。辽宁省阜新、朝阳、铁岭市,吉林省洮南、镇

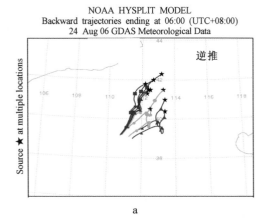
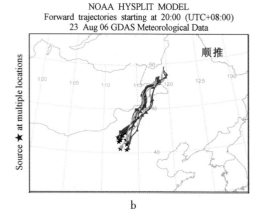

图 8-22 2006 年 8 月 23—24 日草地螟迁飞高峰期的轨迹分析

a.8 月 24 日 06:00 草地螟的逆推轨迹 b.8 月 23 日 20:00 草地螟的顺推轨迹

赉县,内蒙古兴安盟等地,6 月 10 日开始有草地螟迁入,卵巢发育以 2~3 级为主。6 月 12 日黑龙江大庆、齐齐哈尔市及内蒙古呼伦贝尔市等地相继进入蛾量始盛期,田间百步惊蛾量上千头,最多可达上万头,卵巢发育级别整齐,3~4 级占 80%(表 8-1)。6 月 15 日以后在内蒙古的兴安盟、呼伦贝尔,黑龙江中西部的齐齐哈尔、大庆等地田间幼虫严重暴发。

表 8-1 2007 年我国北方部分地区草地螟成虫蛾峰情况

地 点	高峰期(月-日)	高峰日(月-日)	高峰日灯诱蛾量/头	卵巢发育级别
内蒙古四子王旗	06-05—06-09	06-08	1 453	Ⅰ~Ⅱ(95%)
内蒙古集宁	06-06—06-10	06-08	594	Ⅰ~Ⅱ(85%)
河北康保	06-06—06-10	06-08	3 066	Ⅰ~Ⅱ(75%)
辽宁朝阳	06-08—06-12	06-10	89	Ⅱ~Ⅲ(100%)
内蒙古乌兰浩特	06-09—06-13	06-11	66 660	Ⅲ以上
内蒙古兴安盟	06-09—06-13	06-11	21 000	Ⅱ~Ⅲ
吉林镇赉	06-08—06-13	06-11	516	Ⅱ~Ⅲ
辽宁阜新	06-08—06-13	06-11	1 200	Ⅲ以上(80%)
黑龙江齐齐哈尔	06-08—06-15	06-12	1 342	Ⅲ以上
黑龙江大庆	06-08—06-18	06-12	914	Ⅲ以上

2007 年 5 月底 6 月初,华北与东北地区主要受蒙古气旋和副热带高压的影响,蒙古气旋逐渐减弱,副热带高压相对增强,使华北与东北地区主要盛行偏南或西南气流。内蒙古集宁雷达观测点草地螟高峰期为 6 月 7—9 日,6 月 6 日探照灯下诱虫数量为 163 头,6 月 7 日突增到 5 632 头,6 月 8 日达 6 103 头,6 月 9 日数量下降到 2 109 头,此后几天数量逐日递减。6 月 7 日的空中风场分析显示,华北与东北地区受多个气旋和反气旋控制,风场变化较大。由轨迹分析可知,6 月 7 日起飞的草地螟由于没有合适的气流运载,主要进行近距离迁飞扩散。据 6 月 9 日 00:00 空中风场分析,受副热带高压影响,华北北部和东北大部主要为偏南和西南气流,同时在蒙古国中西部形成的蒙古气旋逐渐增强并向我国东北方向移动(图 8-23)。轨迹分析显示,6 月 8 日晚草地螟从内蒙古中部乌兰察布等地迁出,向蒙古国方向迁飞,在中蒙边界地区受气流影响转向我国东北方向,6 月 10 日大部分迁飞到中蒙边界地区,少量到达内蒙古呼伦贝尔地区。6 月 9 日东北、华北地区盛行典型的西南气流,当晚从内蒙

古乌兰察布等地起飞的蛾群顺西南气流,经河北省北部,内蒙古赤峰、通辽等地于6月11日到达吉林省西北部,以及内蒙古兴安盟、呼伦贝尔的部分地区(图8-24)。

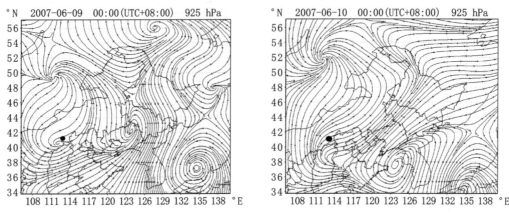

图8-23 2007年6月9和10日00:00草地螟迁飞高峰期925 hPa空中风场

图中黑点为内蒙古集宁雷达观测点

2007年6月11日蒙古气旋减弱并继续东移,受在蒙古国中部形成的反气旋影响,东北地区主要盛行西北气流。6月11日辽宁省朝阳、阜新,吉林省白城、松原,内蒙古兴安盟、赤峰等地出现草地螟迁入高峰。6月11日对这些地区的逆推分析显示,内蒙古的兴安盟、赤峰与吉林省的白城等地虫源主要来自内蒙古的乌兰察布和河北北部等地。6月12日以后,内蒙古的呼伦贝尔,黑龙江的齐齐哈尔、大庆等地相继出现草地螟的大规模迁入。空中风场显示,反气旋中心移到了我国东北地区,受其影响东北大部分地区盛行东北气流(图8-25)。6月12日对内蒙古呼伦贝尔,黑龙江齐齐哈尔、大庆等地迁入的草地螟逆推分析显示,虫源主要来自中蒙与中俄边界等地(图8-26)。

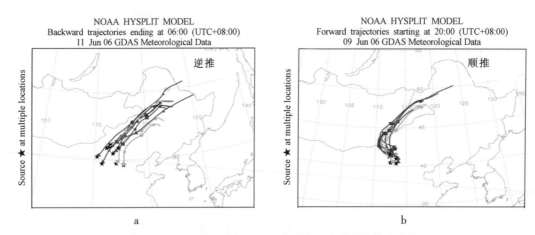

图8-24 2007年6月9—11日草地螟迁出种群的轨迹分析

a.6月11日06:00草地螟的逆推轨迹 b.6月9日20:00草地螟的顺推轨迹

通过上述结果推测,2007年6月下旬东北地区严重暴发的草地螟虫源,一部分来自草地螟的主要越冬地内蒙古乌兰察布等地,一部分来自蒙古国中东部(包括6月6—10日由我国迁入蒙古国的越冬代虫源)和中俄边境地区。

2007年8月18日探照灯内草地螟数量突破3 000头,当日同期增多的还有旋幽夜蛾,当日草地螟诱虫百分比在50%以上,为当日的优势种群,草地螟卵巢解剖发育进度以2级为主。雷达观测结果,雷达回波从20:00左右开始增多,22:00出现1个高峰期,03:00左右回波逐渐变弱至最后消失。

8 月 19 日 06:00 的逆推分析显示,草地螟虫源主要来自内蒙古呼和浩特、包头,山西大同、朔州,最远可推至河北石家庄地区。8 月 18 日 20:00 的顺推结果为,草地螟迁飞种群主要借助气流向正东方向迁飞,8 月 20 日主要种群到达河北承德,内蒙古锡林浩特、赤峰、通辽等地,部分种群最远到达黑龙江的东南部(图 8-27)。

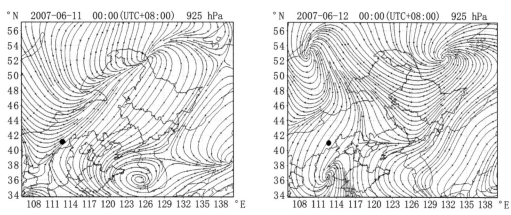

图 8-25　2007 年 6 月 11 和 12 日 00:00 草地螟迁飞高峰期 925 hPa 空中风场

图中黑点为内蒙古集宁雷达观测点

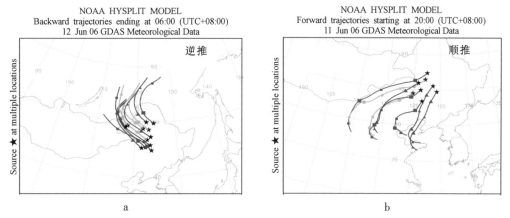

图 8-26　2007 年 6 月 11—12 日草地螟迁入种群的轨迹分析

a.6 月 12 日 06:00 草地螟的逆推轨迹　b.6 月 11 日 20:00 草地螟的顺推轨迹

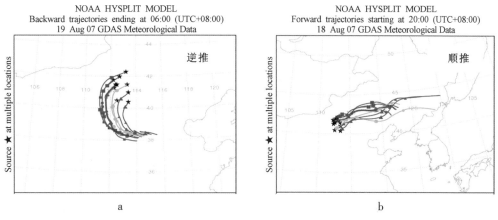

图 8-27　2007 年 8 月 17—18 日草地螟迁飞高峰期的轨迹分析

a.8 月 19 日 06:00 草地螟的逆推轨迹　b.8 月 18 日 20:00 草地螟的顺推轨迹

2007年9月6日草地螟又出现一次高峰期,当日探照灯诱虫量突破3 000头,卵巢发育级别以1级为主,鳞片鲜艳,应为羽化不久的虫源。9月7日06:00的逆推结果显示,虫源主要为当地种群,主动起飞后的种群受气流影响在空中聚集达一定量的密度,受外界条件影响选择主动或被动降落,使局部地区出现一定数量的种群。9月6日20:00的顺推分析显示,雷达空中飞行种群主要向正西方向迁飞,9月8日可到达内蒙古的包头、鄂尔多斯,山西大同、朔州等地(图8-28)。草地螟卵巢发育级别较低,当地9月上中旬田间农作物已基本收割完毕,草原上草地螟喜食植物多数已枯萎,本次草地螟迁飞虽然有一定量种群,但因缺少必要的食物,视为迁飞无效种群。

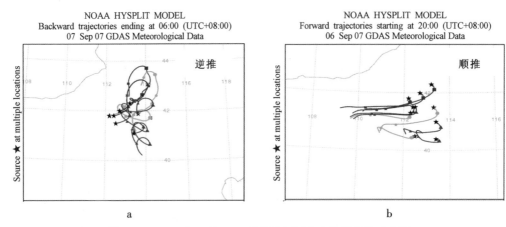

图8-28　2007年9月6—7日草地螟迁飞高峰期的轨迹分析

a.9月7日06:00草地螟的逆推轨迹　b.9月6日20:00草地螟的顺推轨迹

8.6　讨　论

8.6.1　草地螟季节性迁飞

草地螟是一种重要的周期性暴发的害虫(罗礼智,1996)。在整个草地螟发生周期内,内蒙古扮演着重要角色,所有草地螟暴发的地区都在内蒙古及其周边省份(屈西锋,1999)。全国草地螟科研协作组(1987)研究认为,内蒙古乌兰察布、山西雁北、河北坝上是我国草地螟的主要越冬区。尽管目前对草地螟的越冬地还存在一定的争议,但连续3年的雷达观测显示,内蒙古乌兰察布、山西大同、河北张家口等地在全国草地螟发生规模上还是具有一定的影响作用的。

2005年草地螟发生比较严重的地区主要集中在河北张家口和内蒙古兴安盟地区,就全国来说发生规模相对较小,吉林镇赉县雷达观测点整个观测季节也只有1次诱集到明显的草地螟迁飞过程。

2006—2007年内蒙古集宁的雷达观测结果显示,在草地螟的主要越冬区,草地螟具有明显的季节性迁飞规律,主要有发生在6月上中旬的越冬代迁飞、8月上中旬的第2代草地螟迁飞和部分地区的第3代草地螟迁飞。草地螟的越冬代迁飞在内蒙古集宁雷达观测点可见到非常明显的现象,其具有迁出时间长、峰次多、虫量大、卵巢发育级别低等特点。每年的6月上中旬都出现草地螟的几个迁飞高峰期,2007年从6月7日出现草地螟第1次规模较大的迁飞高峰期后,到6月下旬仍然不断有草地螟小的迁飞高峰期。整个6月份迁飞高峰期期间草地螟的卵巢发育级别一直处于1~2级的较低级别水平,不可能为当地居留草地螟繁殖而产生的下一代迁飞性虫源。屈西锋等根据越冬代草地螟的调查和虫源分析发现,草地螟不仅能进行长距离的水平迁飞,还存在着在高海拔和低海拔地区相互迁飞转移即垂直迁飞的现象,在华北地区地貌复杂、海拔高度不同的地区均存在着草地螟的适生生境。草地螟的越冬场所经常发生在高海拔地区及荒地上,由于地广人稀、交通不便,这些地区的越冬虫源数量尚不为人知晓,但肯定是翌年第 1 代幼虫的有效虫源。因此推测 6 月份集宁地区监测到的草地螟不同峰次迁飞高峰期虫源都为越冬代虫源的可能性比较大,在不同年份和不同地点 5—6 月份观测到草地螟迁飞高峰期的几率都相对较高,推测越冬代的草地螟迁飞应该为草地螟生活史的一个重要部分。

8 月份草地螟的迁飞高峰期主要由第 2 代草地螟迁飞引起。2006—2007 年两年的观测结果和雷达观测点历年的虫情资料分析表明,雷达观测点 8 月份出现草地螟迁飞的几率很大,为周期性暴发期,每年 8 月份基本上都会出现草地螟的诱虫高峰期(集宁植物保护植物检疫站历年诱虫资料),是月当地农作物基本处于灌浆、成熟期,草地螟的发生对农作物一般不会造成毁灭性的灾害,但 8 月迁飞的草地螟虫源性质对次年草地螟的发生却具有很大的影响。具体表现在 8 月份迁飞高峰期草地螟种群不像 6 月份迁飞的种群那样,其卵巢发育级别一般较低,主要为迁出种群,不会对本地农作物造成什么危害。8 月份草地螟虫源的形成没有一定的规律性:2006 年迁飞高峰期草地螟卵巢发育级别主要为 2～3 级,8 月底在内蒙古四子王旗农牧区调查越冬代草地螟,发现了入土越冬的老熟幼虫,它们构成了 2007 年东北地区越冬代草地螟暴发的主要虫源;2007 年 8 月迁飞高峰期草地螟卵巢发育级别基本为 1～2 级,后期田间调查发现,入土越冬的草地螟虫量相对较少,推测 8 月份迁飞高峰期草地螟的卵巢发育水平与草地螟的越冬虫源基数存在一定的正相关性。9 月份迁飞高峰期草地螟数量较少,其卵巢发育级别也较低,因当地农作物已基本收割完毕,故不会构成第 2 年草地螟发生的有效虫源。

8.6.2　草地螟迁飞行为研究

对于越冬代草地螟的迁飞高度,吉林省农业科学院植物保护研究所陈瑞鹿等(1992)于 1984 年 6 月利用扫描昆虫雷达在山西省应县海拔 1 650 m 处观测,结果显示,草地螟迁飞高度在 400 m 以下,多在 80～240 m 之间。本研究用垂直监测昆虫雷达观测越冬代草地螟迁飞高度,发现 300～600 m 和 400～500 m 是其主要的飞行高度,大部分个体能完成整夜飞行;夏季迁飞主要是夜间求偶、交配和短距离扩散种群,飞行高度主要在 400 m 以下,飞行时间相对较短且主要集中在 20:00—22:00 之间,很少个体能完成整夜飞行;秋季迁飞高度主要集中在 300～500 m,高峰期基本为迁飞种群,多数个体能完成整夜飞行。本台垂直监测昆虫雷达盲区为 250 m,主要用于监测 250 m 以上的昆虫迁飞过程,对于 250 m 以下草地螟的成层和迁飞情况没有研究。另外,应县海拔较高,不同海拔高度对草地螟飞行高度也存在一定影响。雷达长期的观测结果显示,昆虫的空中飞行行为在不同的气候背景下有着不同的反应,在不同季节、夜间不同时间和不同海拔高度其迁飞高度也具有明显差异(Drake,2002)。因此,本观测结果和陈瑞鹿先生的观测结果并不矛盾。河南省农业科学院植物保护研究所封洪强等(Feng et al.,2004)通过雷达观测和低空风温场分析发现,草地螟春季迁飞成层与最大风速和最佳风向有关,迁飞高度随空中风场变化。苏联草地螟研究资料也指出了草地螟迁飞规律与天气条件尤其是反气旋条件的密切联系。根据越冬代成虫大量出现时间,结合气象资料分析,我们发现在草地螟成虫迁飞高峰期到来之前,空中风场都处于反气旋后部和气旋前的西南气流控制状态;蛾峰期出现的时间则与低气压到达的时间一致。本雷达观测也显示,在草地螟的迁飞高峰期,由测风经纬仪测得草地螟的主要飞行高度段都基本处于极大风速带,春季风向基本上是西南风向,草地螟春季基本选择在风速较大的高度借助气流运载完成远距离迁飞;夏季和秋季风向变化较大,夏季和秋季草地螟虫源性质变化较大和空中风场的变化应该存在一定的关系。我们认为,昆虫的迁飞高度在昆虫轨迹模拟方面具有重要意义,雷达的长期观测为弄清昆虫季节性迁飞高度提供了直接依据,长期的观测数据结合大区气流和轨迹分析能更准确、有效地对迁飞性昆虫进行早期预警;根据雷达的观测结果,结合迁飞高度的气流场进行轨迹分析也更具有事实依据。

8.6.3　草地螟迁飞的虫源分析

　　草地螟的虫源问题一直是预测预报和防治的难点,且也一直存在着争议(全国草地螟科研协作组,1987;陈晓等,2004)。从已查到的越冬虫茧情况看,每年草地螟越冬场所各不相同,其发生主要随气候条件与寄主种类变化,存在着大范围水平方向(向东南西北方向发生与发展)与垂直方向(高山与平川)的变迁。草地螟主要以滞育老熟幼虫越冬,滞育性幼虫具有很高的耐寒性(田绍义等,1986)。据李朝绪等(2006)报道,经4℃处理25 d、35 d的滞育幼虫,其过冷却点可以达到-25.82℃、-26.79℃。布仁巴稚尔等(1987)在内蒙古呼伦贝尔盟调查发现:在牧区、林区不同纬度和海拔高度的各种复杂气候条件下,都有安全越冬幼虫,如在极端低温-43.6～-46.4℃的陈巴尔虎旗平原和牙克石市、满洲里市郊区、额尔古纳右旗发现了大量活动幼虫。王秋荣等(2005)在呼伦贝尔进行4月份越冬幼虫调查,仍然能查到活的越冬幼虫,证实东北地区也是我国草地螟发生的一个潜在虫源区。另外,与我国接壤的俄罗斯、蒙古等国均有虫源分布,因而我国与境外的草地螟存在着交流的可能性,但我国主要发生为害区是否有外来虫源至今尚未明确。

　　轨迹分析是研究昆虫迁飞的重要手段,目前已应用轨迹分析方法对我国农业上重大迁飞性害虫在大发生年的迁飞虫源和迁飞路线进行了模拟,取得了一定的研究进展。例如,封传红等(2002)分析了我国北方稻区1991年稻飞虱大发生虫源的形成,陈晓等(2004)分析了1999年东北地区草地螟发生的虫源,周立阳等(1995)分析了江淮稻区稻纵卷叶螟的虫源地及迁飞路径。本次试验,根据雷达观测草地螟夜间迁飞高度,以草地螟的主要迁飞高度400 m作为起始高度,以2 000 m作为最高飞行高度(超过2 000 m为无效迁飞)对迁出地进行顺推,对迁入地进行逆推,并通过大区气流分析空中风场进行验证,结果具有说服力。本研究轨迹分析结果表明:迁飞期草地螟迁飞行动受空中风场变化的影响,我国草地螟虫源与国外虫源存在频繁的交流,尤其是越冬代虫源。5—6月份我国北方地区受蒙古气旋和黄河反气旋的影响盛行西南和西北气流,我国虫源可以顺偏南气流直接进入蒙古国中东部,蒙古国的虫源也可随西北气流直接进入我国东北和华北地区,构成我国越冬代草地螟发生的主要虫源。内蒙古乌兰察布、山西雁北、河北坝上地区仍然是我国草地螟大发生的一个主要越冬虫源地,上述地区越冬代草地螟虫源基数对我国次年草地螟的发生程度具有直接的影响,但草地螟迁飞受外界多种因素影响,如北方气旋和锋面产生的时间、位置及其移动方向与草地螟越冬虫源所处的地理位置、成虫羽化高峰出现时间等均影响草地螟的迁飞,这些因素将综合决定草地螟越冬代成虫起飞和远距离北迁的路径(全国草地螟科研协作组,1987)。我们进行的2006—2007年轨迹分析显示,草地螟越冬代虫源主要存在于内蒙古乌兰察布、山西雁北、河北坝上等地区,其受气流和锋面天气影响而在不同地方降落,造成集中为害;草地螟夏季迁飞虽然不能对农作物造成直接的毁灭性的危害,但草地螟的虫源性质(雌雄性比、卵巢发育级别等)却直接确定越冬代虫源基数;草地螟秋季回迁时间较晚,9月中下旬我国北方大部分地区田间农作物已基本收割完毕,草地螟缺少必需的食物来源,很少能形成有效的迁飞虫源。

第9章 旋幽夜蛾迁飞的证实及迁飞行为观测

9.1 旋幽夜蛾简述

　　旋幽夜蛾 *Scotogramma trifolii* Rott. 又名"三叶草夜蛾"，隶属于鳞翅目夜蛾科，是间歇性局部发生的杂食性害虫。幼虫具有隐蔽性、暴发性、迁移危害性等特点，可为害豌豆、胡麻、甜菜、油菜、小麦、玉米、马铃薯、苹果等8科20多种作物和田旋花、车前草等27种杂草。幼虫体色变化较大，分褐色、深绿色、绿色等，背部有倒"八"字形黑色条纹（图9-1）。旋幽夜蛾于国内主要分布在新疆、内蒙古、宁夏、甘肃等省区（赵占江等，1992），一年发生2～3代，以蛹在10～20 cm深的土壤中越冬，越冬代成虫一般出现在4月下旬至5月上旬。新中国成立初期，新疆就有旋幽夜蛾为害甜菜的报道（曹慢等，1963）；1959和1972年在新疆焉耆垦区曾两度猖獗为害；1974、1982和1987年在甘肃武威、金昌等地发生，受害面积约1万 hm²（赵占江等，1992）。20世纪90年代以来，随着棉花种植面积的扩大，此虫在新疆各大棉区如喀什、阿克苏、奎屯、石河子、玛纳斯等地均有不同程度的发生，而且日趋严重；90年代初，此虫在内蒙古呼和浩特地区造成很大危害，1994年当地测报部门把此虫列为虫害测报对象。2005年6月上旬，旋幽夜蛾幼虫在吉林省白城地区通榆县和大安市首次暴发，受害严重地块全田被吃成光秆并造成毁种，发生面积1.1万 hm²，其中毁种面积0.12万 hm²（安丽芬等，2005）。由于吉林省历史虫情资料中未有旋幽夜蛾发生为害的记载，此次的突然暴发，使当地植物保护部门对虫源性质（异地迁入或越冬）产生了质疑。

a

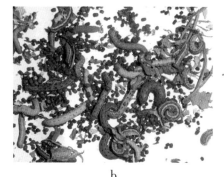
b

图9-1　旋幽夜蛾形态图

a. 成虫　b. 幼虫

　　国内对旋幽夜蛾生物学特性的报道主要集中在旋幽夜蛾各龄期发育、有效积温和卵期耐寒性方面，对虫源性质以及是否具有迁飞性缺乏相关研究，故其一旦暴发很难防治。关于旋幽夜蛾发生为害规律、生物学习性等方面的研究结果,基本上都是由 20 世纪 90 年代及以前的研究人员提出。近年来随着气候变化、耕作制度改变和虫源基数的增大,旋幽夜蛾发生为害范围逐渐扩大,迁飞扩散趋势日益明显。因此,深入研究此虫的发生为害和分布,以及迁飞扩散规律实有必要。

为了更好地了解旋幽夜蛾的虫源性质及其是否具有迁飞习性,我们利用垂直监测昆虫雷达和相关设备,于 2005 年 5 月底至 9 月底在吉林省白城地区镇赉县对旋幽夜蛾进行了观测,并对其成虫的飞行参数及其越冬虫源地进行了分析。雷达观测结果、越冬羽化条件的地温分析和迁飞高峰期大区气流分析均表明,旋幽夜蛾具有一定的迁飞性。

2007 年 4 月下旬至 5 月下旬,我们利用垂直监测昆虫雷达系统又在北京延庆县小丰营村对北京地区空中昆虫群落进行了为期 1 个月的雷达观测。5 月 2—6 日监测到 1 次旋幽夜蛾明显的迁飞过程,高空探照灯、地面诱虫灯的诱集结果和卵巢发育进度的解剖结果为旋幽夜蛾的迁飞提供了直接依据,并再一次证实了其迁飞性。2006—2007 年在内蒙古乌兰察布市的雷达观测显示,旋幽夜蛾是当地的主要种群,2007 年 6 月上中旬此虫在内蒙古集宁、呼和浩特等地的田间造成了一定的危害。

9.2　2005 年旋幽夜蛾的虫源分析

9.2.1　诱虫灯诱集结果

2005 年 6 月 28—7 月 3 日和 8 月底至 9 月初,在吉林镇赉高空探照灯和地面诱虫灯共诱集到旋幽夜蛾 2 次明显的突增突减,高空探照灯比地面诱虫灯高峰期提前 1～2 d。6 月 25 日高空探照灯内诱集到旋幽夜蛾 17 头,26 日 524 头,27 日 1 236 头,28 日增加到 3 672 头,数据具有明显的突增趋势。在旋幽夜蛾突然增多之前,镇赉本地田间调查并没有发现大量旋幽夜蛾成虫;6 月上旬白城地区通榆县和大安市田间旋幽夜蛾幼虫大发生期间,镇赉本地田间调查并没有发现其幼虫的危害。7 月 1 日高空探照灯内旋幽夜蛾蛾量突破 3 800 头,诱虫百分比在 60% 以上,此后几天都在 1 000 头以上(图 9-2)。随机选取 80 头雌虫,解剖其卵巢发现,卵巢发育级别较低,高峰期内连续几天主要集中在 2 级,绝大多数没有交配,且连续几天卵巢发育进度没有显著差异(图 9-3),具有典型的迁飞昆虫的生理特征。诱虫高峰期持续了 7 d,7 月 5 日高空探照灯内诱虫数逐渐减少,后期雷达观测点周边地区没有发现幼虫的危害。8 月上中旬高空探照灯和地面诱虫灯内基本上没有旋幽夜蛾成虫,直到 8 月下旬再度出现 1 次高峰期,不过高空探照灯内诱虫数量较少,最多也仅有 170 多头,但持续时间则相对较长,从 8 月下旬到 9 月上旬一直都有旋幽夜蛾出现;地面诱虫灯内旋幽夜蛾数量相对较多,最高也仅达 40 多头,推测在 7 月初的迁飞过程中,当地滞留了一部分虫源在本地繁殖。8 月底至 9 月初因外界因素和虫源基数的影响,旋幽夜蛾没有形成大规模的迁飞,而主要进行短距离扩散。

9.2.2　雷达监测结果

2005 年 6 月 28—7 月 3 日(峰值出现在 7 月 1 日)和 8 月底至 9 月初,雷达监测到旋幽夜蛾典型的迁飞过程 2 次。雷达回波点的变化与探照灯内诱集到的旋幽夜蛾数量具有很高的一致性。7 月 1 日日落半小时后,雷达回波点开始明显增加,起初主要集中在 500 m 高度段,随着回波点的增多,300～400 m 高度段也出现回波点明显增多现象。22：30 左右达到最高峰,雷达回波点高度最高可达 1 000 m。此后其他高度段的回波点逐渐下降,500 m 高度段回波点一直持续到凌晨 4：30 以后才逐渐减少,最后消失。探照灯诱集到的昆虫经鉴定发现,旋幽夜蛾为主要优势种类,诱虫百分比在 60% 以上,其他种类较为分散,没有相对的优势种类。据此判断雷达回波点的目标昆虫主要是旋幽夜蛾,

500 m是其主要飞行高度,旋幽夜蛾可以在此高度段整夜飞行(图9-4)。

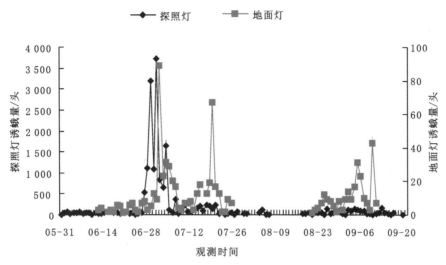

图9-2 雷达观测点诱虫灯下旋幽夜蛾的季节性变化(吉林镇赉,2005)

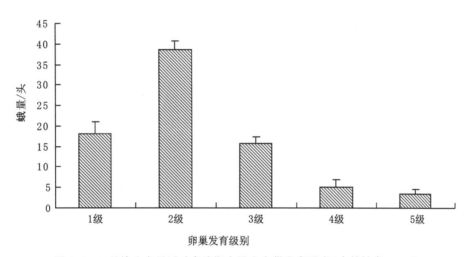

图9-3 7月旋幽夜蛾活动高峰期内雌虫卵巢发育进度(吉林镇赉,2005)

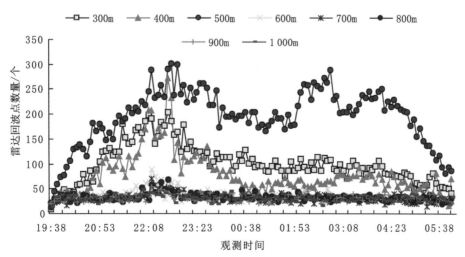

图9-4 7月1日旋幽夜蛾高峰期内雷达回波点数量的时空变化(吉林镇赉,2005)

9.2.3 气象数据分析

东北地区春季黑龙江下游因地面增温而形成的低压与日本海、黄海一带的高压之间形成气压南高北低的形势,气压梯度加大,使东北地区盛行偏南风,形成东北地区春季多风的天气,特别当气旋通过或在东北生成时,更为显著(李祯等,1993)。根据旋幽夜蛾发生期和各世代历期推测,此次暴发的成虫应出现在5月24日左右。采用UTC(协调世界时)12:00(北京时间20:00)、925 hPa压力层面u分量和v分量数据,合成连续几天风场矢量图,结果显示:东北、华北地区主要盛行南风和偏南风,5月24日夜间受内陆低压和海洋高压的影响,华北地区盛行的偏南气流到达东北地区时逐渐偏转为西南气流(图9-5a~c),随着来自蒙古中部的反气旋的推进,东北地区由西南气流逐渐向西北气流转变,5月25日20:00东北大部地区空中风场转为明显的西北气流(图9-5d)。旋幽夜蛾的主要暴发地分别位于雷达观测点的偏南和东南部,从气流场的分析来看,空中风场的变化与西南气流的盛行为旋幽夜蛾成虫的迁飞提供了有利的运载气流。

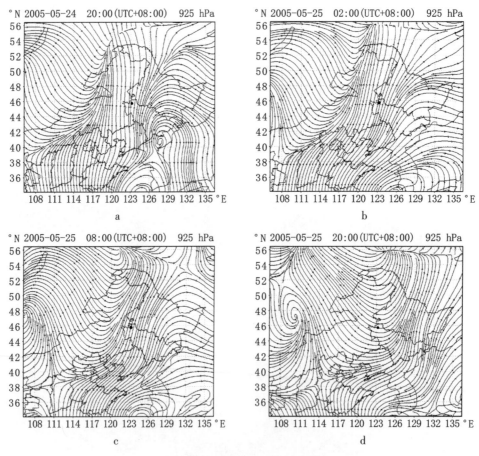

图9-5 华北和东北地区925 hPa气流场变化分析

图中黑点为吉林镇赉雷达观测点

a~c.2005年5月24日20:00至25日08:00夜间气流演变过程 d.5月25日20:00的空中风场

9.2.4 1980—2002年5月中旬20 cm土层平均地温分析

有研究表明,旋幽夜蛾以蛹在10~20 cm深处的土中越冬,蛹期发育起点温度为11.9±1.3 ℃(赵占江等,1991;谢令德,1995)。吉林省白城地区通榆县和大安市旋幽夜蛾幼虫为害发生在6月上旬,根据此虫各虫态历期,化蛹期应出现在 5 月中旬。根据 1980—2002 年 5 月中旬 20 cm 土层平均地温分析和旋幽夜蛾的蛹期发育最低起点温度,以 10.6 ℃ 为分界线,把全国分为越冬代旋幽夜蛾羽化区和非羽化区(图 9-6),结果显示:整个东北地区,以及内蒙古中东部、山西、河北、陕西、新疆北部和青海的大部,5 月中旬 20 cm 土层平均地温都不能满足旋幽夜蛾越冬代蛹的成功羽化。旋幽夜蛾暴发地点吉林省白城地区,20 cm 土层平均地温基本都在 9 ℃ 以下,低于越冬代蛹羽化的最低起点温度 10.6 ℃。分析判断,2005 年 6 月上旬白城地区暴发的旋幽夜蛾为本地虫源的可能性不大,而可能是来自于某个越冬地带。

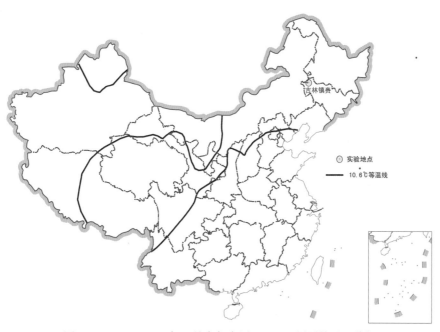

图 9-6　1980—2002 年 5 月中旬全国 20 cm 土层平均地温分析

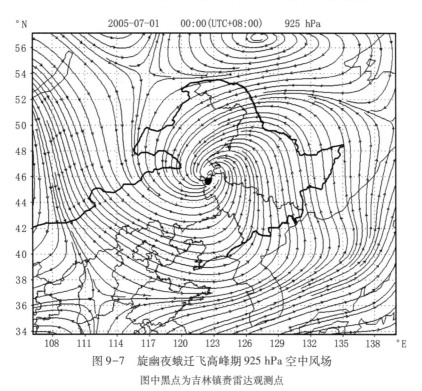

图 9-7　旋幽夜蛾迁飞高峰期 925 hPa 空中风场

图中黑点为吉林镇赉雷达观测点

9.2.5 夏季迁飞的轨迹分析

6月29—7月1日,我国东北地区上空空中风场受反气旋控制,气旋中心位于吉林省、内蒙古自治区和黑龙江省的交界处(图9-7),受对流天气影响,雷达观测点连续几天天气主要为小雨或雷阵雨。7月2日反气旋中心逐渐向东南方向移动至消失。雷达观测点6月29日和7月1日旋幽夜蛾探照灯诱虫量都超过3 000头,当日天气夜间全部是小雨,充分说明随气流迁飞的旋幽夜蛾受下沉气流的影响而降落。6月29日以雷达观测点及周边地区为基点进行连续2 d的逆推分析显示,第1天虫源主要来自内蒙古与黑龙江交界地带,第2天虫源可回退至黑龙江省的东南部和与吉林接壤的中朝边界地区。顺推轨迹显示,受反气旋的影响,大部分虫源遇降水降落,只有少部分虫源继续迁飞,2 d后到达内蒙古的呼伦贝尔地区(图9-8)。

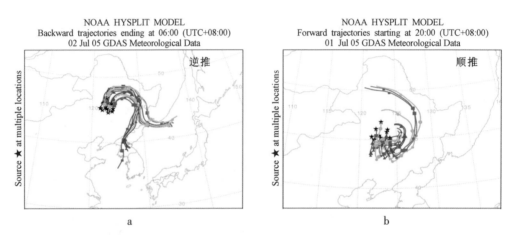

图9-8 2005年7月1—2日旋幽夜蛾迁飞高峰期的轨迹分析

a.7月2日06:00旋幽夜蛾的逆推轨迹 b.7月1日20:00旋幽夜蛾的顺推轨迹

9.3 2007年旋幽夜蛾迁飞的雷达观测

9.3.1 2007年北京延庆地区诱虫灯内虫情

2007年雷达观测点北京市延庆地区旋幽夜蛾成虫始见于4月23日,高峰期前旋幽夜蛾诱虫百分比在25%以下,雌雄性比值<1,雄虫占优势。5月3—8日诱虫灯下旋幽夜蛾成虫出现1个明显的高峰期,探照灯内峰值日期为5月6日,诱虫数量达到600余头;地面灯峰值日期5月7日,比探照灯晚1天(图9-9)。同期内蒙古四子王旗、河北康保病虫测报站出现旋幽夜蛾突增,峰值日期同为5月6日。雷达观测点北京延庆旋幽夜蛾高峰期内雌虫数量激增,雌雄性比值>1,其中5月5日雌雄性比例为2.8:1;探照灯内旋幽夜蛾成虫诱虫百分比分布在42.3%～77.2%,其中5月7日旋幽夜蛾诱虫百分比达到77.2%(图9-10),为空中昆虫优势种群。高峰期内探照灯下旋幽夜蛾卵巢解剖显示:卵巢发育级别整齐,连续7天卵巢发育无明显差异,雌虫大多已交配,卵巢发育成熟,没有产卵,发育级别主要为3级,其他级别为典型的正态分布,与3级存在显著差异(图9-11),具有典型的迁飞昆虫生理特征。5月中下旬诱虫灯内旋幽夜蛾数量无明显的高峰期,雌雄性比值基本等于1。

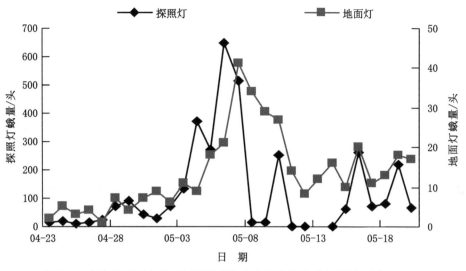

图 9-9　高空探照灯和地面灯下诱捕旋幽夜蛾的数量动态(北京延庆,2007)

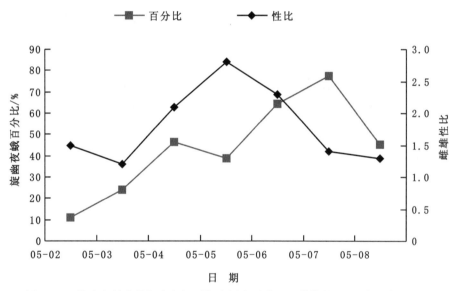

图 9-10　旋幽夜蛾高峰期高空探照灯内诱虫百分比和雌雄性比(北京延庆,2007)

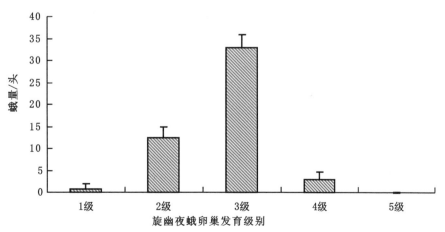

图 9-11　5月旋幽夜蛾活动高峰期高空探照灯内雌虫卵巢发育进度(北京延庆,2007)

9.3.2　旋幽夜蛾活動高峰期雷達回波的時空變化

旋幽夜蛾遷飛高峰期雷達顯示器上回波點數量也具有同期明顯增多現象,2007年5月2日回波點數量開始增多,峰值出現在5月6日,5月8日以後回波點數量開始降低。5月6日雷達回波點夜間變化與高空探照燈內誘集到的旋幽夜蛾成蟲數量變化具有很高的一致性。5月6日日落半小時後,雷達回波點數量開始明顯增加,起初主要集中在400～500 m高度段,半小時以後雷達回波點數量迅速增加,300 m高度開始出現回波點增多現象。21∶00—22∶30雷達回波強度較高,300～500 m高度段回波密度多在2 000頭/km³以上,600 m及以上高度回波點較少。02∶00以後回波點數量逐漸下降,最後消失,整個遷飛過程持續了6 h(圖9-12)。高空探照燈誘集到的昆蟲鑒定結果顯示,旋幽夜蛾誘蟲百分比在60%以上,其他種類較為分散,無明顯的優勢種類。

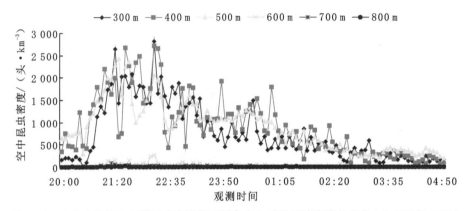

圖9-12　5月6日旋幽夜蛾活動高峰期不同高度上雷達回波密度的變化(北京延慶,2007)

9.3.3　雷達觀測點低空氣流與大區氣流分析

4月底至5月初,影響我國北方地區的西風帶逐漸減弱,受大陸熱低壓和西太平洋副熱帶高壓的影響,我國東半部地區盛行西南氣流。2007年5月2—8日雷達觀測點北京延慶當地地面風向主要為南風和偏南風,5月6日雷達觀測點測風經緯儀測得地面風向為東南風,隨高度增加風向逐漸向西南方向偏轉,400 m高處已偏轉為明顯的西南氣流,風速極值出現在150～250 m,1 200 m以上風速又出現較大值,風向主要為西風向(圖9-13)。雷達監測旋幽夜蛾飛行高度主要在300～500 m高度段,此高度段風向基本是西南風向,風速大小為6 m/s左右,是西南氣流比較強的區域。大區氣流分析925 hPa空中風場顯示,5月上旬,華北地區主要受來自北方的蒙古氣旋和黃河氣旋控制,5月6日兩氣旋在華北北部相遇,在陝西、山西北部、河北大部、北京及東北地區的遼寧等地偏轉為西南氣流。旋幽夜蛾蛾量同期突增地內蒙古四子王旗、河北康保和北京延慶都處於兩氣流的交匯地區。各地蟲情資料收集顯示,內蒙古四子王旗、河北康保旋幽夜蛾高峰值日期都出現在5月6日,四子王旗與康保直線距離240多km,康保與延慶的直線距離接近200 km,上述地區在地形、地貌和田間小氣候方面存在著很大差異,旋幽夜蛾能夠在大範圍內進行同期突增,也是證實其遷飛性的一個重要依據(圖9-14)。

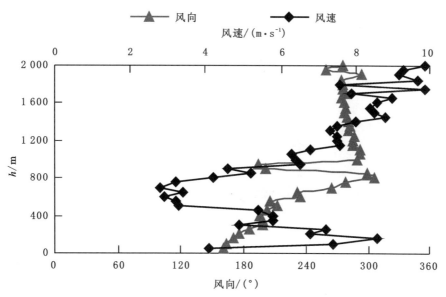

图 9-13　5 月 6 日旋幽夜蛾迁飞高峰期内雷达观测点低空气流(北京延庆,2007)

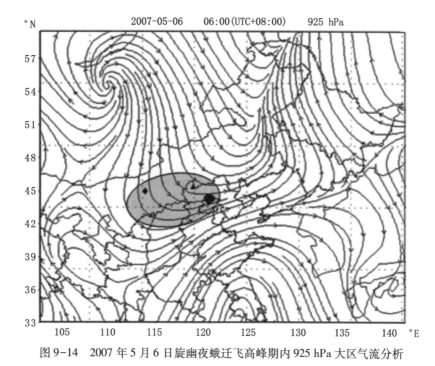

图 9-14　2007 年 5 月 6 日旋幽夜蛾迁飞高峰期内 925 hPa 大区气流分析

● 黑点为北京延庆雷达观测点,▲为河北康保县,◆为内蒙古四子王旗,阴影部分表示虫源同步区域

9.4　讨　论

　　3.2 cm 波长的雷达回波对体长 10 mm 的昆虫监测范围可以达到 1 000 m(Chapman et al.,2002),旋幽夜蛾成虫体长 15～19 mm,足以产生明显的雷达回波。垂直监测昆虫雷达和相关辅助设备自成功组建以来,于 2005—2007 年连续开展了 3 年的雷达观测,已经监测到典型的迁飞性昆虫主要有草

地螟、黏虫、棉铃虫、步甲等。国内利用扫描昆虫雷达对草地螟、黏虫、棉铃虫、天敌昆虫蜻蜓的迁飞也进行了一定的研究。国外利用昆虫雷达在研究昆虫迁飞、迁飞与大气边界层的关系（Reynolds et al.，2005）方面都取得了一定的研究成果，尤其是数据采集的自动化（Cheng et al.，2002），使垂直监测昆虫雷达逐渐走向自动化和网络化（Drake et al.，2002），雷达监测技术也逐渐走向成熟。在雷达回波目标种类辨别方面，英国、澳大利亚等雷达学家采用诱虫百分比>50%作为雷达目标昆虫。旋幽夜蛾高峰期灯下诱虫百分比基本都在50%以上，最高达到77.2%，雷达回波也具有明显增多现象，与探照灯内昆虫数量具有很高的一致性，故判断雷达目标昆虫为旋幽夜蛾。

2005年吉林省白城地区旋幽夜蛾的发生时间与甘肃和内蒙古中西部的发生时间基本一致，5月中下旬为成虫发生盛期，6月上旬为第1代幼虫为害期。但从1980—2002年历年20 cm土层平均地温来看，5月中旬白城以及整个东北地区的地温都不能满足越冬代蛹羽化的最低温度，虽然全球气温有变暖趋势，但据吉林省气象台报道：受高空冷涡和冷空气影响，2005年5月6—24日全省出现阶段性低温，居历史同期低温的第2位。白城地区此间平均气温与常年同期平均气温相比偏低0.2~0.9℃，因此，2005年5月中旬地温应不高于1980—2002年的平均地温，此次暴发虫源不可能是当地越冬虫源。据当地历史资料记载，旋幽夜蛾在吉林省未发现过有发生为害记载（安丽芬等，2005），即不可能有大批越冬虫源基数。据2005年5月下旬大区气流分析，偏南风比较盛行，为昆虫迁飞提供了有利的运载气流。可以初步判断，2005年吉林省白城地区旋幽夜蛾第1代幼虫的暴发是本地虫源的可能性不大，而是由越冬代地区成虫随气流迁飞所致。

2005年，吉林镇赉雷达观测场高空探照灯诱集到大量旋幽夜蛾成虫是在6月底和7月初，但在试验地点镇赉县作田间调查，当地并未发现大量成虫；地面灯诱集高峰晚于高空探照灯1 d，虫量一直不大。因此，探照灯内诱集到的大量旋幽夜蛾成虫应为高空飞行的昆虫而不是镇赉县本地虫源，根据旋幽夜蛾在白城地区通榆县和大安市幼虫暴发时间和生活周期，应为暴发地第1代成虫向外迁飞。迁飞高峰期内雌蛾卵巢发育进度整齐，发育级别较低，连续几天卵巢发育级别并没有显著的差异。田间幼虫食性较杂，能迁移为害（安丽芬等，2005）。雷达回波点的变化与高空探照灯诱集到的昆虫数量具有很高的一致性，进一步证明雷达监测到的目标昆虫为旋幽夜蛾，其飞行高度主要集中在500 m，飞行时间可以整夜持续飞行。上面几种现象表明，旋幽夜蛾成虫和幼虫都具有典型的迁飞昆虫生理特征。

2007年春季气温回升较早，各种病虫害的发生期也比往年提前，北京市延庆地区旋幽夜蛾迁飞发生在5月上旬和本年度气温有直接关系。雷达观测场高空探照灯诱集到大量旋幽夜蛾成虫发生在5月3—8日，峰值日期在5月6日。同期内蒙古四子王旗、河北康保出现蛾量增多，峰值日期同为5月6日，四子王旗、康保、延庆彼此之间的直线距离都在200 km左右，却出现大范围同期突增，这种现象只能用昆虫的迁飞来解释。高空探照灯主要诱集空中飞行的昆虫种类，空中种群降落后才能被地面灯诱集到，因此探照灯诱集高峰一般比地面灯早1~2 d。延庆雷达观测点探照灯内峰值日期与四子王旗、康保相同，说明探照灯内旋幽夜蛾与上述地区是同一批虫源的可能性很大。根据925 hPa大区气流分析，内蒙古四子王旗、河北康保及内蒙古的中西部风向都为西北方向，陕西、山西北部和甘肃等地风向基本为西南风向，都可能为延庆地区带来迁飞虫源。附近田间调查发现，由于当地农田大部分还没有进行春耕，旋幽夜蛾成虫量较少。5月中旬田间未发现旋幽夜蛾幼虫的危害，故判断此次监测到的旋幽夜蛾为过境迁飞，因当地缺少必需的食物来源而借助西南气流继续向东北方向迁飞扩散。另外，高空探照灯内诱集到的旋幽夜蛾成虫，卵巢发育级别普遍较高，这和其他常规迁飞性昆虫空中迁飞时的生理特征不同，对于旋幽夜蛾迁飞与卵巢发育是否存在不共轭现象还有待于进一步研究。由于旋幽夜蛾不属于测报范围内昆虫，目前记录此虫灯下虫情消长情况的测报站较少，建议各植物保护站加强对该害虫的测报，以早日弄清其迁飞为害规律。

第10章 稻飞虱夜间迁飞的
毫米波扫描雷达观测

10.1 稻飞虱简述

稻飞虱属于同翅目飞虱科昆虫,主要包括褐飞虱 *Nilaparvata lugens* Stål、白背飞虱 *Sogatella furcifera* Horváth 和灰飞虱 *Laodelphax striatellus* Fallén(图 10-1)。褐飞虱食性单一,仅以栽培水稻和野生稻为寄主(黄次伟等,1982);白背飞虱的食料主要是水稻,其次是游草、稗草等(杜正文,1983);灰飞虱主要寄生各种草坪禾草及水稻、麦类、玉米、稗草等禾本科植物。稻飞虱为害水稻,造成水稻失水萎蔫,形成"冒穿"或"虱烧"现象,并在取食过程中,传播病毒,严重影响水稻生产。近年来,稻飞虱在我国大部分稻区暴发成灾。华南稻区是我国主产稻区,也是稻飞虱主要发生分布区,其暴发是由于虫源基数高、强对流天气发生频繁、对农药的抗性增加和栽培制度改变所致(谢茂昌等,2007;王盛桥等,2006)。

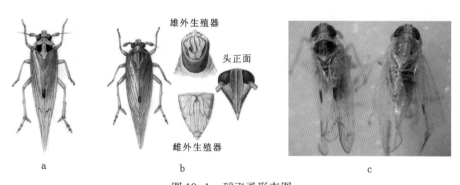

图 10-1 稻飞虱形态图

(a,b. 引自《灯下昆虫图鉴》,广西科学出版社 1995 年版;c. 引自南京农业大学程遐年)

a.白背飞虱 b.褐飞虱 c.灰飞虱

日本最早发现成群褐飞虱和白背飞虱越海迁飞现象(赖仲廉,1982)。20 世纪 80 年代,我国通过稻飞虱越冬调查,高山、飞机、海面捕捉,以及发生季节中虫源性质的解剖和气象资料分析,证明了褐飞虱和白背飞虱具有远距离迁飞的习性(南京农学院植保系等,1981)。已有研究表明,稻飞虱在亚洲的迁飞扩展到了 25 个纬距(15°N～40°N)、35 个经距(105°E～140°E)的广大范围(Sogawa,1997)。根据迁出地虫源性质研究、空中航捕、迁入地长翅雌虫卵巢解剖的结果,证实稻飞虱的迁飞发生在成虫幼嫩期,此时雌成虫的卵巢发育处于 1～2 级未成熟状态(陈若篪等,1979;全国白背飞虱科研协作组,1981;邓望喜,1981;刘芹轩等,1982;宋焕增,1984)。朱明华(1989)初步证实稻飞虱的天敌昆虫——黑肩绿盲蝽存在迁飞特性,且其发生峰次与稻飞虱同步。

温度和寄主是影响褐飞虱越冬的两个关键因素,水稻的生存下限温度0～ -2℃是褐飞虱在我国大陆越冬北界的温度指标(陈若篪等,1982)。褐飞虱在我国极少数地区可以少量越冬,一般在我国北纬25°以北地区不能越冬(程遐年等,1979)。罗肖南(1985)报道,白背飞虱在福建省1月份均温8~10℃左右地区以卵过冬,成为第2年田间白背飞虱的初始虫源(本章暂不涉及灰飞虱研究)。但是我国境内的稻飞虱越冬虫源不足以使我国广大稻区大量发生为害。因此,我国春夏季初次虫源主要是境外稻飞虱的远距离迁飞而至形成的。

　　国内外对褐飞虱的迁飞行为和迁飞轨迹研究较多,Rosenberg et al.(1983)运用电子计算机分析褐飞虱的迁移轨迹,之后,他用风速风向资料确定空气粒子的移动轨迹来模拟褐飞虱随风迁移的平面轨迹(Rosenberg et al.,1987)。Riley et al.(1994)应用大气输送与扩散模型对我国东部褐飞虱进行了二维迁飞轨迹模拟。翟保平等(1997)通过对雷达昆虫学和其他方法得到的研究成果的综合分析,提出了一套包括小型昆虫在内的风载昆虫迁飞行为的参数化方案。胡继超等(1997)和包云轩等(1999)利用中尺度气象数值预报模式分别计算出了褐飞虱在我国向南、向北迁飞的三维轨迹和四维轨迹,揭示了迁飞过程中气象背景要素场的时空变化。另外一些气象模型,例如Blayer(Turner et al.,1999)和GenSIM(Rochester et al.,1996),曾被分别用来研究褐飞虱在亚洲以及棉铃虫在澳大利亚的远距离迁飞。

　　昆虫雷达的应用,使我们能够监测到稻飞虱迁飞时的起飞与降落,以及在空中运行的高度等飞行参数。英国自然资源研究所(NRI)于20世纪80年代末至90年代初与南京农业大学合作,分别在江苏和江西省监测了中国东部稻飞虱和稻纵卷叶螟的秋季回迁,取得了一些研究成果,之后再也没有用雷达监测过水稻"两迁"害虫。

　　2007年6—10月,我们在广西壮族自治区兴安县利用中国农业科学院植物保护研究所新建成的毫米波扫描昆虫雷达系统及相关辅助设备对稻飞虱及其天敌的夏、秋季迁飞进行了监测,对其迁飞时间、飞行密度、飞行高度、成层现象及其与气象因素的关系进行了分析,利用HYSPLIT_4软件对桂东北地区迁入和迁出的稻飞虱虫源分别进行了逆推和顺推轨迹分析。下面以我们的观测研究为例对毫米波扫描昆虫雷达的监测应用作一介绍和分析。

10.2　虫情信息

10.2.1　灯下白背飞虱和褐飞虱数量动态分析

　　广西兴安县植物保护站2005年和2006年灯下数据表明,这两年白背飞虱的迁入期均早于褐飞虱。我们在2007年的观测亦如此。从2007年4月开始,稻飞虱陆续迁入桂东北地区,地面测报灯内白背飞虱始见期为4月中旬至下旬,褐飞虱为5月初。探照灯诱虫器内的诱虫结果表明(表10-1):2007年白背飞虱和褐飞虱各有5个明显的飞行时期,各个飞行时期诱虫数量有很大的变化。白背飞虱发生明显飞行的第1个时期,即5月22日—6月1日,其诱虫数量远高于其他时期,其发生时间比褐飞虱提前近1个月;第2个时期,即6月14—21日,诱虫数量较低;这个时期以后一直至第3个时期以前,白背飞虱数量呈递减趋势。而褐飞虱在第2时期(7月22—28日)发生数量很大,明显高于其他时期;第3时期,即8月13—23日,白背飞虱与褐飞虱峰期时间基本一致,但二者数量差异明显,褐飞虱数量高于白背飞虱;最后两个时期,是稻飞虱回迁代的发生时期,白背飞虱与褐飞虱峰期时间一致,褐飞虱数量明显高于白背飞虱。

表 10-1　2007 年 4—5 月探照灯下白背飞虱和褐飞虱各代成虫发生情况的比较

虫　名	始见期(月-日)	代　数	峰　次	峰期(月-日)	高峰日(月-日)	平均诱虫量/头
白背飞虱	04-15—04-28	2	Ⅰ	05-22—06-01	05-02, 05-31	9 025
		3	Ⅱ	06-14—06-21	06-16	847
		5/回迁	Ⅲ	08-19—08-23	08-20	2 945
		回迁代	Ⅳ	09-25—09-28	09-26	708
		回迁代	Ⅴ	10-04—10-06	10-05	533
褐飞虱	05-06—05-14	3	Ⅰ	06-20—06-26	06-21	901
		4	Ⅱ	07-22—07-28	07-25	11 303
		5/回迁	Ⅲ	08-13—08-23	08-13, 08-20	6 913
		回迁代	Ⅳ	09-25—09-28	09-26	2 704
		回迁代	Ⅴ	10-04—10-66	10-05	2 249

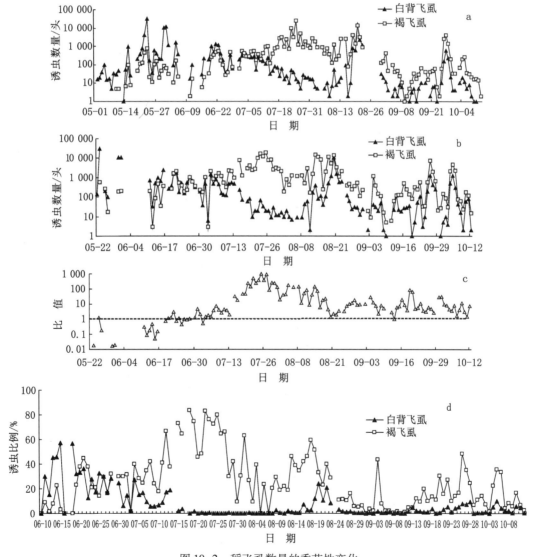

图 10-2　稻飞虱数量的季节性变化

a,b.示 2007 年 5—10 月地面灯(a)、探照灯(b)诱虫器内白背飞虱和褐飞虱数量的季节性变化　c.探照灯内褐飞虱
与白背飞虱数量的比值动态　d.探照灯内褐飞虱、白背飞虱占总诱虫数的百分比动态

图 10-2a 和 10-2b 显示地面灯与探照灯内诱到的稻飞虱数量随季节变化明显,6 月初、7 月中下旬和 8 月中下旬均为稻飞虱迁飞盛期,灯下出现高峰的次数明显多于其他时期,进入 9 月份后,灯下出现峰期时间短,且次数减少。灯下诱虫峰日时,稻飞虱虫量都会突增,之后数量减少。图 10-2c 显示灯下两种飞虱种群动态的消长,稻飞虱刚刚迁入当地时,白背飞虱数量占优势,且远高于褐飞虱,但随着稻飞虱的不断迁入,褐飞虱数量不断增加,6 月中旬以后,褐飞虱和白背飞虱数量变化呈现相反的趋势,7 月下旬两者数量之比甚至达到 1 000∶1 左右,8 月初白背飞虱数量开始上升,之后两者数量变化趋势一致,但褐飞虱数量始终高于白背飞虱。

10.2.2 稻飞虱大田起飞观察

2007 年 6 月 19 日和 20 日,于每天 18∶20—20∶00 观察田间笼罩纱网上稻飞虱虫量的变化,发现稻飞虱基本是白背飞虱,18∶30—19∶10 白背飞虱数量多于其他时刻。7 月 22 日和 24 日,19∶00—20∶00 田间笼罩试验发现,褐飞虱大量起飞,笼罩网上的数量在朦影时刻明显增高,且解剖发现卵巢发育都是 2 级以下(图 10-3),说明褐飞虱正从当地往外迁出。

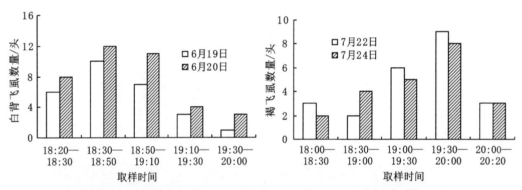

图 10-3　2007 年 6 月和 7 月观测日田间笼罩中稻飞虱起飞数量变化

10.2.3 稻飞虱迁飞中的性比和卵巢发育进度

封洪强(2003)认为,一般情况下,昆虫种群的雌雄性比值为 1,在雌性比雄性迁飞能力强的情况下,随着迁飞距离的增加,雌性所占的比例逐渐增加。当诱虫地点不变,昆虫的迁出地随时间的推移逐渐接近诱虫地点,诱到的昆虫种群的雌雄性比值呈现由 =1、<1 到 >1 的转变。

对稻飞虱的性比研究中,发现当稻飞虱春夏季刚迁入时,探照灯内雌雄性比值均 >1,而稻飞虱在当地为害繁殖,并在不断向外迁出时,性比变化复杂,表现为趋势波动快、性比差值大。2007 年 8 月 20、22 日,稻飞虱虫量发生高峰日,探照灯内褐飞虱与白背飞虱雌雄性比值分别达到 7.3、11.5,地面灯内雌雄性比值也 >1,说明当日诱集到的稻飞虱绝大部分是从外地迁入的(图 10-4)。

为了了解监测点水稻稻飞虱的虫源性质,我们应用系统解剖雌虫卵巢发育的状况加以区分,结果显示,稻飞虱出现了几次典型的迁入和迁出过程(表 10-2)。由表 10-2 可见,5 月 23 日白背飞虱发生高峰期,灯下雌虫的卵巢 2 级个体占 79.5%,3 级以上个体占 18.4%;5 月 30 日,田间取样解剖雌虫发现,卵巢发育 1 级的个体占 18.5%,2 级个体占 31.0%,3 级以上的个体占 50.5%,交配率很高,说明白背飞虱从外地大量迁入,迁入后开始在田间取食发育。7 月 11 日田间调查发现,褐飞虱雌成虫卵巢发育 1 级个体占 57.8%,2 级个体占 42.0%,而且 5 龄若虫占总若虫数的 70%～80%。有研究表明,7 月份褐飞虱 5 龄若虫发育历期为 5 d(吴以宁,1980)。7 月 18 日田间随机取雌虫进行解剖,发现 82.3% 的成虫卵巢发育处于低级。7 月 21 日左右,监测区的早稻田水稻陆续成熟,灯下褐飞虱虫量突增,说明褐飞虱正盛发迁出。灯下数据显示,8 月中下旬灯下稻飞虱虫量发生突增突减现象,8 月 18—23 日,灯下解剖褐飞虱和白背飞虱雌虫生殖系统发现:卵巢发育非常整齐,2 级个体数量显著高于其他发育级别,这个时期灯下诱到的飞虱是由外地迁入的。而 8 月 10 日和 15 日田间褐飞虱卵巢发育 1 级和 2 级个体比例分别为 56.5%、55% 和 30%、20%,白背飞虱数量很少,说明田间第 5 代褐飞虱正在迁出;而白背飞虱基本是从外地迁入的。回迁代的两次峰期卵巢发育均以 2 级占绝对比例。

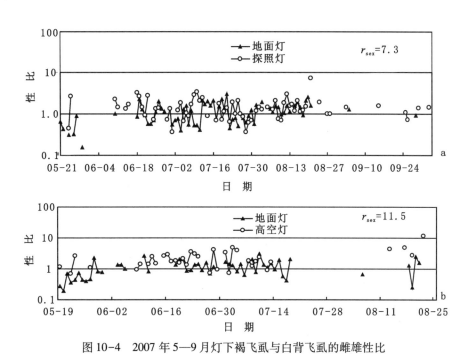

图 10-4 2007 年 5—9 月灯下褐飞虱与白背飞虱的雌雄性比

a. 褐飞虱雌雄性比 b. 白背飞虱雌雄性比

表 10-2 2007 年 5—9 月田间和探照灯下稻飞虱雌虫卵巢发育状况 %

种类	虫源性质	日 期（月-日）	发育级别					
			1 级		2 级		3~5 级	
			灯下	田间	灯下	田间	灯下	田间
白背飞虱	迁入	05-23	2.0		79.5		18.4	
		05-30		18.5		31.0		50.5
		08-19-8-21	4.5		85.5		10.0	
		09-26—09-27			87.6		12.4	
褐飞虱	迁入	08-18—08-21	3.0		78.0		19.0	
		08-10		56.5		30.0		13.5
		08-15		55.0		20.0		25.0
		09-26—09-27			91.0		9.0	
	迁出	07-11		57.8		42.0		0.2
		07-18		68.0		14.3		17.8
		07-24—07-25		41.7		50.0		8.3
		07-23—07-27	24.5		72.5		3.0	

10.2.4　稻飞虱与天敌的关系

研究期间,探照灯下发现稻飞虱的天敌——黑肩绿盲蝽与稻飞虱种群发生有着密切的关系。如图 10-5 所示,灯下黑肩绿盲蝽的始见期迟于稻飞虱,7 月中旬以后其迁入、迁出高峰基本同步于褐飞虱,8 月中旬后高空探照灯下褐飞虱、白背飞虱和黑肩绿盲蝽的诱虫量趋势一致。这表明黑肩绿盲蝽有明显的伴迁现象。

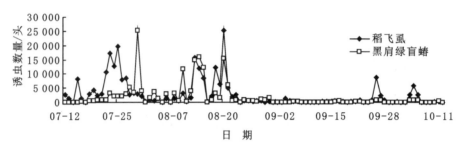

图 10-5　2007 年 7—10 月探照灯内黑肩绿盲蝽与稻飞虱逐日诱虫情况

10.3　雷达监测结果

雷达监测数据选取稻飞虱迁飞峰期时的数值进行分析,由于 5 月中下旬白背飞虱数量占优势时没有雷达数据,而 8 月 20 日左右两种飞虱的数量同时达到高峰,且数量相近,因此结果分析中没有分别讨论褐飞虱和白背飞虱,而是统一成稻飞虱来研究。

10.3.1　目标识别

由探照灯诱虫器的诱虫结果(图 10-2b、图 10-2d)可知,在稻飞虱迁飞的各个时期,其他种类昆虫的数量都远不及稻飞虱,因此可以确定在稻飞虱成虫迁飞盛期雷达监测到的目标主要是由稻飞虱组成的。

10.3.2　2007 年第 4 代稻飞虱成虫的迁飞

1. 雷达回波点数量的夜变化

2007 年 7 月中下旬是第 4 代褐飞虱成虫发生盛期,成虫大量迁出,连续几夜的雷达监测和田间笼罩监测显示,稻飞虱日落后(19:00 左右)开始起飞,朦影时刻前后起飞达到高峰,这一时期的朦影时刻为 19:20—19:45。雷达屏幕上回波点数量在 19:10 左右开始迅速增多,约 30 min 以后数量达最多,当外地昆虫不断过境迁飞,屏幕回波点数量一直保持较大的值至第 2 日 02:00,之后逐渐减少,而没有过境迁飞的昆虫时,回波点数量在达到峰值后,迅速下降。05:30 以后,雷达屏幕回波点数量再次增加,30 min 以后达到峰值,但要低于朦影时刻的数量,此结果证实了稻飞虱迁飞具有"晨昏双峰"的特征(图 10-6)。

7 月 22、23 日分别在 22:30 和 21:00 出现了雷阵雨天气,降水过后,雷达回波点数量依然很大,这说明短时间、局部空间的降水没有阻碍整个迁飞种群,大量未遇到降水的昆虫仍继续迁飞,而途经雨区的昆虫在下沉气流和降水作用下大量降落。7 月 22 日探照灯内分时段取虫结果表明,诱虫量在降水前出现高峰,占整个诱虫量的 82.7%。

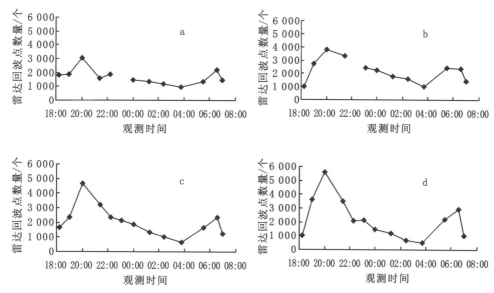

图 10-6　2007 年 7 月 22—26 日雷达回波点数量夜间变化

a,b,c,d.分别为 7 月 22—23 日、7 月 23—24 日、7 月 24—25 日和 7 月 25—26 日观测结果

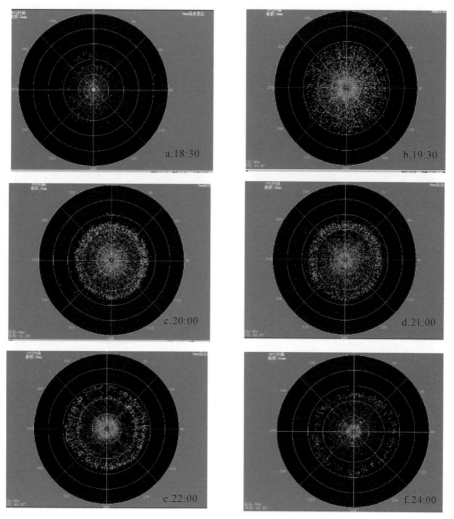

图 10-7　2007 年 7 月 25 日雷达监测褐飞虱夜间飞行动态的 PPI 图像

2. 迁飞高度和成层

稻飞虱大量起飞后,很快爬升至高空,飞行最高高度可达到 2 200 m。7 月 25 日 PPI 图像显示(图 10-7),稻飞虱起飞 1 h 以后,随着回波点数量逐渐增多,其呈现高度也增加,但没有成层现象出现;当起飞迁出过程基本结束后,600~1 200 m 高度层的回波点开始减少,可以明显看到在高度 1 200~2 000 m 处出现成层现象;22:30 以后,低层回波点数量越来越少,但高层的回波点还保持一定的数量,这是从距离监测点较远的地方迁出的昆虫过境引起的。

10.3.3   2007 年第 5 代稻飞虱成虫的迁飞

2007 年 8 月中下旬,灯下稻飞虱种群动态分为两个时期,第 1 个时期,即 8 月 13—15 日,当地褐飞虱向外迁出,引起灯下数量突增;第 2 个时期,即 8 月 18—21 日,灯下褐飞虱和白背飞虱数量同时突增,卵巢发育表明(表 10-2),此时灯下稻飞虱数量突增主要是由外地大量迁入的种群引起。雷达监测到这两个时期的回波点数量明显增多,但夜间变化趋势却不同。8 月 14 日、15 日 00:00 后有降水,取消雷达监测数据。

目标昆虫数量在空间的垂直分布表现为不同高度回波点数量在夜间的变化动态。雷达监测显示,褐飞虱起飞迁出后,很快向高空爬升,飞行高度最高可以达到 1 900 m 左右(图 10-8a、b)。雷达回波点数量主要集中在 400~700 m、700~1 000 m 和 1 100~1 700 m 高度层,这说明褐飞虱选择在此范围内成层飞行,其迁飞层顶变化于 700~1 900 m 之间。褐飞虱迁飞高峰期,几乎每晚都可以监测到

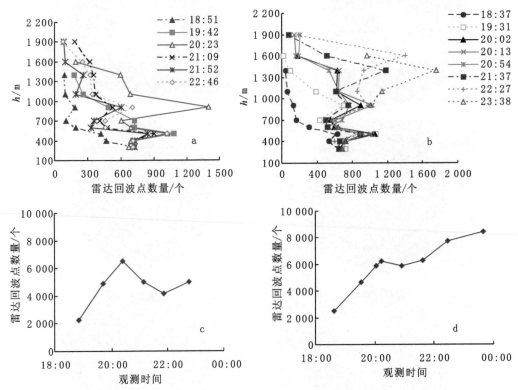

图 10-8   2007 年 8 月 13 和 14 日褐飞虱起飞后雷达回波点数量夜间变化

a,b. 分别示 8 月 13、14 不同空间高度上雷达回波点数量的夜间变化

c,d. 分别示 8 月 13、14 日整个迁飞空间层上雷达回波点数量的夜间变化

在 1 400～1 900 m 左右高度层上昆虫集聚分布。褐飞虱起飞迁出高峰在 20：30 左右,之后低空昆虫起飞不断减少,但是在离雷达监测点不远的地方,由于仍有昆虫起飞迁出,引起监测区域空中迁飞昆虫的密度不断增加;另外,昆虫的过境迁飞使得夜间空中垂直分布的昆虫种群数量在长时间内保持高密度的状态(图 10-8c、d)。

褐飞虱刚起飞迁出时,低空运行的昆虫数量较大;随着迁飞行为的发展,飞虱会主动爬升至较高的高度,这个高度是利于飞虱飞行的风温场,因此雷达监测会发现高空的昆虫回波点不断增加,由于空间昆虫种群数量不断增加,各个高度层的回波点数量一直呈上升趋势(图 10-9)。

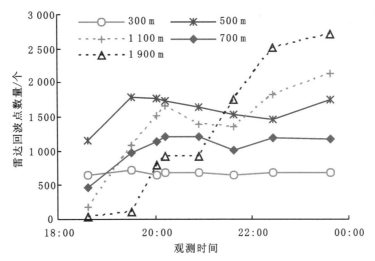

图 10-9 2007 年 8 月 14 日褐飞虱黄昏起飞后不同空间高度上雷达回波点数量变化

8 月 20—21 日,雷达监测结果显示,日落前(17：31)低空昆虫回波点密度不大,但在高度 1 100 m 处出现昆虫空中飞行成层现象,表明此刻正有昆虫过境迁飞;18：21 以后,该高度层回波消失,低空 500 m 的回波点数量增多,但很快减少;20：30—23：00 时,空中昆虫种群在 1 400～2 000 m、700～1 400 m 成层分布,且密度高于低层,说明当地昆虫迁出的数量远远小于过境迁飞的种群数量(图 10-10a)。00：00 以后,空中昆虫种群数量较少,雷达回波点数量也相应减少,但仍保持一定的数量(图 10-10b)。

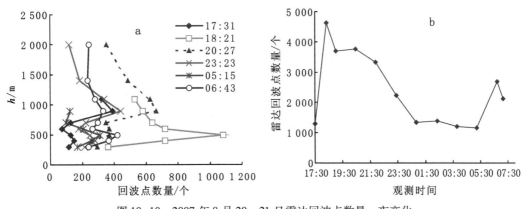

图 10-10 2007 年 8 月 20—21 日雷达回波点数量一夜变化
a. 不同空间高度上雷达回波点数量的夜间变化   b. 整个迁飞空间层上雷达回波点数量的夜间变化

10.3.4 2007年稻飞虱回迁代的雷达监测

2007年9月26—27日,雷达监测到稻飞虱典型的回迁时空中种群动态。这个时期监测点地区的水稻已经黄熟,成虫量很少,表10-2显示灯下稻飞虱的卵巢发育以2级为主,所以灯下稻飞虱以迁入虫源为主。图10-11a和图10-11b显示稻飞虱秋季回迁时,具有"晨昏双峰"现象。

在一些夜晚观察到稻飞虱飞行最高高度达到1 800 m,但多数夜晚飞行高度主要集中在1 500 m以下;稻飞虱集聚成层高度主要在500~800 m和900~1 100 m,且成层厚度低于夏季。

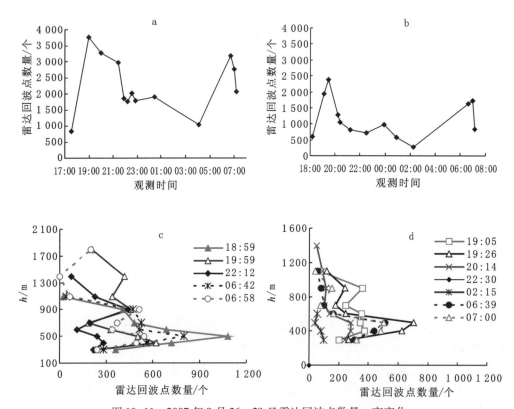

图10-11　2007年9月26—28日雷达回波点数量—夜变化

a,c.9月26—27日整个迁飞空间层上和不同空间高度上雷达回波点数量的夜间变化
b,d.9月27—28日整个迁飞空间层上和不同空间高度上雷达回波点数量的夜间变化

10.4 气象数据

10.4.1 低空单点气流

2007年7月13—10月1日,观测点测风结果显示,8月8日前低空风向主要盛行偏南或西南风,提供了稻飞虱北迁的气流,之后的东北或偏北风提供了稻飞虱由北向南回迁的气流(图10-12)。

10.4.2 大气动力场分析

我国春、夏季的西南风与秋季的东北风给稻飞虱这类风载的小型迁飞性昆虫起着运载作用,而副热带高压和大陆高压季节性的南北进退,则推动了冷暖气团在我国各稻区的交汇,并形成了锋面活动,这为稻飞虱的迁飞及降落创造了条件(江广恒,1981)。为了研究 2007 年广西兴安地区稻飞虱几次典型的迁入和迁出过程与大气动力场的关系,我们选择了对昆虫空中飞行影响明显的 850 hPa 等压面上的气流场进行相关分析(图 10-13)。

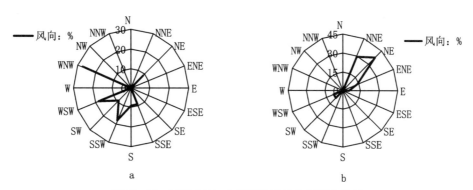

图 10-12　2007 年 7—9 月稻飞虱迁飞气流变化图

a.7 月 25—8 月 8 日的风向玫瑰图　b.8 月 9—9 月 30 日的风向玫瑰图

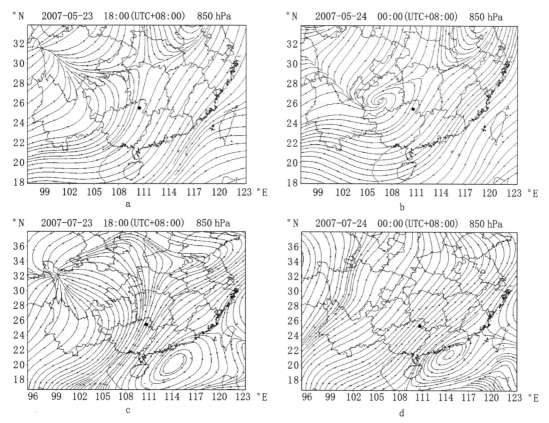

图 10-13　2007 年 5 月和 7 月观测日 850 hPa 等压面上的水平气流场

a.5 月 23 日 18:00 的水平气流场　b.5 月 24 日 00:00 的水平气流场

c.7 月 23 日 18:00 的水平气流场　d.7 月 24 日 00:00 的水平气流场

图中黑点为广西兴安雷达观测点

1. 稻飞虱北迁与高空气流场的关系

2007 年 5 月中下旬首次发生稻飞虱的迁入高峰,连续几天的风场图显示(图 10-13a、b):华南及其以南地区、中南半岛主要盛行西南风和偏南风,稻飞虱正是在强西南气流的运载下迁移,由广西南部和中南半岛向北迁入桂东北地区。与广西地区稻飞虱同期突增的有广东中南部、湖南西南部以及云南东南部。

2007 年 7 月中下旬,兴安地区水稻黄熟,田间稻飞虱大量迁出,雷达监测和虫情数据均显示了这一情况。850 hPa 等压面的水平气流场分析表明,这时期的 850 hPa 水平气流场对稻飞虱北迁较为有利,青藏高原以东,10°N~32°N 之间的我国大陆均为一致的偏南气流,这对稻飞虱的大量向江淮地区和淮北稻区的迁入十分有利(图 10-13c、d)。这次偏南气流引起了湘赣地区稻飞虱的迁入高峰。

2. 稻飞虱由北向南迁飞与气流场的关系

2007 年 8 月中下旬,稻飞虱开始南迁,这是由于该年的环流形势由夏季型过渡到秋季型的时间早,北风成分的增长速度快,所以稻飞虱首次南迁的时间也早,而且回迁初期,锋面天气型占主导地位,这为稻飞虱南迁迁入提供了气象条件。

2007 年第 9 号热带风暴"圣帕"于 8 月 18 日夜间在福建省沿海登陆。受"圣帕"外围气流影响,湘、赣、桂、粤地区在此期间出现了持续的东北风和北风,风速较强(图 10-14)。虫情数据显示,这 4 个地区稻飞虱同期突增,且数量相当大,我们采用 ArcGIS 8.3 绘制了这一高峰期褐飞虱的地理分布图(图 10-15)。

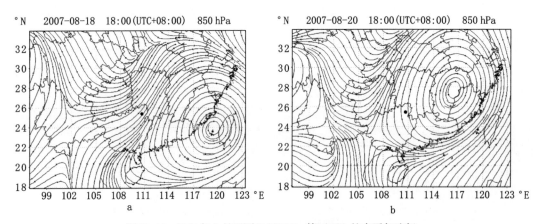

图 10-14　2007 年 8 月观测日 850 hPa 等压面上的水平气流场

a.8 月 18 日 18:00 的水平气流场　b.8 月 20 日 18:00 的水平气流场

图中黑点为广西兴安雷达观测点

9 月 26—27 日,虫情显示,褐飞虱回迁代迁入,此时秋季环流型已经建立,大陆高压取代了西太平洋副高压的控制,迁入地属于大陆高压天气型。850 hPa 和 925 hPa 等压面上水平气流场显示这两天监测区域上空主要刮东南风(图 10-16)。迁入的虫量可能来自福建西南部和江西南部的稻区。

10.5　稻飞虱北迁南回的轨迹分析

本试验在研究稻飞虱的飞行轨迹时,采用由 NOAA Draxler 等开发的供质点轨迹、扩散及沉降分析用的综合模式系统 HYSPLIT_4,假设空中昆虫为惰性粒子来研究其空中运行轨迹。封传红等

(2001)提出,根据迁飞能力可将褐飞虱种群分为居留型、迁飞型、强迁飞型和再迁飞型数种,其中强迁飞型褐飞虱在室内吊飞时间达到 160 min 以上,在特定气流的运载下可以飞行上百万米;国外研究发现,褐飞虱可以飞行 30 h,在特定气流的运载下可以飞行上百万米。因此研究稻飞虱的迁飞轨迹时,我们设定迁飞的时间段为 12 h 和 24 h。

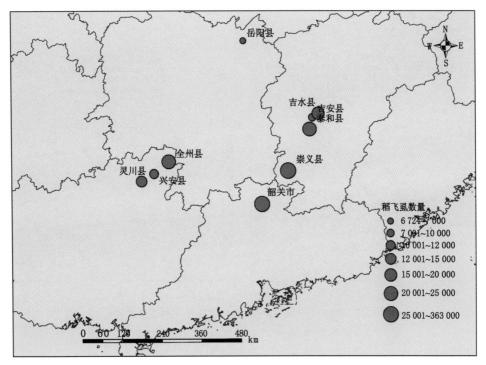

图 10-15　2007 年 8 月 20 日湘、赣、桂、粤地区稻飞虱发生分布图

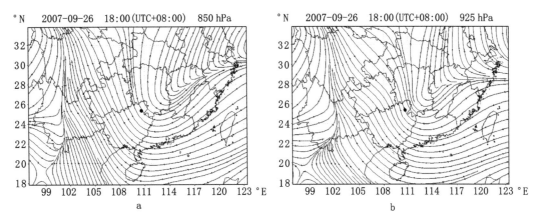

图 10-16　2007 年 9 月 26 日 18:00 时 850 hPa 和 925 hPa 等压面上的水平气流场

a. 850 hPa 等压面上的水平气流场　b. 925 hPa 等压面上的水平气流场

图中黑点为广西兴安雷达观测点

为了推测在黄昏从桂东北起飞的稻飞虱可能的降落区,我们建立了顺风轨迹。稻飞虱的迁出轨迹分析如图 10-17 所示。稻飞虱迁飞高峰期,几乎每晚都可以监测到在 1 400～1 900 m 左右高度层上昆虫集聚分布,因此选取 850 hPa 高度层桂东北部地区内分布均匀的 10 个格点,它们的经纬度坐标分别为 25.55°N,111.03°E;25.53°N,110.56°E;25.49°N,110.50°E;25.46°N,111.01°E;25.36°N,

110.39°E；25.23°N，110.36°E；25.16°N，110.16°E；24.59°N，109.58°E；25.46°N，110.00°E；24.59°N，109.58°E。起始时间分别是2007年7月23日18:00，用轨迹模式顺推出12 h和24 h的质点轨迹。7月23日晚，地面和高空有一股强烈的西南风，其轨迹表明从桂东北迁出的稻飞虱如果整夜飞行，可能到达安徽省和湖北省，较近的将在湖南省和江西省境内降落。湖南省和江西省灯下虫情数据(全国农业技术推广服务中心提供)显示，在7月23—24日发生了大的迁入峰，这与推论基本吻合。

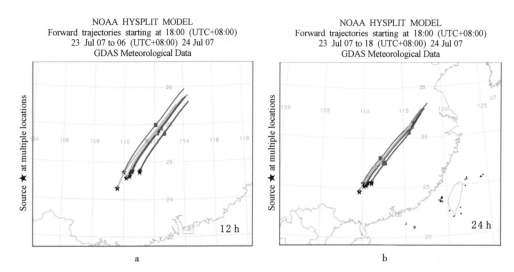

图10-17　2007年7月23—24日稻飞虱迁飞的顺推轨迹分析
a.7月23日18:00—7月24日06:00稻飞虱的顺推轨迹
b.7月23日18:00—7月24日18:00稻飞虱的顺推轨迹

为了了解秋季稻飞虱由北回迁的迁出地，研究中建立了逆风轨迹。与顺风轨迹设置一样，选取桂东北地区均匀分布的10个格点，起始时间是8月21日00:00，逆推12 h和24 h的质点轨迹。图10-18 a显示，逆推12 h即8月20日12:00，稻飞虱黄昏起飞经过12 h到达桂东北地区，起飞点应该是湖南西部稻区；图10-18b显示，逆推24 h即8月20日00:00，起飞地落在湖北中部的稻区；图10-15显示，8月20日湖南省部分地区和桂东北地区的灯下稻飞虱数量同期突增。

10.6　讨　论

2007年6—10月，本研究利用毫米波扫描昆虫雷达监测稻飞虱空中的种群动态，结合灯下虫情数据、雌虫的卵巢发育进度以及田间笼罩观察，分析了当地虫源性质、田间飞虱的起飞时间，有力支持了雷达数据的分析结果；选取稻飞虱典型的迁飞过程，使用大气动力场数据分析了气象要素与迁飞场的关系，分析了稻飞虱迁出迁入的可能轨迹。

雷达监测表明，稻飞虱具有"晨昏双峰"的迁飞规律，集中在朦影时刻前后和黎明起飞，起飞迁出半个小时左右，雷达回波点数量最多，之后稻飞虱集聚成层飞行。夏季稻飞虱空中迁飞层顶变化于700~1 900 m之间，褐飞虱迁飞高峰期，几乎每晚都能监测到在1 400~1 900 m左右高度层上昆虫集聚分布，飞行最高高度可以达到2 200 m。秋季稻飞虱空中飞行高度低于夏季，雷达监测显示，9月中下旬稻飞虱成层高度主要集中在700～1 200 m,但最高高度仍可以达到1 800 m。稻飞虱迁出时,雷达监测到回波从显示屏中心开始,向四周铺展。起飞后一段时间,稻飞虱在一定高度上形成迁飞层次(环状回波)后,才集群成层状飞去。当有过境虫源时,环状回波可以持续3 h,此时低空的回波点数量较少。秋季稻飞虱迁入时,雷达监测表明早秋时稻飞虱迁入依然具有"晨昏双峰"的特点,黎明前可以监测到过境迁飞时的环状回波,但数量不大。随着监测时间的推移,温度降低,清晨雷达监测不到大量昆虫空中的飞行,稻飞虱飞行呈现"单峰型"特征。整个雷达监测期间,在稻飞虱的迁飞高峰很少发现有"哑铃"型回波。

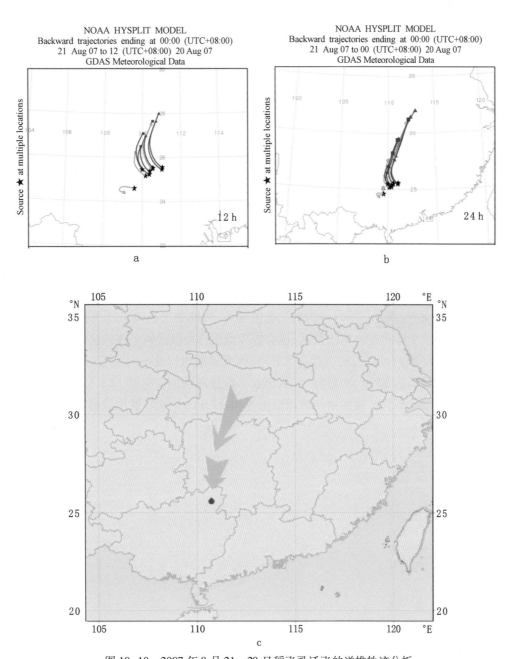

图 10-18　2007 年 8 月 21—20 日稻飞虱迁飞的逆推轨迹分析

a.8 月 21 日 00:00—8 月 20 日 12:00 稻飞虱的逆推轨迹　b.8 月 21 日 00:00—8 月 20 日 00:00 稻飞虱的逆推轨迹

c.8 月 20 日稻飞虱由湖北中部稻区向桂东北地区迁飞示意

程遐年等(1979)研究发现,稻飞虱夏季起飞迁出呈现"晨昏双峰"特征,早晨起飞量较少,白天稻飞虱的空中密度仅为夜间的5%。邓望喜(1981)研究了稻飞虱迁飞规律,结果表明,稻飞虱迁飞时,夏季在300~2 500 m、秋季在100~1 500 m的各高度层中均有分布,但密度极不均匀;夏季稻飞虱适宜迁飞高度在1 500~2 000 m,秋季在500~1 000 m。南京农业大学与英国自然资源研究所于1988—1991年使用毫米波昆虫雷达监测稻飞虱秋季回迁的研究表明,稻飞虱秋季迁飞层顶高度为800~1 100 m,很少扩展到1 500 m(邓望喜,1981)。在本研究中,雷达监测到夏季稻飞虱迁飞的最高高度在2 200 m,在此高度以上基本没有稻飞虱的分布;秋季稻飞虱飞行的最高高度可以达到1 800 m,1 500 m高度左右稻飞虱依然有分布。

胡国文等(1995)提出黑肩绿盲蝽与褐飞虱共同存在时,有促进后者迁出的现象。黑肩绿盲蝽是稻飞虱的天敌,本研究证实黑肩绿盲蝽具有伴随迁移的行为,尚有待于进一步的试验来明确其飞行高度及空中种群分布状态。

稻飞虱的迁飞离不开一定的气象背景,地面上气象要素场的分布是与高空的环流形势和大气动力场的演变密不可分的。稻飞虱迁出盛期,地面和高空都处在西南气流的控制下;由北向南迁入时,无论是受热带风暴的影响,还是遭遇秋季盛行的气流,在监测点上空都是以东北风或偏北风为主。但据9月中下旬的回迁气流分析,高峰日的850 hPa和925 hPa等压面上其水平气流场均是以东南风为主。因此,研究稻飞虱的迁出地需要更多的数据来进行分析。

许多夜行性昆虫往往是通过连续几夜的夜间飞行,而非一次连续飞行到达新栖息地的。其中,每夜飞行的起止时间一般取决于迁飞个体对温度和光的反应。此外,迁飞个体间飞行力的差异也使其飞行持续时间参差不一,表现为空中种群的密度随迁出距离的增加而渐减(程遐年等,1979;Riley et al. ,1983)。翟保平(1992)根据国内外的室内和田间试验,海捕、空捕和高山网捕以及雷达监测的结果,认为稻飞虱迁飞种群的绝大多数个体是在黄昏起飞,飞行一夜后降落,飞行时间约12 h。因为"同期突发"并非同一天突发,而是一个时段内的大范围突发,故推测出褐飞虱迁飞种群的大多数个体在迁飞一夜后降落,少量个体再迁飞到波及区,也会有少量飞行力极强的个体经连续飞行到达波及区甚至边缘区。程极益等(1994)提出,褐飞虱起飞升空后,大多数飞行几小时后着陆,但有一部分飞行能力强的可继续飞行,最长达30 h。本研究中,从起点开始分别顺推或逆推12 h与24 h研究褐飞虱的降落区域或虫源地,根据研究区域的虫情数据分析可知,12 h的顺推和逆推轨迹与稻飞虱实际飞行情况相吻合。

第11章 稻纵卷叶螟夜间迁飞的
毫米波扫描雷达观测

11.1 稻纵卷叶螟简述

稻纵卷叶螟 *Cnaphalocrocis medialis* Guenee 属鳞翅目螟蛾科昆虫(图 11-1)。该虫以幼虫缀丝纵卷水稻叶片成虫苞,幼虫匿居其中取食叶肉,仅留表皮,形成白色条斑,严重时"虫苞累累,白叶满田",导致水稻千粒重降低,秕粒增加,造成减产(李云瑞,2002)。稻纵卷叶螟广泛分布于亚洲和东非水稻产区。在我国,除新疆和宁夏以外,所有水稻产区均有该害虫分布,但是在发生程度上存在明显的地域差别,主要为害区在秦沂山至秦岭一线以南地区(张孝羲等,1980、1981)。该虫属于间歇性暴发害虫,发生程度年度间波动很大,地域、田块间发生分布也极不均匀(石尚柏等,1997;全国稻纵卷叶螟研究协作组,1981)。据全国农业技术推广服务中心(2011)数据,本世纪初以来,该虫发生面积及危害程度明显加剧,2001—2010 年年均发生 2 000 万 hm² 次,造成水稻产量损失年均 74.2 万 t,比 1990—2000 年年均值分别增加 51.5% 和 119.8%。另据刘宇等(2008)报道,2007 年和 2008 年受虫源基数、气候因子、种植条件等因素影响,该虫在我国南方稻区大发生,全国发生面积分别达 2 530 万和 2 466.67 万 hm²,其中贵州、湖北、湖南、广西、江西等地田间虫量之高为历史上所罕见,对我国水稻生产产生了严重危害。

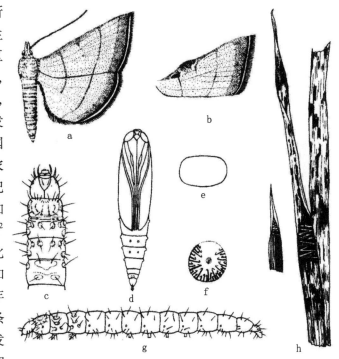

图 11-1 稻纵卷叶螟形态及水稻被害状

(仿浙江农业大学)

a.成虫(雌) b.成虫前翅(雄) c.幼虫头、胸腹面

d.蛹 e.卵 f.腹足趾钩 g.幼虫 h.水稻被害状

稻纵卷叶螟难以防控的主要原因在于其迁飞性,大规模迁飞习性使该虫的危害具有突发性,监测预警难度极大,往往因猝不及防而造成重大损失。掌握稻纵卷叶螟的迁飞规律和发生规律,对其监测预警和有效防控有重要的意义。由于迁

飞性害虫在行为上的特殊性,需有专门设备才能对其迁飞过程进行直接监测和定量分析。昆虫雷达是研究昆虫迁飞过程的一种革命性工具(翟保平,2001),已成功地应用于甜菜夜蛾、棉铃虫、草地螟等重要害虫迁飞规律的研究(Feng,2003、2005;张云慧等,2008)。20世纪80年代末至90年代初,英国自然资源研究所和南京农业大学利用毫米波扫描昆虫雷达在中国江西省开展了首次稻纵卷叶螟迁飞的雷达观测(Riley et al.,1995);之后,高月波等(2008)于2007年7—9月利用多普勒昆虫雷达在江淮稻区稻纵卷叶螟大发生期间,对其迁飞活动进行了雷达监测。

上述2次观测均获得了关于稻纵卷叶螟的飞行参数,为研究稻纵卷叶螟的迁飞轨迹提供了基础数据。但是,这2次观测均集中在中国东部地区,对稻纵卷叶螟在中国其他地区迁飞的雷达观测尚未见相关报道。

华南地区是稻纵卷叶螟境外虫源迁入中国的第1站,每年3—5月稻纵卷叶螟随西南气流开始北迁、陆续降落并为害华南地区水稻,在早稻上繁殖后不断向北部稻区迁飞(全国稻纵卷叶螟研究协作组,1981)。广西东北部"湘桂走廊",是稻纵卷叶螟在中国南北往返迁飞的必经之路,也是稻纵卷叶螟迁飞事件频发区和主要繁殖为害地,同时也是长江中下游稻区的主要虫源地之一,地理位置十分重要(蒋春先等,2011)。对该地区稻纵卷叶螟的飞行参数和迁飞轨迹进行深入研究,是实现对该虫精确化预警的重要前提。

2007年8—9月,我们利用中国首台毫米波扫描昆虫雷达及相关辅助设备在广西兴安县对稻纵卷叶螟迁飞进行了监测,对我国华南地区稻纵卷叶螟的空中飞行参数进行了研究,并运用HYSPLIT平台对监测到的迁出种群进行迁飞轨迹分析,以期为该虫的预测预警提供依据。

11.2 雷达观测期间灯下诱蛾情况

2007年8月30—9月13日,探照灯诱虫器和佳多灯诱捕稻纵卷叶螟数量出现明显动态变化(图11-2)。9月4—8日,两灯同时出现诱虫高峰。9月4日探照灯诱虫器内稻纵卷叶螟数量为876头,较前日突然增加8.66倍,此后诱虫量持续增加,到9月6日稻纵卷叶螟数量达5 082头,为整个观测期间峰值,9月9日探照灯内稻纵卷叶螟数量突减为78头。对9月4—8日探照灯诱虫器内稻纵卷叶螟雌蛾卵巢解剖发现,该时段稻纵卷叶螟卵巢发育以低级别为主,1~2级百分比为85.71%,3级以上为14.29%,交配率为16%(图11-3)。因此,探照灯诱虫器内所诱稻纵卷叶螟应为本地羽化向外迁出的成虫。

9月5—8日,探照灯诱虫器内稻纵卷叶螟数量占诱虫总量的百分比分别为54.1%、69.8%、59.0%和51.5%(图11-2)。22:00前的诱虫百分比为92.3%、91.0%、87.4%和94.5%。因此,此期间雷达监测到的高密度空中回波主要指示从本地向外迁出的稻纵卷叶螟。

11.3 稻纵卷叶螟迁出的雷达观测

雷达安放在距离地面5 m的房顶上。除降水和机械故障外,雷达观测在每天日落至次日日出期间进行。雷达观测采用Drake提出的观测程序,设3°、5°、8°、12°、18°、28°、45°、58°等8个观测仰角

（Drake，1981a）。观测时以使用 3 km 距离档为主，2 km 距离档为辅。采用计算机实时程序控制天线的转速、仰角、噪声门限，显示即时观测信息和存储观测结果；利用非实时程序查看雷达回波图像及回波的高度、距离和强度等信息。用 Photoshop CS5 软件，根据雷达回波像素大小统计出每 100 m 高度的回波个数。昆虫的空间密度由回波个数除以典型取样空间得到（Drake，1981b），面积密度通过对不同高度上空中密度与其所代表的取样空间高度的积进行累加得到（Feng，2003；Drake，1981b）。空中密度廓线图以空间密度为 x 轴、高度为 y 轴制作折线图，用以反映昆虫在空中的垂直密度分布。

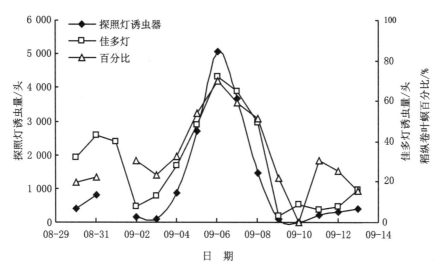

图 11-2　灯下诱集的稻纵卷叶螟动态变化及探照灯诱虫器内稻纵卷叶螟百分比

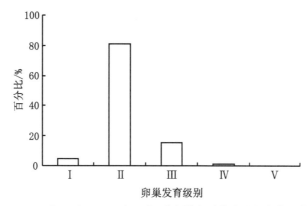

图 11-3　2007 年 9 月 4—8 日探照灯诱虫器内稻纵卷叶螟卵巢发育状况

11.3.1　稻纵卷叶螟迁出的时间动态

9 月 5—7 日，当地稻纵卷叶螟大量羽化并不断迁出，这几日日落时间为 18：50 左右。9 月 6 日和 7日均监测到典型的稻纵卷叶螟迁出过程，5 日开机较晚，开机时空中密度已较大。从雷达回波面积密度变化（图 11-4）可以看出，日落后昆虫的面积密度迅速增加，说明昆虫不断起飞迁出，19：40—20：00 左右面积密度达到最大，起飞达到高峰。由于当地昆虫大量迁出，昆虫的面积密度高峰值通常只维持很短时间就迅速下降，之后面积密度迅速减少，到 23：00 以后密度下降到最低。9 月 6 日 23：30 左右面积密度略有增加，可能为迁飞过境昆虫到达监测点所致。因此，稻纵卷叶螟从日落后起飞迁出，起飞可持续 1 h 左右。观测到的最大面积密度为 29 284.36 头/km²，出现在 9 月 5 日 19：51。

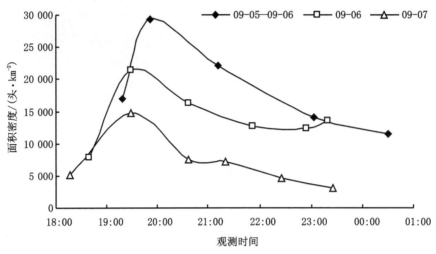

图 11-4　2007 年 9 月 5—7 日稻纵卷叶螟面积密度变化

稻纵卷叶螟起飞后,不同高度上昆虫密度随时间变化的情况如图 11-5 所示。100 m 高度低空密度随时间的增加而迅速下降;200~800 m 高度密度在 19:50 左右达到峰值,此后均下降,并维持在一定密度范围;1 000 m 高度密度从起飞后一直上升至 21:00 左右达到峰值,之后迅速下降。昆虫起飞后,一般会主动选择适合的高度乘风飞行(翟保平等,1993),因此推测,稻纵卷叶螟可能主要选择 200~800 m 高度顺风飞行。

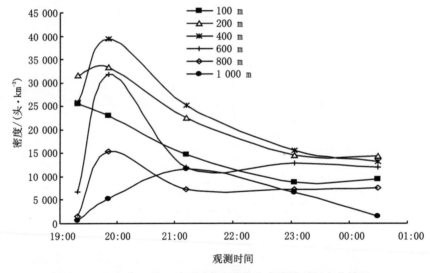

图 11-5　2007 年 9 月 5 日不同高度的昆虫密度随时间变化情况

11.3.2　稻纵卷叶螟密度的垂直分布

稻纵卷叶螟的迁飞高度主要在 1 000 m 以下,1 000 m 以上回波点数量较少。迁飞虫群在垂直高度上的密度分布不均匀,空中虫群有聚集成层现象,可形成 2 或 3 层(图 11-6)。成层高度主要在 700 m 之下,可在 100~300、400~500、500~700 m 成层,其中 100~300 和 400~500 m 的成层每夜都能观测到,并且成层密度较大。9 月 5 日晚还观测到在 900~1 000 m 处出现成层。当晚 19:51 观测到最大密度 39 464.6 头/km³(图 11-6a)。

由图 11-6 可知,在成层范围内,风向改变较小,因此,风向切变不是影响成层的主要原因。对昆虫成层高度范围内密度最大值高度与局部风速极值高度之间进行相关分析后发现,成层高度范围内昆虫密度最大值高度与局部风速极值高度呈极显著相关,可用方程 $y=1.062\,7x-47.727$($r=0.980\,8$, $P<0.001$)进行拟合。但成层最大密度并不总是出现在局部最大风速处,如 9 月 5 日在 900~1 000 m 处成层,密度最大处为 950 m,此高度风速为 11.2 m/s,是当时的极值风速(图 11-6a)。而 9 月 6 日在 250 m 处成层,局部最大风速出现在 200 m 处;450 m 处成层,局部最大风速出现在 400 m 处(图 11-6b)。9 月 7 日 450 m 处成层,局部最大风速在 400 m 处(图 11-6c)。由此可见,稻纵卷叶螟成层现象与局部风速极值有关,与风向关系不大,但最大密度并不总是出现在最大风速处。

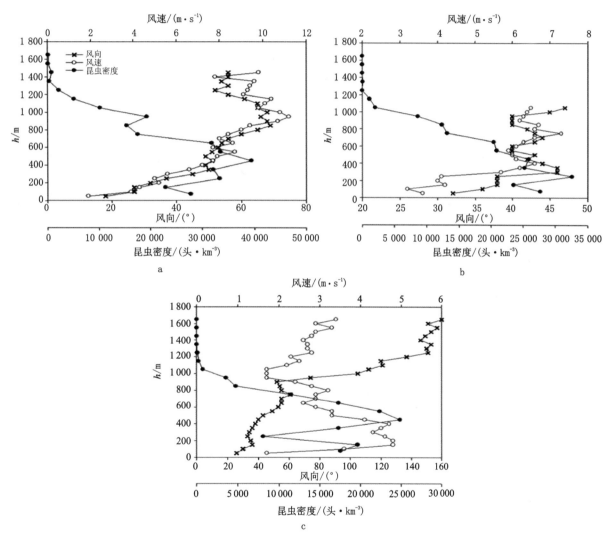

图 11-6　2007 年 9 月 5—7 日昆虫空中密度廓线及风向、风速廓线图
a.9 月 5 日 19:51 情况图　b.9 月 6 日 19:29 情况图　c.9 月 7 日 20:37 情况图

11.4　稻纵卷叶螟迁出的轨迹分析

根据本次雷达观测结果,利用 HYSPLIT 平台,设置起飞时间为 20:00(UTC 12:00),飞行高度

500、700 和 1 000 m,飞行时长每晚 9 h,再迁飞 3 次,对 9 月 5—7 日从兴安迁出的稻纵卷叶螟进行轨迹分析,结果见图 11-7。

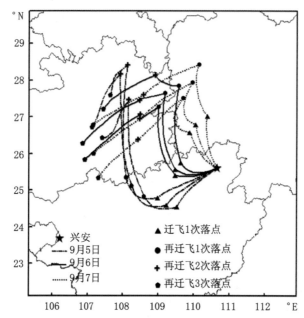

图 11-7 2007 年 9 月 5—7 日从广西兴安迁出的稻纵卷叶螟轨迹分析

9 月 5 日晚,10 m/s 左右的东北气流覆盖山东、河南至广东、广西南部一线(图 11-8a),为从兴安迁出的稻纵卷叶螟提供了向南迁飞的运载气流。该虫群经过一夜飞行可于 9 月 6 日晨到达广西柳州南部和河池西部。9 月 6 日夜间广西上空风速较低,从柳州、河池再次起飞迁出的稻纵卷叶螟受东南气流影响(图 11-8b),经一夜飞行可到达广西河池北部和贵州南部地区。9 月 7 日晚来自越南北部的偏西气流和来自东海的偏东气流在广西、广东上空合股北上,形成一股直达贵州西北部的较强的东南气流(图 11-8c),受该气流影响,9 月 7 日清晨降落于广西河池和贵州南部的稻纵卷叶螟,可于傍晚起飞,经一夜飞行到达贵州铜仁地区。9 月 8 日晚来自广西的偏南气流受偏东气流影响,在贵州上空急转形成东北气流(图 11-8d),受该气流影响,贵州铜仁地区的稻纵卷叶螟可再次起飞,于 9 月 9 日清晨降落于贵州遵义和黔南地区。

9 月 6 日晚,由兴安迁出的稻纵卷叶螟起飞后,受较弱的东南气流影响向西北迁飞(图 11-8b),可于 9 月 7 日晨降落到广西柳州地区,傍晚再次起飞,随东南气流(图 11-8c)于 9 月 8 日晨到达湖南怀化、湘西或贵州铜仁地区。该虫群傍晚可再次迁出,随偏北气流(图 11-8d)于 9 月 9 日晨到达贵州黔东南和铜仁地区。再迁飞 3 次随东北气流(图 11-8e)于 9 月 10 日晨到达贵州黔南地区。

9 月 7 日由兴安迁出的稻纵卷叶螟在偏南气流运载下(图 11-8c),可于 8 日晨到达湖南邵阳和怀化南部地区,傍晚再次起飞可达湖南怀化北部地区。9 日晚湖南、贵州上空转为偏北气流(图 11-8e),受该气流影响,稻纵卷叶螟可向南迁飞至贵州黔东南和铜仁地区。10 日晚贵州黔东南和铜仁地区的稻纵卷叶螟受东北气流影响(图 11-8f),可到达贵州黔南和广西河池地区。

因此,此次从兴安迁出的稻纵卷叶螟经过 3 次再迁飞可到达贵州黔南、贵州遵义或广西河池地区。9 月初,据中国气象科学数据共享服务网中国农作物生长发育和农田土壤湿度旬值数据集(http://cdc.cma.gov.cn/shuju/index3.jsp?dsid=AGME_AB2_CHN_TEN&pageid=3),广西河池地区晚稻处于孕穗期,田间荫蔽,适合稻纵卷叶螟繁殖和生存。而在贵州遵义和黔南地区水稻已经成熟,无适合稻纵卷叶螟生存的生态条件,降落于此的稻纵卷叶螟将由于缺乏食物来源而死亡或者少数可继续迁出。

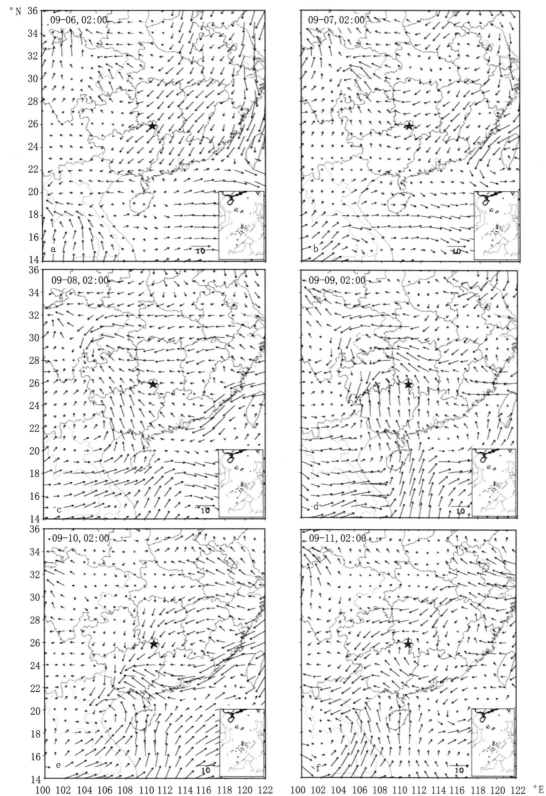

图 11-8　2007 年 9 月 6—11 日 02:00 时广西兴安稻纵卷叶螟迁出期空中 850 hPa 等压面水平风场(m·s⁻¹)

11.5 讨 论

本试验对华南地区稻纵卷叶螟迁飞进行了雷达监测,结果与 Riley et al.(1995)和高月波等(2008)在中国东部地区进行的稻纵卷叶螟雷达观测略有不同。Riley et al.(1995)和高月波等(2008)的观测表明,稻纵卷叶螟在日落时(18:30)开始起飞,最大密度在 20:00—22:00;本试验发现,华南地区稻纵卷叶螟在日落后开始起飞,20:00 左右达到最大,能持续 1 h 左右。就迁飞高度而言,稻纵卷叶螟在华南地区迁飞高度能达到 1 000 m 左右,高于中国东部地区雷达观测结果。迁飞高度的不同可能是由于华南地区多高山而与华东地区平原的地势不同所致。

聚集成层是雷达观测迁飞昆虫远距离飞行时常见的现象(翟保平,1993)。稻纵卷叶螟在华南地区迁飞时,成层较华东地区观测到的更复杂,最多可达 3 层;成层高度更高,可达 900~1 000 m。但在 2 个地区均观测到在 500 m 左右处成层,且该层密度较大。因此,500 m 左右可能是稻纵卷叶螟最适合飞行的高度。关于迁飞昆虫选择特定高度成层和维持在特定高度飞行的机制有 2 种假说:一种假说认为昆虫在迁飞时经常寻找最温暖的气流进行迁飞(Pedgley,1990;Reynolds et al.,1997);另一种认为昆虫最大密度出现在风速垂直变化中产生局部极值的高度,而且还发现昆虫密度的峰值出现在风切边最强的区域(Drake,1985;Beerwinkle et al.,1994;Riley et al.,1995;Domino et al.,1983;Wolf,1986)。Riley et al.(1995)通过雷达观测发现,稻纵卷叶螟成层与低空激流有关,成层主要出现在极速风速处,与温度没有直接关系。本研究中,稻纵卷叶螟在成层范围内风向改变较小,成层现象与局部风速极值有关,与风向关系不大,最大密度并不总是出现在最大风速处。

自 Rosenberg et al.(1983)首次采用计算机对褐飞虱迁飞轨迹进行分析后,轨迹分析方法特别是 HYSPLIT 平台已广泛用于多种迁飞性昆虫迁飞途径的研究(蒋春先,2011;沈慧梅,2011;齐会会,2011;张云慧,2007)。本试验根据雷达观测结果,采用该平台研究了此次雷达观测中迁出虫群的可能飞行轨迹。轨迹落点的判定,必须结合落点水稻种植状况、水稻生育期等相关信息综合分析,以提高结果的可信性。王凤英等(2010)采用室内吊飞方法发现,稻纵卷叶螟种群具有再迁飞特性,可进行 4~5 次再迁飞,最多可达 9 次,随再迁飞次数的增加其再迁飞个体的比例逐渐降低,第 3 次再迁飞比例达 50% 左右。本试验中,设置再迁飞次数为 3 次,其轨迹落点贵州黔南和遵义地区当时已无适合稻纵卷叶螟生存的食物条件,降落于此的虫群无法生存,小部分可再次迁飞。

(原载《中国农业科学》2012,45(23):4808-4817,本章有增补和修改)

第 *3* 编

重大外来入侵物种预警与风险分析

第12章 外来入侵物种与风险分析

在自然界,生物的扩散或者迁徙是一个普通的现象,而且生物入侵的种类几乎包括所有的生物类群,外来物种一旦入侵成功,往往造成暴发与流行,难于控制;外来入侵物种的危害对环境、大农业生产和人类健康都会造成巨大的生态损失和经济损失。近些年来,随着国际贸易往来和旅游业的快速发展,生物入侵在我国不断加剧,正在成为威胁我国生物多样性与生态环境的重要因素之一。外来物种入侵的生态代价是造成本地物种多样性不可弥补的消失以及物种的灭绝,其经济代价是农林牧渔业产量与质量的惨重损失与高额的防治费用。据初步统计,入侵我国的有害杂草约有96种,引起较大经济损失的入侵有害昆虫、植物病害、软体动物、哺乳动物等大约在80种以上。外来物种入侵通过压制或排挤本地物种的方式改变食物链或食物网络组成及结构。特别是外来杂草,在入侵地往往导致植物区系的多样性变得非常单一,并可能破坏可耕地。对于外来物种入侵防控策略和管理机制的研究已成为我国科研的重大国家需求。尽管我国对外来物种入侵的研究起步较晚,但外来物种入侵问题已引起各级政府部门的高度关注。加强对外来危险物种的入侵机理、灾变机理及控制技术的基础研究,开展早期预警与预防、检测与控制,已成为解决外来物种入侵问题的根本途径。

外来物种的入侵,可能是由于:缺乏严格的监测与管理机制;缺乏科学的外来物种的风险-收益评价体系和严格的科学决策程序;看重经济利益,忽视生态利益。风险分析研究就是为了解决这三方面的矛盾应运而生的。由于人类活动会有意或无意地将一些物种带到新的区域,所以这种人为因素带来的物种入侵,可以真正地形成对自然环境和社会环境的威胁。一个国家解决入侵物种问题的能力,最终依赖其对国际信息资源的占有、分类的能力,以及与其他国家的合作。建立本国的生物入侵预警系统,并以此与国际同行进行交流是至关重要的。风险分析建立在生物入侵带来巨大经济损失的预判上,同时评估其导致的生物多样性丧失,并且后者有很大可能会上升到首要位置。一个新的入侵物种,一旦被发现造成重大影响时,就已经在该地区成功定殖,对其很难实现根除甚至无法控制。Waage博士(2001)曾提出:对入侵,预防比控制其暴发更为可行,也更为经济。许多入侵物种在引入后有个"时滞时期",这时的小种群可以被根除或被遏制。在对外来物种存在的风险损失与可能带来的收益相比较的基础上,也就是对物种进行风险分析后,可进一步对其给予不同环境生态系统的影响及其风险控制对策进行分析,依据风险的接受水平和风险出现的程度,制定出相应的风险管理措施。最好将有限的资源用于探测和对付新建立的入侵物种。而优先防治何种物种和如何着手防治则需要对物种进行风险分析后得出一个可行的方案。据农业部最新统计显示,目前入侵我国的外来物种已达400余种,近十几年来,新入侵的外来物种至少有20余种,平均每年递增1~2种。我国已经成为遭受外来入侵物种危害最严重的国家之一,面临的防治形势越来越严峻,针对重大外来入侵物种的预警和风险分析工作日显重要。

12.1　外来物种入侵预警和风险分析研究状况

预测外来入侵物种潜在分布、有害生物物种丰度等问题是生态学、进化生物学、保护生物学、入侵生物学等学科的重要研究内容,不仅涉及生态学方面的复合种群和群落,以及生态系统的多样性、复杂性和稳定性及进化等理论问题,而且还涉及植物检疫、物种保护、生物多样性保育、有害生物的控制、流行病防范、环境保护和人口管理等应用问题。另外,地理信息系统、数据库、分析软件开发等方面的技术内容也包括其中。因此,外来入侵物种潜在分布研究是一个交叉性很强的边缘研究方向。预测有害生物入侵后的可能分布,是有害生物入侵监测预警的重要基础工作,可为有害生物风险分析和评估提供基本资料。分析研究物种在新分布区的演化过程,以及在气候条件变迁、耕作制度和土地使用变化等情况下,物种繁衍、迁移等方面的情况,有利于理解、掌握有害生物入侵后的生态风险并能够对有害生物的风险管理提供技术支持。此外,生物分布预测同环境资源利用、环境保护、生物多样性保护等方面有着密切联系,其重要性日趋显著。许多建模工具和方法正在逐步地开发出来,并为广大学者所使用。广义线性模型(generalized linear models,GLM)和广义可加模型(generalized addictive models,GAM)、分类树(classfication and regression trees,CARTs)、主成分分析(或主分量分析 principal components analysis,PCA)、人工神经网络(artificial neural networks,ANNs)等方法已成为国际上较为常用的物种分布分析建模方法(Guisan et al.,2000;Moisen et al.,2002;Guisan et al.,2002)。

12.2　入侵有害生物物种空间分析技术体系概况

国内外学者构造入侵生物物种分布模型往往利用大量的环境预测指标和调查数据,以期能够提供详细的分布预测结果,这不仅可以揭示景观尺度上的栖息地空间结构与物种存活关系,还可以推演预测入侵物种的入侵过程以及假定气候条件变动后对物种的影响。因而物种分布建模分析(species distribution Modeling,SDM)或者说生态位建模分析(ecological niche modeling,ENM)在目前是一个国际诸多学者研究的热点,也涌现了很多方法和理论。

随着研究人员软件开发的深入、模型研制经验的不断积累,以及计算机技术、网络技术、人工智能技术的发展,一种全新的预测技术体系正在建成、完善。分布模型模拟的主要技术过程是对有害生物的生物学、生态学特性、空间分布特性进行综合建模,利用气象资料、高程、植被分布等环境数据对有害生物在给定范围存在的可能性及可能的分布范围进行评估运算,最终得出以某种指标为依据的有害生物分布范围。在技术实现上,地理信息系统作为有害生物入侵分析的首选平台,基于地理信息系统的强大信息管理、数据处理功能,使大区种群空间分布模拟运算成为可能,大量的气象数据也得以应用;遥感技术能够在大尺度上获取精度很高的环境信息(目前主要应用归一化植被指数 NDVI 以及其他一些指数表征地物植被特征),已成为空间分析数据获取的重要支撑技术;基于人工神经网络、遗传算法以及优化的统计算法等多种分析算法的通用模型正逐渐改变以前专用模型、一物一模的局面。

12.3　建模思想与分析软件研发

12.3.1　建模思想分类

在有害生物分布模拟过程中,模型的建立和运行方式有很多,根据模型建立的理论基础和软件的设计思想分类,分析工具可以分为以下两种:①基于回归、分类判别等分析方法的模型,例如增强决策树算法(boosted regression tree,BRT)、GAM 模型、GLM 模型和多元自适应回归平滑算法(multivariate adaptive regression splines,MARS),以及 DIVA-GIS 和基于机器学习算法的 GARP(Desktop GARP,Open Modeler GARP);②基于气候-环境-生物模型的分析软件,例如 Dymex 和 CLIMEX。第 1 类是从现有数据提取规律,而第 2 类则是根据已有的规律进行预测分析。

基于回归、判别的统计方法的分析模型,关键在于用统计模型提取有害生物分布与环境因子之间的统计关系,一般这样的关系并不是固定的某种形式,如利用 GAM、GLM 模型等分析时(尤其是 GAM),并不事先确定模型,而是经过对研究区数据的统计分析,经比较后确定最优化的统计模型。此类分析模型由于假定多种因素影响生物分布、生物量大小等生物因子,需要大量数据才能保证提取到正确的统计关系。如果数据量少,就会产生很大的误差,模型也对数据变化变得敏感,极容易被少量边缘数据所干扰,导致结果不准确,而数据量过大、模型过于复杂又会带来计算难度,所以选择模型需要兼顾精确性和可操作性两个方面。另外,GLM 和 GAM 实质上是利用高阶多项式模拟原始数据中物种与环境变量之间的关系,所以正确挑选组成模型的因子是成功应用此类模型的关键。现已有对因子按照已定评判依据进行自动化筛选的研究,如 mgcv 以及对多个响应变量的扩展。

基于气候-环境-生物模型的分析软件认为,气候环境在大区尺度上决定了生物的分布,环境气候的改变也必然对生物分布发生重大的影响。因此,这类模型对于分析气候变迁对生物种群的影响以及评估外来物种定殖风险的大小都有重要的指导意义。对不同时空气候差异的比较,也就是针对生物种群相对潜在增长能力和种群持久能力的比较。气候-环境-生物模型不同于统计模型,它要进行气候—生物在时空上的比较,要对生物在给定气候环境条件下种群的反应程度进行较为深入的研究,在此基础上才能调制用于预测不同气候条件下生物种群变化的估计参数。不过,CLIMEX 等仅以气候条件相似性为基础的生物分布分析软件也遭到了质疑,有的学者认为,它只考虑气候影响而不考虑种间驱散与交互作用等关系,会造成不正确的预测结果,而 Lawton(1998)干脆认为假定生物分布仅取决于生物对环境的忍耐程度根本上就是错的,即便有了准确合适的气候条件数据,也不可能得到准确的分布预测结果。Baker et al. (2000)则以马铃薯甲虫 *Leptinotarsa decemlineata*(Say)、地中海实蝇 *Ceratitis capitata*(Wiedemann)、小麦印度腥黑穗病 *Tilletia indica* Mitra 为例,配合基础生态位理论重申了气候条件限制生物分布的重要作用,展现了 CLIMEX 等以气候模型为基础的预测软件的可信度和可用性。尽管如此,CLIMEX 软件在对模型扩展性的支持上仍需改进。在 Dymex 2.0 中,将 CLIMEX 和 Dymex 两种原来分开的软件进行了合并,且增强了用户自定义模型的能力。然而,在大尺度区域上进行生物分布、生物量丰富程度等预测工作,还需要对遥感数据、地形数据、气象因子分布数据等多种数据进行支持,Dymex 在这方面的支持比较欠缺,尚需完善。而基于地理信息系统和遥感数据处理的空间统计分析工具正好可以弥补这个不足。

12.3.2 软件实体的类型

生物分布分析软件按照开发、使用方式可以分为两类。第 1 类分析工具虽然没有一个直接编译好的软件实体，但是都有建立在 R 语言或者是 S 语言(S-Plus)基础之上的软件包(如 GRASP、MARS 等)，而不需要额外对回归方法进行编程。同时 R 平台是一个拥有统计分析功能和强大绘图能力的软件系统，具有极高的灵活性，能应对不同的分析需求，还可以将运行结果导出成为多种形式的图像文件，以便进一步分析使用。由于 R 平台是一个开放的分析系统，扩展的能力很强，拥有大量的共享资源，有很多特定功能软件包可供下载使用，故能够满足不同的分析需求。但是 R/S 最初的定位是为了建立一个强大的统计分析平台，所以不具备 GIS 的常规分析能力和管理能力，其空间分析、遥感图像数据分析等图像分析功能只能通过扩展包在一定程度上实现，使用不够直观、方便。

第 2 类分析技术都具有特定的软件实体，每个软件都通过一些固定算法将气候—环境—生物之间的关系进行了抽象，提取了通用的部分，可用于不同入侵物种的分布估计。在使用的简便程度上明显优于第 1 类分析工具，而且都具备一定的图像分析、数据管理等功能。其中，Dymex 模型丰富，组合方便，特别适合于对生物学、生态学规律研究较为透彻的入侵生物种群动态及分布的模拟。CLIMEX 模型假定物种定殖需要经过一个适宜繁殖的时期和一个不适宜繁殖的时期，能否定殖是两个时期环境对物种影响的综合结果。该模型也需要在对生物学、生态学规律研究较为透彻的基础上进行有害生物发源地模拟，直到模拟结果与发源地实际分布相似，即获得该物种的特征参数，使用这些参数就可以估计其他气候条件下的物种适生程度，从而判断其分布；其缺点是对生物学因素考虑不足。DIVA-GIS 模型，其地理信息管理、分析功能基本上能够满足有害生物分布预测过程中的地图操作，且其栅格分析功能也很强大，可用于对遥感数据的分析和解释上。另外，DIVA-GIS 还含有 BioClim 和 Domain 两个分析模型：生物气候图 BioClim 模型，即生物气候超空间(multidimensional space)分析模型，它假定物种能够生存、定殖的地区应该是与其当前分布区的气候相似的地区，适用于分析已定殖的有害生物扩散可能性；Domain 模型通过选择最小相似阈值(Gower 矩阵)对 Bioclim 模型进行优化，有效地剔除了生物气候超空间中的离群数据，且接收了虽然在超空间之外但明显贴近超空间的数据，从而有效地克服了 BioClim 的统计缺陷。

12.3.3 数据处理类型分类

由于各种模型在设计之初所要解决的问题不同，针对的数据类型也不同，所以处理结果也不同(表 12-1)。不同模型需要的数据类型大致可以分为 3 种。

(1)存在数据　只能处理"存在"(presence)数据的模型有 BioClim、Domain 和 ENFA 等。这类模型可以使用无计划的调查结果，例如图书馆馆藏记载的物种发现位置等信息。该类模型的数据资料较为容易收集，但是对"不存在"(absence)数据中蕴含的不利于生物存在的信息没有加以利用，而仅凭存在数据来估计物种与环境之间的关系较为困难，结果精度也受到限制。这类模型仅在"存在/不存在"(P/A)类型数据不可获得的时候使用。

(2)存在/不存在数据(存现数据)　能够利用存现数据的模型如 MAXENT。该类模型能够利用支持物种定殖的环境条件统计信息，同时也能利用限制物种定殖的信息。但是这样的模型在准备数据时，尤其是在准备"不存在"数据的时候，存在比较大的困难。造成"不存在"的原因可能是没有调查到或者物种还未到达该地区的假性不存在，也有可能是环境条件不支持物种定殖的真正的"不存在"数据。如果假性不存在数据较多，将会严重干扰模型预测，并导致错误的预测结果。

(3)计数型数据　能够利用分级数据或者计数数据的模型有 GAM 和 GLM 模型(但目前 GAM 等

统计模型多见用于分析"存在/不存在"类型数据）。这类模型能够处理分级数据或者是计数数据，从而实现对物种定殖-环境关系信息最大化的利用，模型的预测结果也便于对生态规律的解释。但是计数型数据一般要通过谨慎的调查方案设计，且覆盖范围要足够大，否则其数据内的信息将退化到"存在/不存在"类型数据水平，甚至导致各分级信息间的相互干扰，而使预测结果不可靠。

表 12-1　基于空间分布数据分析的常见软件对比表

方　法	模型类型说明	处理数据类型	软件实体	标差估计	参考文献
BioClim	生物气候图模型	存在数据（P）	DIVA-GIS	不能	Beaumont et al.，2005
BRT	增强决策树算法	存在/不存在（P/A）	R 软件包	不能	Friedman，2002
BRUTO	GAM 回归模型	存在/不存在（P/A）	R 软件包	能	
Domain	多元空间距离算法	存在数据（P）	DIVA-GIS	不能	Bette et al.，2003
DK-GARP	普通版遗传算法模型	存在/不存在（P/A）	GARP	不能	Peterson et al.，2004；Peterson et al.，2006
GAM	广义可加模型	存在/不存在（P/A）或计数型数据	R 软件包	能	Lehmann et al.，2003
GDM	广义差异模型	存在/不存在（P/A）	Splus	不能	Ferrier et al.，2004
GLM	广义线性回归模型	存在/不存在（P/A）或计数型数据	R 软件包	能	Austin et al.，1983
MARS	多元自适应回归平滑算法	存在/不存在（P/A）	R 软件包	能	Moisen et al.，2002；Yen et al.，2004；Leathwick et al.，2005
MaxEnt	最大熵值模型	存在/不存在（P/A）	MaxEnt	不能	Phillips et al.，2006

12.4　预测物种分布研究进展

由于以应用软件形式发行的风险分析工具包经过了用户界面（UI）设计，使其在使用上方便得多，不需要研究者自己组织分析过程和进行数据处理，因此使用的范围广，研究结果也较多。但是封装好的软件包不利于研究人员增加和调整分析功能，在功能拓展上存在局限性。目前，CLIMEX 和 Dymex 以其简单易用，得到众多研究人员的青睐，被广泛应用于外来入侵物种的侵入风险分析，以及在气候变化条件下，对本地物种将会出现的种群空间分布变化进行估计等研究中。Sutherst et al.（Sutherst 2003；Sutherst et al.，2005）对红火蚁 *Solenopsis invicta* Buren 在南美洲的分布情况以及红火蚁的生物学特性进行了分析，提取了红火蚁的 CLIMEX 参数；对在美国、新西兰以及世界范围的可能性分布进行了分析，得出了美国的大致分布北界，以及世界范围内红火蚁的适生范围。该研究在分析 CLIMEX 冷胁迫、干湿胁迫指数的情况后指出，美国北部夏季的积温过低，是阻止红火蚁向北继续扩散的主要因素。MacLeoda et al.（2002）对光肩星天牛 *Anoplophora glabripennis*（Motsch.）在亚洲和北美地区的生物学特性及其对这些地区的经济影响等进行了分析，并利用 CLIMEX 对比了欧洲的气候条件情况，指出天牛寄主在欧洲有广泛的分布，而南欧地区的气候又相当适合光肩星天牛种群增长，所以，光肩星天牛在南欧地区具有高度入侵定殖风险，一旦入侵，就会对欧洲林业、果业的重要树种造成严重的损害。基于此，MacLeoda 提出将光肩星天牛列入欧盟检疫对象名单，对其施行严格检疫。

Wang et al. (2006)利用 Desktop GARP 对原产于墨西哥的菊科植物紫茎泽兰 *Ageratina adenophora* (Sprengel) R. M. King et H. Robinson 在中国近 20 年的扩散过程进行了反演,查明了紫茎泽兰在云南及其周边省份迅速蔓延的过程,指出紫茎泽兰在中国南部亚热带地区平均以 20 km/a 的速度扩散蔓延,而在向北方向上,只有 6.8 km/a 的速度;并且,紫茎泽兰还远未达到其分布极限,仍将在未来一段时间继续蔓延,中国中部将受到其威胁,因此需要采取更加严厉的措施予以防治和抵御。Kadmon et al. (2003)利用气候图模型(climatic envelope models,CEV)对以色列 192 种木本植物的分布进行了系统分析后认为,CEV 模型的预测能力受可用数据多少和被预测物种特性两方面因素影响。可用数据的数量越多、质量越好,则预测图分辨率越高、精度越大,越逼近真实结果;被预测物种自身特性将决定该物种的空间分布特性。所以在选取气候因子进行预测的时候,要考虑物种分布特性及其对气候因子敏感性的因素,不能够将 CEV 模型应用简单化。

美国堪萨斯生物多样性研究中心的 Peterson 等人在生物分布预测研究中成果突出,在机器学习预测方式和 GIS 工具集成上作出了很大贡献。从其早期的分析工具 GARP(Stockwell et al. ,1992;Stockwell,1993;Stockwell,1997;Stockwell 1999a、1999b;Stockwell et al. ,2002;Stockwell et al. ,2003;Linke et al. ,2005;Stockwell et al. ,2006)(GARP DOS 版本作者是 Stockwell,由 Richardo 改造为 Desktop GARP)到 Boundary U-Test(Bauer et al. ,2005),再到近年研发的软件 WhyWhere(虽然 Peterson 与 Stockwell 还存在争论。Peterson,2007),都在尽力探寻如何更精确地预测、评估生物分布与环境因子之间的关系(Peterson et al. ,1999;Stockwell et al. ,2002;Stockwell et al. ,2003;Graham et al. ,2004),从而实现诸如生物多样性保护(Peterson et al. ,2000)、气候变化及人工干预对生物分布的影响(Peterson et al. ,2001;Anderson et al. ,2003;Sanchez-Cordero et al. ,2005)、种群密度(Peterson et al. ,2006)、系统发育和进化与地理分布的关系(Peterson et al. ,1993;Garcia-Moreno et al. ,2004;Benz et al. ,2006)等方面的评估。Peterson et al. 在媒介昆虫等种群分布变动引发人类疾病方面的研究(Peterson et al. ,2003;Peterson et al. ,2005)也卓有成效。

另外,Austin、Guisan、Zimmermann、Lehmann 和 Leathwick 等人在统计模型应用方面进行了大量的研究(Castella et al. ,2001;Joly et al. ,2001;Zaniewski et al. ,2002;Lehmann et al. ,2003;Denoel et al. ,2006;Elith et al. ,2006;Guisan et al. ,2006a、2006b;Maggini et al. ,2006),近些年在 GAM 和 GLM 等非线性模型预测生物分布方面取得了许多成果(Austin,2002;Guisan et al. ,2005;Austin et al. ,2006;Guisan et al. ,2006;Guisan et al. ,2007)。Lehmann et al. (2003)基于 GAM 创制了 GRASPER,使 GAM 模型的使用更为方便。利用 GRASPER,Lehmann 等人对新西兰 43 种蕨类植物的分布、法国南部蝾螈的分布(Denoel et al. ,2006)等进行了分析,讨论了环境因子如小生境面积与生物种群密度等方面的问题。而我国研究人员利用 GAM 等统计模型预测生物分布的研究还很少(樊伟等,2004;朱源等,2005;曹铭昌等,2005),目前主要是在医学方面利用 GAM 模型模拟、分析环境因子与人体健康之间的弱关系(戴海夏等,2004;刘方等,2005;蔡全才,2005;孟紫强等,2006)。

12.5　预测物种分布研究展望

针对外来有害物种的生物分布预测是一个分析生物与生物、生物与环境之间复杂生态关系的过程,需要综合考虑多方面的因素,目前在时间和空间两个方面的预测精度还有待提高。今后,随着地理信息系统的不断发展,空间分析技术精度的提高,预测入侵物种在空间分布的准确性也将会得到一定的提高。同时,网络分布式运算技术的发展,可望为大量的空间分析运算乃至于全球性生物分布图谱的构建提供可能。当全球生物分布图谱的构建完成后,不仅能够展现地球上动植物的分布情况,还能够预测与分析在发生气候变化、新物种引入等情况下,物种在世界上不同地区间的潜在分布和变化过程。

第13章 生物入侵预警和风险分析通用技术体系的构建

13.1 外来入侵物种预警和风险分析：问题与不足

目前,国内外对外来入侵物种风险分析的研究还存在着一些问题与不足。首先,国内外研究中定性的风险分析占多数,定量分析相对不足。从方法学来看,定量评估更注重风险事件的时空关系,常以模拟的方法来预测风险出现的情况,而定性评估则将风险事件分解为多个风险要素,并将这些要素按某种方式进行多维向量运算后得到整体的风险评估值。从结果来看,定量风险评估得出的结果是数量化的,一般是概率分布;定性风险评估的结果常用风险等级来表示。不确定性是风险的最根本特性,概率分布能够更准确地描述这种不确定性,从这一角度来看,定量方法更为科学。因此,在风险分析时引进定量分析是必要的。

其次,国内外所采用的模型均不具备 GIS 的常规分析能力和管理能力。尤其缺乏空间分析、遥感图像数据分析等图像分析功能,使用时不够直观,方便,也因此缺乏对多种数据的综合分析能力。同时,由于多种模型建模方式截然不同,输出的预测结果格式也相差甚远,无法直接用一个软件对多种评估预测结果进行准确性测定(如判定 AUC 值、MaxKappa 值等),各模型之间预测结果的定量比对存在困难。目前我国研究人员主要利用 GARP、CLIMEX、DIVA-GIS 等成型软件工具进行分析,虽然在使用上比较方便,但也丧失了建模参数调整的灵活性;同时,国内研究人员利用新统计模型预测入侵物种分布的研究还很少,且主要是在医学方面利用 GAM 模型模拟、分析环境因子与人体健康之间的弱关系。因此,开发一套完善的具备空间数据预处理、模型建立、模型比对评估功能的有害生物潜在分布分析系统很有必要。

针对上述问题,中国农业科学院植物保护研究所信息技术组程登发研究员带领其科研团队,开发了外来入侵物种风险预警分析系统。该系统综合利用植被类型数据、土壤利用类型数据和地形地貌、温湿度、降水、光照时数、外来有害生物原产地分布等多元数据,以及统计分析模块、地理信息系统模块,对外来有害生物的潜在分布风险进行统计建模分析,得出以适生性指数为指标的具有误差估计的全定量分析结果。该系统采用了目前国外建模方法中使用较为广泛的广义非线性统计模型 GLM。为进行对比,将 GARP、CLIMEX、MaxEnt、BioClim/Domain 等已经得到广泛应用的分析软件与本研究开发的分析软件的分析结果进行统一的统计检验,以比较各分析软件在不同分析对象(如线虫、病原微生物、媒介昆虫、植食性昆虫、杂食社会性昆虫)上应用的优劣,客观地评估给定外来入侵物种的定殖风险。通过调查入侵物种不同历史时期的分布情况,渐进地进行预测,并不断修正模型,使之和下一时段发生情况吻合;依据渐进修正的模型,反向分析其主导因素,即可实现入侵历史的反演和主要影响因素的确证。风险评估系统采用的具体技术路线如图 13-1 所示。

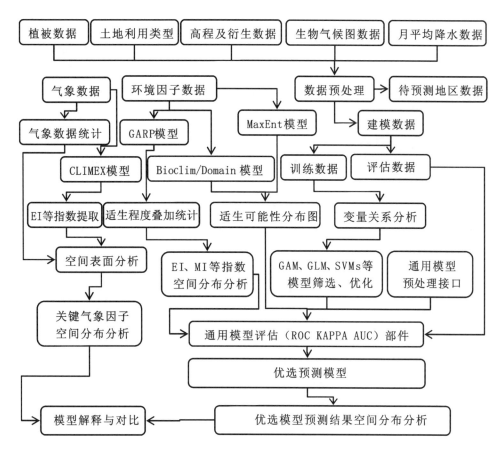

图 13-1　外来入侵物种风险预警分析系统的技术构成

13.2　外来入侵物种风险预警分析系统原理

13.2.1　CLIMEX 模型原理、参数与算法

1. CLIMEX 模型基本原理

CLIMEX 是通过分析物种在已发生地区的气候条件来预测其潜在地理分布和相对丰盛度的动态仿真模型。

CLIMEX 模型有两个基本假设：①物种在一年内经历 2 个时期，即适合种群增长时期和不适合以至于威胁生存的时期；②气候是影响物种分布的主要因素。

为了实现这个理论性的原理，CLIMEX 模型将生物是否能够在一个地区定殖存活下来并得以繁衍，转化成生物在给定气候下增殖潜力、环境胁迫压力以及气候限制性条件三者之间的一个调和过程。这三者在 CLIMEX 模型中就实现为：①用于表征气候适合种群增长的指标——生长指数（grouth index, GI），反映物种在给定气候条件下的增殖潜力；②描述气候不适于物种种群增殖的指标——胁迫指数(stress index,SI),反映气候环境对物种存续的胁迫压力;③气候环境中对物种存续有着决定性作用的指标——限制因子(limitation conditions,LC)。

通过物种在已知地理、气候条件下的各项参数,建立模型,就可以利用模型对仅有气候条件数据的未知区域进行适生性预测。但是由于没有考虑到非气候因子(植被类型、物种间的关系等),由模型得出的结果有一定的局限性,在国际上引起了一些学者的争论。但是在大的尺度上,气候决定生物分布的理论还是被广泛接受的,CLIMEX也因其成功的商业化和简单易用的操作界面而得到广泛的应用。

2. CLIMEX模型参数与算法

整个模型的预测能力就来自于上述3种因子(生长指数、胁迫指数和限制因子)在1个年度内的相互作用结果。以下简要说明生长指数、胁迫指数和生态气候指数的原理及计算方法。

(1)生长指数(GI) GI相当于物种在理想条件下的内禀增长率。包括生长和繁殖最适宜的温度和湿度范围。GI按照其计算数据来源的时间长度分为周生长指数(GI_W)和年度生长指数(GI_A)2种。GI_W由周平均温度、湿度等数据计算而来,GI_A则是一年中52周生长指数的平均值。

GI_W共由4部分组成,即周温度指数(temperature index,TI_W)、周湿度指数(soil moisture index,MI_W)、周光照指数(light index,LI_W)和周滞育指数(DI_W)。

周温度指数(TI_W) 描述了日温对物种的影响,规定了物种种群生长发育最适温度上限(DV2)、下限(DV1)和能够忍受的极端高温(DV3)、极端低温(DV0)4个指标值。并假定,当温度处于种群最适温度时周温度指数(TI_W)最大,取值为1;当在能够忍受的极端高温、极端低温之外的温度范围的时候,TI_W最小,取值为0,生物学意义是种群在这样的温度下呈现负增长。另外,还有限制性因子有效积温PDD,如果PDD小于物种完成1个世代的有效积温,则该物种不能在该地区建立种群。

周湿度指数(MI_W) 是衡量土壤湿润程度的指标,取值范围[0,1],它是由Fitzpatrick提出的土壤水分平衡模型推导出来的。该模型假设土壤含水量是影响微气候以及植物生长的决定性因子。其中,规定了种群增殖最适土壤含水量的上、下限,下限SM1、上限SM2;土壤限制性含水量的上、下限,下限SM0、上限SM3。土壤含水量SM则通过以下公式确定。

$$SM = \frac{S_{i-1} + P_i - E_i}{S_{max}}$$

式中 S_{i-1}为上周的SM;P_i为本周的降水量;E_i为本周的蒸发量;S_{max}为土壤极端最大持水量,默认设定为100。

当SM在SM0以下或SM3以上的时候,MI_W=0,表示该时期的土壤湿度不适宜物种定殖;当SM处于[SM1,SM2]的时候,MI_W=1,表示该时期土壤湿度最适宜物种定殖。

周光照指数(LI_W) 表征光照对物种定殖的影响,取值范围在[0,1]。对于植物而言,光照不足将会导致生长受限制甚至死亡;对于昆虫来说,光照长度(或光周期)也决定了昆虫发育阶段的转变过程。其中有2个指标:LT0和LT1。LT1表示在植物不生长的情况下的日照时数,LT0表示植物生长速度最快的时候所需要的日照时数。当LI_W为0时表示光照不足,将限制生长;LI_W为1时,表示此时的光照条件充分,不构成限制生长的因素。

周滞育指数(DI_W) 考虑到了物种受到外界环境影响所产生的生长发育过程停滞的现象。在外界环境不适于物种生存的时候,或者是某种环境因素(如:日光照长度、温度)诱导下物种生长发育进入停滞阶段,对于昆虫而言,指发生滞育;对于植物种子而言,指发生休眠。当发生滞育时,DI_W=0;反之,DI_W=1,表示没有滞育。

上述 4 种指数经过乘法方式进行合成即构成了周生长指数 GI_W,表示 4 种环境指数的综合效能作用。当根据气温、湿度、光照等气候数据,计算得到 TI_W、MI_W、LI_W 和 DI_W 等参数后,再根据公式:

$$GI_W = TI_W \times MI_W \times LI_W \times DI_W$$

可以计算出每周的生长指数,并计算全年 52 个周的生长指数,得到周生长指数数组。

根据公式:

$$GL_A = 100 \sum GL_W \div 52$$

可得到年度生长指数(GI_A)。

GI_A 就是一个类似于内禀增长率的参数,描述了气候因素对物种适生性的影响。

(2)胁迫指数(SI)　通过生长指数刻画了自然环境中物种生长的潜在能力,还要扣除环境胁迫对物种增殖的制约,才能真实反映物种在给定地区真实的定殖可能性。

CLIMEX 模型从冷、热、干、湿 4 个方面来刻画环境胁迫。它使用了 4 个胁迫指数、4 个交叉胁迫指数来反映影响生物种群分布范围和物种总体生物量的气候条件胁迫效应。这些指数包括:冷胁迫指数(cold stress,CS)、热胁迫指数(heat stress,HS)、湿胁迫指数(wet stress,WS)、干胁迫指数(dry stress,DS)等 4 个胁迫参数,以及热-干胁迫(HDX)、热-湿胁迫(HWX)、冷-干胁迫(CDX)、冷-湿胁迫(CWX)等 4 个交叉胁迫指数。

在适合物种生长的温度范围[DV0,DV3]、湿度范围[SM0,SM3]之外,不良环境条件会导致种群负增长,同时 CLIMEX 假设胁迫指数呈指数增长。胁迫累积速度表示环境条件超过胁迫阈值时胁迫指数积累的速度。而在适生范围内,所有胁迫指数取 0 值表示不存在胁迫。

在计算冷热两种胁迫指数中,有利用光照或温度计算两种方法。由于光照产生的结果也可以通过温度体现出来,如果不是要考虑光周期问题,温度可以代替光照作为计算的依据。另外,本研究占有的日照度资料不如温度资料整齐,所以,以下涉及到两种计算方法的,均用温度来计算。

冷胁迫指数(CS)　当周平均最低温度(t_{min})降低到冷胁迫温度阈值(TTCS)的时候,物种的生存难度加大,假定以固定的冷胁迫累积速度(THCS)开始积累胁迫强度。当冷胁迫指数大于 100 的时候,认为物种不能在该地区生存。冷胁迫指数公式:

$$CS = (TTCS - t_{min}) \times THCS$$

热胁迫指数(HS)　当周平均最高温度(t_{max})升高到热胁迫温度阈值(TTHS)的时候,产生热胁迫,假定以固定的热胁迫累积速度(THHS)开始积累胁迫强度。当热胁迫指数大于 100 的时候,认为物种不能在该地区生存。热胁迫指数公式:

$$HS = (t_{max} - TTHS) \times THHS$$

干胁迫指数(DS)和湿胁迫指数(WS)　当土壤含水量低于干胁迫阈值(SMDS)时发生干胁迫并以干胁迫累积速度(HDS)开始积累干胁迫强度;反之,如果土壤含水量高于湿胁迫阈值(SMWS)时则发生湿胁迫,并以湿胁迫累积速度(HWS)开始积累湿胁迫强度。两者的计算公式如下:

$$DS = (SMDS - SM) \times HDS$$

$$WS = (SM - SMWS) \times HWS$$

胁迫指数的综合效应通过一个统一的胁迫指数 SI 表示,计算公式为:

$$SI = (1 - CS/100) \times (1 - DS/100) \times (1 - HS/100) \times (1 - WS/100)$$

(3)生态气候指数(EI)　CLIMEX 中生态气候指数 EI 值取值范围为[0,100]。EI 越小,表明该地区越不适合物种的生存。$EI_A = 0$,表示该地区该年度极端不适合给定物种的生存;反之,物种就越有可能在该地区定殖。当 $EI_A = 100$,表示该地区该年度的气候环境达到了理想状态,极其适合物种定殖。通常,将 CLIMEX 模型计算结果划分为 $EI_A > 10$ 物种可以生存,$EI_A > 30$ 物种非常适合在该地区生存。EI_A 的计算公式为:

$$EI_A = GI_A \times SI_A \times SX_A$$

式中　GI_A 为年度生长指数;SI_A 为年度胁迫指数;SX_A 为年度胁迫交互系数。

年度胁迫交互系数计算公式:

$$SX_A = (1 - CDX/100) \times (1 - CWX/100) \times (1 - HDX/100) \times (1 - HWX/100)$$

13.2.2　广义可加模型(GAM)原理与方法

1.广义可加模型原理

回归分析是研究生物与环境间关系的良好工具。我们在生态学上从生物角度出发,认为物种所占环境资源的总合是其基础生态位,是生物对环境变化作出的反应。同样,从统计角度出发,可以认为生物分布的数据其实是对环境因素变量的响应。即生物分布变量为响应变量(response variable),环境因子则都是预测变量(prediction variable)。因而,可以通过利用环境变量与生物分布变量进行建模,在给定环境变量下,对生物的分布进行统计意义上的预测。

在回归分析中,最简单的情况是一元线性回归模型。该模型假定预测变量与响应变量之间的关系可以使用线性函数来表示,即 $E(Y \sim X) = \alpha + \beta X$,然后通过最小二乘法估计两个参数 α 和 β。当研究中预测变量数量超过 1 个时,模型演变成为多元线性回归模型,即 $E(Y \sim X_1, X_2, \cdots, X_n) = \alpha + \beta_1 X_1 + \beta_2 X_2 + \cdots + \beta_n X_n$。但是事实上,生物与环境之间的关系是复杂的,而且多数时候是非线性的关系。因此,常规线性统计方法并不能够很好地实现对这些关系的准确刻画、描述,需要一种新的模型结构来表述这些关系。

解决上述问题可以通过多种途径来实现。例如,可以改变响应变量数学期望函数的形式。将响应变量数学期望函数记为 $g(\mu)$,其中 $\mu = E(Y \sim X_1, X_2, \cdots, X_n)$,$g(\mu)$ 称为连接函数,μ 是 Y 的数学期望,是一个单调可二次微分的函数,则原来的多元回归方程可改写为:$g(\mu) = \alpha + \beta_1 X_1 + \beta_2 X_2 + \cdots + \beta_n X_n$,这就是广义线性模型(GLM)。又如,利用非参数形式对预测变量与响应变量之间的关系函数进行改造。假设响应变量和预测变量之间具备函数关系 $E(Y \sim X) = f(x)$,则多元模型可以改造为:$E(Y \sim X_1, X_2, \cdots, X_n) = \alpha + f(x_1) + f(x_2) + \cdots + f(x_n)$,这就是可加模型(additive models,AM)。再如,将上述两种形式相结合形成 $g(\mu) = \alpha + \sum f_i(x_i)$ 形式,这种模型既具备了非线性关系的表述能力,又可将多个环境变量之间的效应相加,它就是广义可加模型的原型。

在建模过程上,广义线性模型(GLM)、广义可加模型(GAM)都是使用了高阶多项式模拟生物分布与环境之间的复杂关系。GLM 相对于多元线性模型有了相当的改进,由于加入了连接函数,GLM 可以使用高斯分布、泊松分布等多种分布型数据进行建模。但是,利用 GLM 拟合生物分布与环境之间的关系时,不仅需要构造环境变量多项式,还需要进行回归参数估计,过程较为麻烦。而 GAM 是对 GLM 的进一步扩展,使用平滑函数代替了参数估计过程;它是一种非参数估计方法,对预测变量的形式没有规定,同时可以使用更多的连接函数,能够对更多分布类型的响应变量进行处理(表 13-1)。在建模思想上,GLM 是预先制定模型形式,即公式右边的回归形式,通过数据拟合公式并求出多项式中各项的系数,属于模型驱动数据的建模思想。而 GAM 建模是使用非参数形式来确定响应变量和预测变量之间的曲线性关系,因此 GAM 模型是数据驱动模型,由数据来确定最终生物分布与环境之间的关系,而不是这种关系的回归系数。

由于 GAM 和 GLM 模型对数据的要求较线性多元回归方法为少,因此应用更为广泛,在生物分

表 13-1　响应变量分布型和连接函数对应表

响应变量分布型	连接函数类型	连接函数
二项分布	logit	$f(z) = \log(z/(1-z))$
负二项分布	inverse	$f(z) = 1/z$
正态分布	identity	$f(z) = z$
伽玛分布	log	$f(z) = \log(z)$
泊松分布	log	$f(z =)\log(z)$

布、有害生物入侵分析、生物迁徙、生物间相互关系分析、污染物危害影响分析、人口发病率与环境关系等多个方面都得到了充分的应用。但是 GAM 也存在一定缺陷,主要表现在以下方面:①GAM 通过平滑函数模拟响应变量和预测变量之间的相互关系,因此,对于特定的数据集选择合适的平滑函数以及平滑函数的参数是建模成功的关键,而选择平滑函数以及设定参数的过程需要较多的经验,其过程也较为烦琐。同时,由于没有像 GLM 那样的参数回归过程,模型仅仅是对预测变量和响应变量之间真实曲面关系的一个近似模拟,可能在一定程度上精确程度不如 GLM 高。②GAM 模型没有考虑预测变量之间的相互关系,即共曲线性关系。如果两个或者多个预测变量之间存在共曲线性,则会对预测结果有严重影响。③在数据量较少时,由于缺乏对整体趋势的把握,GAM 模型敏感性很高,会造成预测结果不准确。

2. 广义可加模型建模过程与方法

GAM 模型建模过程中需要进行数据预处理、连接函数选择、平滑函数选择以及平滑参数选择、模型评价等操作。除了具体数据问题外,都可按一定的规则进行,大致可以归纳为数据探索(data exploration)、模型筛选(model selection)和模型评价(model validation)3 个步骤。以下从这 3 个步骤简述 GAM 模型的建模过程与方法。

(1)数据探索　首先,类似于进行多元线性回归时数据存在共线性(co-linearity)问题,在进行 GAM 建模过程中也普遍存在共曲线性(concurvity)问题。共曲线性问题会造成低估模型参数的标准误,增大第 1 类错误,同时可能导致模型的解不唯一(贾彬等,2005)。因此,在进行建模之前需要对数据进行分析,观察各预测变量的相互关系,评判数据间是否存在线性或者共曲线性关系,并剔除存在强共曲线性的变量。

其次,平滑函数模拟了响应变量和预测变量之间的曲线函数关系,如果它们之间不存在曲线关系,而是简单的直线相关,那么就不使用平滑函数进行处理,而需要将对应的预测变量作为线性部分加入到模型中,然后进行评估。

最后,响应变量的分布型也需要在建模前进行确定,使得能够选择正确的连接函数进行连接。基于上述原因,需要对用于建模的数据集进行相关性分析,以保证模型参数的正确设置。

了解数据集基本情况及分析其分布特征的方法很多,本研究主要采用散点图、相关系数和平滑拟合 3 种方式初步检查上述问题发生的严重程度,并进行预测变量的调整。同时,利用响应变量的频次分布图、正态分布 QQ 图、距平框图等了解响应变量的数据分布情况和统计特征。

利用相关系数 r 矩阵(或决定系数 r^2 矩阵)可以直观地判断两个预测变量是否具有线性相关关系及其相关程度高低,另外从平滑拟合曲线上可以看出两个变量之间的大致关系。然后进行如下评判:①观察响应变量的频次分布图,大致确定响应变量的分布类型;②观察预测变量之间的两两关系,如果两个预测变量之间存在较高的线性相关(>0.8),那么,考虑两个预测变量需要舍去 1 个,而不是两个都参加建模;③观察响应变量和某一预测变量之间的关系,如果呈现明显的直线相关关系,那么,在后续步骤中将考虑不把该预测变量作为模型的非线性部分使用,或者将其舍去(如果发现不使用该变量也可以提高模型准确度,就应舍弃,详见后续章节说明),或者作为线性项加入模型。

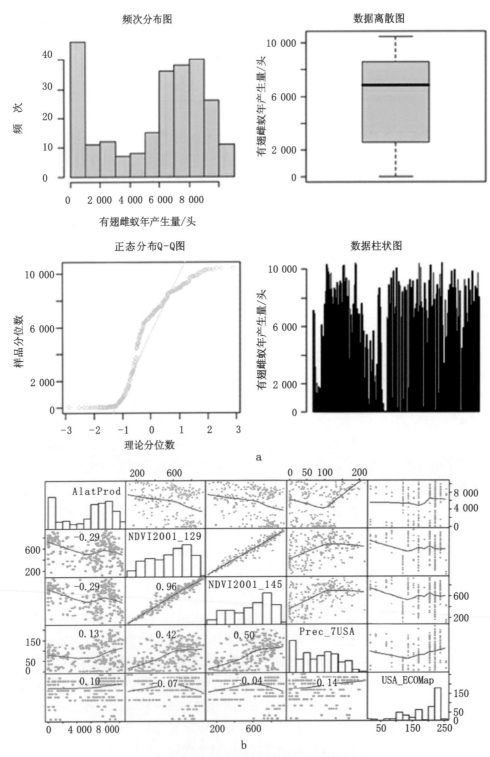

图 13-2　环境变量、响应变量数据探索分析矩阵图

a. 单变量分布情况图,可确定单变量的频次分布、正态特性、平均数、众数等统计特性　b. 多变量之间关系图,其中含变量之间线性拟合情况和相关系数,以及变量频次分布。图中散点为两变量之间数据散点图,数字为两个变量之间的相关性,正数为线性正相关,负数为线性负相关,曲线是两个变量之间的平滑拟合曲线,矩阵对称线上为各变量的频次分布图

例如,在图 13-2 中,红火蚁有翅种群增长量(AlatProd)为响应变量,其他变量是预测变量。从响应变量的频次分布图上看(图 13-2a),其数据分布类型接近正态分布,但两尾偏离较为严重,左尾更严重些,经观察是一些接近 0 附近的值(从正态分布 QQ 图上观察其两尾严重偏离)。

由图 13-2b 还可知道,环境变量 NDVI2001_129 和 NDVI2001_145 具有很高的直线相关性,相关系数 0.96,且从平滑拟合曲线图上看,呈现明显的直线正相关关系;再从两者与 AlatProd 之间的拟合关系上看,在拟合曲线上具有相似性。所以,NDVI2001_129 和 NDVI2001_145 中只挑选 1 个作为建模预测变量即可。另外,预测变量 USA_ECOMap、Prec_7USA 与响应变量之间的拟合曲线呈现直线趋势,且 USA_ECOMap 与其他预测变量之间相关性差,最高仅为 0.14。因此,这两项预测变量可能作为线性部分加入到系统中(也有可能用低阶的平滑函数进行模拟)。

(2)模型筛选　当初步选定了待选预测变量后,就可建立模型结构,并对模型进行评估(model evaluation),进而根据一定的准则确定一个最优化的模型。GAM 模型借助最小二乘法来使期望值和观测值之间的差异达到最小,同时还要兼顾模拟的光滑性,也就是要使用惩罚最小二乘法进行回归,且要使拟合的预测变量在节点的连接处光滑。进行模型评估的方式很多,可以从不同的方面考察模型的准确程度:可以从模型本身出发,比较模型之间的相对准确程度;也可以将原始数据分割成为训练数据和校验数据两个部分(通常随机抽取 50% 的原始数据集合进行建模,剩下 50% 数据作为校验数据),用来验证模型的准确程度。本研究从两个方面考虑,在建立模型时,选取最优化模型;建立模型后,使用预测结果和原始数据进行统计检验,寻找统计差异。

gam 软件包模型筛选　模型筛选使用统计平台 R 平台下 gam 软件包中 step.gam 对象进行模型的逐步筛选,并通过选择最低的赤池信息量准则(Akaike information criterion,AIC)值作为最优化模型的确定原则。AIC 是基于信息论的概念导出的一种使用非常广泛的统计模型选择准则。其一般定义式为:$-2\log(\text{likelihood})+k\times npar$。式中,npar 为拟合模型中的参数数量,通常使用 $k=2$。可以有 $k=\log(n)$(n 为观察值数量),此时的 AIC 就是所谓的贝叶斯信息准则(Bayesian information criterion,BIC)或者 SBC(Schwarz's Bayesian criterion)。即可以将 BIC 看做是 AIC 判别方式中的一个特例。使用 AIC 进行模型筛选的时候,最优化的模型应该是选择使 AIC 值达到极小的模型。

将数据探索中没有汰除的环境因子作为预测变量,连同响应变量作为建模元素;经过调整预测变量的组合形式及其平滑函数形式,组成模型库;对模型库进行运算,并对各个模型求取 AIC 系数,将最终结果列表,例如表 13-2。由表 13-2 得出,最优化的模型是 $\log(\text{AlatProd})\sim \text{NDVI2001\_129}+\text{NDVI2001\_145}+1+\text{USA\_ECOMap}$ 和 $\log(\text{AlatProd})\sim s(\text{NDVI2001\_129},4)+\text{NDVI2001\_145}+\text{Prec\_7USA}+\text{USA\_ECOMap}$。为了便于对模型进行生态学解释,需要在保障精度的情况下,尽可能保留预测变量。所以,最优化模型初步选定为:$\log(\text{AlatProd})\sim s(\text{NDVI2001\_129},4)+\text{NDVI2001\_145}+\text{Prec\_7USA}+\text{USA\_ECOMap}$。

mgcv 软件包模型筛选　从上述方法中看出,使用 gam 软件包进行建模过程中需要:①确定模型的组成,利用 AIC 等指标对模型中各预测变量进行筛选;②选择合适的平滑函数自由度,以使得平滑函数能够更好地模拟响应变量和预测变量之间的关系。这虽然可以实现模型运算的自动化,但这个过程还是一个比较烦琐和漫长的过程。例如上述方法对 NDVI2001_129、NDVI2001_145、Prec_7USA 和 USA_ECOMap 这 4 个预测变量的线性格式、样条平滑的 3 种自由度(4,6,12)进行选择,需要经过 36 种编排模型结构,经计算完成 AIC 值比较,确定最后模型。gam 软件包中自由度选择是人为设定的结果,需要手工尝试多种结构,虽然很有效,但过程较为烦琐。

表 13-2　AIC 极小值法选择最优化模型

待选模型	AIC
log(AlatProd) ～NDVI2001_129 + NDVI2001_145 + Prec_7USA + USA_ECOMap	1 127.639
log(AlatProd) ～NDVI2001_145 + s(Prec_7USA,6)	1 134.754
log(AlatProd) ～1 + NDVI2001_145 + s(Prec_7USA,6) + 1	1 131.261
⋮	⋮
log(AlatProd) ～NDVI2001_129 + s(NDVI2001_145,4) + Prec_7USA + USA_ECOMap	1 097.837
log(AlatProd) ～NDVI2001_129 + 1 + Prec_7USA + USA_ECOMap	1 097.578
log(AlatProd) ～NDVI2001_129 + NDVI2001_145 + 1 + USA_ECOMap	1 096.821
log(AlatProd) ～s(NDVI2001_129,4) + NDVI2001_145 + Prec_7USA + USA_ECOMap	1 096.821

注：示例模型中 AlatProd 为红火蚁有翅蚁种群增长量；NDVI2001_129、NDVI2001_145 分别为 2001 年第 129 天、第 145 天后合成 16 日归一化植被指数；Prec_7USA 为美国 7 月平均降水量；USA_ECOMap 为美国土地利用类型。

为了解决自由度的自动选择和预测变量的舍弃两个问题，本研究还使用了 R 平台下 mgcv 软件包进行模型组成的自动筛选和自由度的自动选择，辅助决定对预测变量的取舍，操作步骤如下。

第 1 步：确定模型的基本组成。

log(AlatProd) ～ s(NDVI2001_129) + s(NDVI2001_145) +s(Prec_7USA) + s(USA_ECOMap)

第 2 步：进行运算，确定模型的统计特性，并计算出自由度。mgcv 使用广义交叉验证准则（generalized cross validation，GCV）或者无偏风险估计准则（un-biased risk estimator，UBRE）作为指标来调整光滑参数。

$$GCV = \frac{nD}{(n-\mathrm{DoF})^{\,^2}}$$

$$UBRE = \frac{D}{n} + \frac{2s\mathrm{DoF}}{n-s}$$

式中　DoF 为模型的有效自由度（effective degrees of freedom，edf）；s 为尺度参数（scale parameter）；D 为离差；n 为数据容量，即记录数量。

模型模拟结果为：

Family：gaussian　　　Link function：identity

Formula：log(AlatProd) ～ s(NDVI2001_129) + s(NDVI2001_145) +s(Prec_7USA) + s(USA_ECOMap)

　　⋮

GCV score = 4.656 6　Scale est. = 4.355 3　n = 250

第 3 步：根据统计结果，判定是否舍弃某些预测变量以提高预测精度。评判依据是：①估计的自由度是否接近 1；②置信限区间是否处处包含 0（可绘制分析图进行观察，如图 13-3）；③如果舍弃某预测变量以后，是否模型的 GCV 值也相应的减少（Wood，2001）。如果上述 3 项评判标准都符合，则该预测变量应该从模型中除去；如果仅仅是自由度接近 1，但是其他两条判定依据不满足的话，则应该将该预测变量作为线性部分纳入模型中。

从第 2 步模型模拟结果中看出，预测变量 NDVI2001_129、NDVI2001_145 的有效自由度（edf）均为 1，符合第 1 条评判要求；另外，从响应变量与预测变量关系分解图（图 13-3）看出，NDVI2001_129 的 95% 置信限处处都包含 0，符合第 2 条评判要求。于是将模型调整为：

log(AlatProd) ～s(NDVI2001_145) +s(Prec_7USA) +s(USA_ECOMap)

模拟结果为：

GCV score = 4.617 2　Scale est. = 4.336 5　*n* = 250

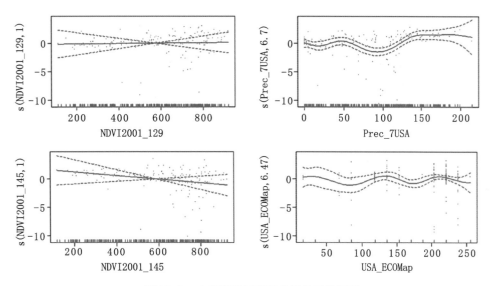

图 13-3　响应变量与预测变量关系分解图

GCV 得分由原来的 4.656 6 降低到 4.617 2。因此,决定将预测变量 NDVI2001_129 舍去。另外,将 NDVI2001_145 调整为模型的线性部分保留。

模拟结果为：

Formula：

$\log(\text{AlatProd}) \sim s(\text{Prec\_7USA}) + s(\text{USA\_ECOMap}) + \text{NDVI2001\_145}$

Parametric coefficients：

	Estimate	Std. Error	t value	$Pr(>|t|)$
(Intercept)	9.501 855	0.486 204	19.543	< 2e-16 **
NDVI2001_145	0.002 898	0.000 800	−3.622	0.000 358 **

Approximate significance of smooth terms：

	edf	Est. rank	F	p-value
s(Prec_7USA)	6.712	9	5.848	2.36e-07 **
s(USA_ECOMap)	6.487	9	1.997	0.0 404 *

GCV score = 4.617 2　Scale est. = 4.336 5　*n* = 250

NDVI2001_145 作为线性部分进行回归,达极显著水平,回归结果很好。同时,两个平滑函数的参数估计也至少达到了显著水平,因此最终的模型确定为：

$\log(\text{AlatProd}) \sim s(\text{Prec\_7USA}, 6.712) + s(\text{USA\_ECOMap}, 6.487) + \text{NDVI2001\_145}$

该模型保存为一个 mgcvGAM 对象,使用含有 Prec_7USA、USA_ECOMap 和 NDVI2001_145 的预测变量数据集就可以用于预测响应变量 AlatProd。

(3)模型评价　目前用于评价模型预测存现数据(presence/absence,P/A)的最好方法是使用受试者工作特征曲线(receiver operating characteristic,ROC)评价方法。该方法源于信号探测理论,用于描述信号和噪声之间的关系,并用来比较不同雷达之间的性能差异。

在 1997 年之前,生态学研究人员评价预测物种存现模型(P/A)准确性的时候,常用预测错误的累积量进行衡量,ROC 曲线、成本矩阵(cost matrices)等方法还很少用到。Fielding Alan 和 Bell John 在 1997 年研究利用栖境数据分析濒危物种分布模型的评估问题时,比较详细地讨论了 P/A 型数据预测模型评估的问题。他们在建模数据和测试数据的分割、预测误差产生的原因等方面进行了深入的探讨,并将多种由混淆矩阵(confusion matrix)导出的、对"分类结果"精度进行评估的方法,如Kappa、Spensitivity、PPP(positive predictive power)、NPP(negative predictive power)和 Odds-ratio 等进行了对比,随后提出了利用 ROC 曲线、成本矩阵、空间相关性评估(spatially-corrected measures)等方法提高生态模型评估能力。他们认为 ROC 曲线是一种不依赖于阈值的评估方法,是用不同阈值的正确模拟存在的百分率曲线和 45°直线之间的面积即曲线下面积(area under curve,AUC)值来确定模型的模拟精度。此后众多生态学家在不同物种的预测模型精度评估、不同机理模型间的比较等多种场合都使用了 ROC 曲线作为评估的有力工具。

在我们的研究中,系统使用到的模型评估方法是 ROC 曲线和 AUC 评估,AUC 取值范围在[0.5, 1]。评价模型预测能力好坏的指标采用了 Swets 等人(Araujo et al. ,2000;Swets,1988)所使用的指标(表13-3)。当然,模型的好坏属于相对概念,根据不同的专业背景和预测精度要求,评价结果可不拘泥于这个评价指标。

表 13-3　AUC 模型评价指标

分值范围	效　果
0.90~1.00	极好
0.80~0.90	好
0.70~0.80	一般
0.60~0.70	较差
≤0.60	很差

13.3　外来入侵物种风险预警分析数据及其处理方法

由于在外来入侵物种风险预警分析研究中,要利用"3S"技术采集和整理环境信息、生物分布信息及生物环境的生态信息,供分析建模使用,所设计的数据类型多样;同时,要使用多种方法对外来入侵物种的定殖风险进行分析,而每种方法所使用的数据也都不尽相同,因此,数据来源、类型和存储格式等较多,需要一套科学的能够处理不同来源、类型和存储格式数据的技术方法。以下将介绍在研究中可能应用到的数据类型、数据来源,以及处理数据的基本方法,并详细说明数据处理模型的原理和实现方法。除介绍中国地区外,还以美国地理区域数据处理为例介绍国外范围的数据处理方法。

13.3.1　基础地理数据

中国地图数据由中国国家基础地理信息中心提供,为比例尺 1:5 000 万的国家基础地理信息数据。ArcGIS9.0 中美国行政区划图数据由 GADM 网站提供,以 ESRI Shape 格式存储;使用坐标系如下:GCS_WGS_1984 系统,Datum:D_WGS_1984,Prime Meridian:0°;比例尺约为 1:150 万,其内容包含美国本土、阿拉斯加、夏威夷等地区州名称、县名称和州县缩写等。

13.3.2　气象数据及其处理

1. 气象数据源

中国地面气象数据由中国气象科学数据共享服务网（China Meteorological Data Sharing Service System）提供，包括中国地面、高空气象数据，其中包括气象台站所在地的省区名、站名、站号、经度、纬度、水银槽海拔高度数据，使用的气象数据包括每日 4 次（2、8、14、20 时）的定时气温、相对湿度、平均风速，以及日降水量。原文件存储形式为纯文本（txt）文件，经数据转换加工，形成 Access 数据库。

2. 空间表面分析

空间表面分析就是对给定特性（如高度、降水量等）的空间分布观测数据进行分析，并通过内插预测没有采集数据空间位置的取值，以构成连续分布表面。从分析的方法上可以分为确定性内插（deterministic）方法和基于统计模型的地统计内插（geostatistical）方法。确定性内插方法，通过对采样数据的观察、分析，用一种或者多种数学函数来表达整个空间表面上给定特性的取值情况，例如邻近位置表面分析、全局多项式内插分析、局部多项式内插分析、径向基函数透视分析等分析方法；地统计内插方法，它不仅利用周边观测点来估计预测点的值，还综合考虑了全部观测点整体空间分布特性（姚永慧等，2002）。以下对本研究中应用到的几种插值方法进行简要说明。

（1）反距离权重插值方法（inverse distance weighted，IDW）　又称反距离加权插值法。分析的基本思想是，在空间上越靠近的两个事物，它们的性质就应该越相似；如果靠得越远，则两个事物的相似性越差。这也是地理学的一个基本原理。也就是说，如果要对未知地点进行预测的话，越靠近该未知点周围的观测值就越应该对预测未知点起着更重要的作用，应该赋予更大的权重。

反距离权重插值的基本公式为：

$$\overset{\frown}{Z}(s_0) = \sum_{i=1}^{N} \lambda_i Z(s_i)$$

距离权重计算公式：

$$\lambda_i = \frac{d_{i_0}^{-p}}{\sum_{j=1}^{N} d_{j_0}^{-p}} \quad 且 \sum_{i=1}^{N} \lambda_i = 1$$

式中　N 为预测 1 个未知点所使用的周边点数量；λ_i 为第 i 个点对预测点取值影响的权重系数；$d_{i_0}^{-p}$ 为第 i 个观测点与预测点的距离；p 为指定的权重赋值参数；$Z(s_i)$ 为第 i 个点的观测值；$\overset{\frown}{Z}(s_0)$ 为利用周边点预测出的值。

式中，p 取值越大，能够影响预测值的观测点越少，反之越多；当 $p=0$ 时，$\lambda_i=1/N$，实际上表示不考虑距离差异，预测点的取值就是全部观测值的均值。在 ArcInfo 中，IDW 权重参数 p 默认取值为 2。而在地统计分析模块中，通过寻求均方根预测误差（root mean square prediction error，RMSPE）最小化来自动确定 p。

反距离权重插值方法假定局部的变化趋势影响内部待预测点，当已知观测点的分布比较均匀且数据中没有异常数据，则反距离权重插值方法可以比较精确地确定一个连续的表面空间。但是即便出现了异常值，如果搜索半径和权重参数 p 设置得当，异常值仅能影响其附近的预测结果。对于局部变化小的数据，例如一个气象站点分布均匀地区，可利用反距离权重插值方法估计温度连续表面。

（2）全局多项式和局部多项式插值方法（global polynomial /local polynomial）　两者都是利用多项式方程进行运算，模拟一个光滑表面，区别在于：局部多项式插值方法在不同局部空间中使用不同的多项式来拟合区域内的变化情况，然后将预测结果拼接在一起形成连续表面；全局多项式可以看做是局部多项式的一种特例,即所有区域范围都使用相同的多项式进行预测。由于多项式拟合方法适合分析变化缓慢且具有全局趋势的表面,本研究中仅用其作为 Krige 插值分析的对比来分析我国大尺度降水情况。

(3)地统计插值方法 为地统计学的主要内容之一。南非矿山地质工程师 Krige 等开创了地统计学方法,后来经过法国数学家 G. Matheron 的改进,提出并创立了地统计学(geostatistics)(吴曙雯,2002)。地统计学是在地质分析和统计分析互相结合的基础上形成的一套分析空间相关变量的理论和方法,它以区域化变量理论为基础,以变差函数为主要工具,研究那些在空间分布上既有随机性又有结构性的自然现象。地统计学能最大限度地利用野外调查所提供的各种信息,例如样本位置、样本值、样本采集地之间的疏密程度等,分析样本位置与样本值之间在空间上的相关性,以此建立模型来估计未采样地区的特征值。与传统统计学预测方法相比,地统计学更注重空间位置带来的统计意义,即不仅关注在量上的差异,还关注在方向上的差异。

3. 气象数据处理

气象数据由中国气象科学数据共享服务网提供全国 704 个站点地面观测日值报告,数据格式为带站点信息的文本格式,数据内容包含站号、日期、温度(日平均)、湿度(日平均)、降水量。由于中国地面观测报告文件已经经过气象部门的严格质量控制,结果已经过检验和时间一致性检验,并对已查出的错误记录进行了更改,所以可以直接使用各种气象数据进行空间分析处理。处理时,将站点经纬度信息和站点编号提取,利用 ArcGIS 8.3 点数据创建工具创建全国 704 个气象站点分布信息数据,以 ESRI Shape 格式存储。其他的气象数据导入到 Access 数据库中,以站号和日期作为主键以保证数据的唯一性,并与气象站点分布矢量数据连接,以进行空间插值,形成各种气象指标连续分布表面。本研究中虽然利用气象数据制作连续气象因子分布图的情况较多,例如制作地温统计信息分布、夏季降水分布等,但各分布图的制作方法相似。以下以 1980—2002 年年平均总降水量分布图制作过程为例进行说明。

具体操作步骤如下:

(1)创建站点分布矢量数据 地面气象日值数据中包含站点的经度、纬度信息,利用该信息制作气象站点点集数据文件(ESRI Shape 无拓扑关系矢量数据文件)。站点文件具有站号字段,可作为其他属性数据(如:温度、湿度,以及经过统计处理的基本气象数据结果值)所属空间位置的索引。

(2)制作气象因子数据库,并对数据进行相应的统计处理 将地面气象日值数据按照分析要求,进行统计处理。处理方法是使用 SQL 查询语句生成符合要求的数据表。如:求 1980—2002 年年平均总降水量的 SQL 语句如下:

SELECT 站号,Avg(年降水量) as 年均降水量 into 年均降水量数据

FROM (

       SELECT 站号,年度,sum(日降水量) as 年降水量

       FROM (

              SELECT * ,year(日期) as 年度

              FROM 降水量

)

       GROUP BY 站号,年度

)

GROUP BY 站号

(3)利用空间插值方法生成连续表面 将待处理数据以关系表(relationship table)形式挂接到

ArcGIS 8.3 数据库管理器中,利用地统计插值方法对年均降水量字段进行空间插值,将数据进行平稳性变换、异常值剔除、趋势面剔除、模型挑选等操作后,进行交叉验证,选择误差最小的结果作为预测结果,并生成连续表面图。

13.3.3　WorldClim 生物气象变量数据及其处理

WorldClim 数据由 WorldClim 网络提供(http://www.worldclim.org)。它是在全球历史气象数据网络(the globalhistorical climate network,GHCN)、FAOCLIM 2.0 全球气象数据库等数据库的基础上,将 1950—2000 年间,47 554 个降水站点,24 542 个气温均温站点,14 835 个气温大小值站点数据进行处理,求取月平均值,然后利用 ANUSPLIN 分析包中的薄板平滑样条插值法进行插值,生成连续表面图,以便进行大区域分析使用。

WorldClim 数据中生物气候变量(bioclimatic variables)由月温度、降水等气象指标衍生而来,以便包含更多在生物学上具有意义的环境因素。

生物气候变量包含了气候变化的年度趋势(如年均温、年降水等)、季节差异(如温度、降水的季节差异),以及极端或是限制性的环境因子(最热月温度、最冷月温度、干旱季节降水量等)在全球的分布情况,可用于生态位建模等研究工作。应用生物气候变量数据可分析中外气候条件的差异。

BioClim 数据元数据以 ESRI Grid 格式存储,采用 GCS_WGS_1984 投影,Datum:D_WGS_1984,Prime Meridian:0°,范围大致从 90°N~60°S,180°W~180°E。数据的空间分辨率有 30″(在赤道附近大约为 1 km)、2.5′、5′、10′等几种,本研究中使用最高精度的数据,即约 1 km 的数据。利用中国、美国行政区划图对 BioClim 数据进行栅格运算,实现边界切割,得到中国、美国地区 19 种 Bioclim 数据集。

13.3.4　植被数据及其处理

植被覆盖情况数据由美国国家航空和宇宙航行局(NASA)的 MODIS-Atmosphere 提供(http://modis-atmos.gsfc.nasa.gov)。该数据集为填充归一化植被指数数据(the filled normalizeddifference vegetative index)(以下简称"植被数据"),是通过地面反射率地图产品制作的衍生数据产品。

植被数据由 1 组每 16 d 一合成的 NDVI 数据集组成,每年的数据集共由 23 组图像数据组成,平均每半月有 1 个植被覆盖情况的数据。全部植被数据的空间分辨率是 1′(在赤道附近约 2 km,中国地区约 1.6 km)的等角投影栅格数据。MODIS-Atmosphere 提供的数据是从 2001—2004 年共 4 年的数据。原数据仅含有空间范围说明,不含具体投影信息。因此利用 ArcGIS 8.3 中的 Georeferenceing 工具对原始数据设置了投影,投影方式与 BioClim 数据的处理结果的投影方式相同。

13.3.5　土地利用数据及其处理

土地利用数据由美国国家航空和宇宙航行局(NASA)的 MODIS-Atmosphere 提供(http://modis-atmos.gsfc.nasa.gov)。该数据集是正式的 MODIS 1 级数据、MOD12Q1 数据等数据的衍生处理数据,分类处理方法按照国际地理-生物圈计划(International Geosphere-Biosphere Programme,IGBP)分类数据库方案进行。原 MODIS 1 级数据和 MOD12Q1 数据为 Integerized Sinusoidal(ISIN)投影,经转换为等角直角坐标系投影,形成空间分辨率 1′(在赤道附近约 2 km,中国、美国地区约 1.6 km)且按照 IGBP 分类标准分类的数据集。该数据集共有 7 个子集,分别记载经度、纬度(构成数据范围)、土地利用类型分类信息(表 13-4),以及数据类别及质量控制等信息。本研究中使用经度、纬度范围作为进行变更投影的重采样依据,将土地利用类型数据投影为 GCS_WGS_1984 投影,参数同 BioClim 数据集处理。

表 13-4　土地利用类型表（IGBP）

类　别	取　值
水体（water）	0
常绿针叶林（evergreen needleleaf forest）	1
常绿阔叶林（evergreen broadleaf forest）	2
落叶针叶林（deciduous needleleaf forest）	3
落叶阔叶林（deciduous broadleaf forest）	4
混合林（mixed forests）	5
闭合灌木地（closed shrubland）	6
开放灌木地（open shrublands）	7
林地草原（woody savannas）	8
草原（savannas）	9
草地（grasslands）	10
永久性湿地（permanent wetlands）	11
农用地（croplands）	12
城市用地（urban and built-up）	13
农用地和自然植被混合地（cropland/natural vegetation mosaic）	14
冰雪地（snow and ice）	15
裸地或荒原（barren or sparsely vegetated）	16
未分类用地（unclassified）	254

13.3.6　高程数据及其处理

　　高程数据由国际农业研究咨询组（the Consultative Group for International Agricultural Research，CGIAR）的空间信息合作组（Consortium for Spatial Information，CSI）提供（http：//csi. cgiar. org/index. asp）。该数据是依据雷达遥感图像制作，由于少数地区没有详细的雷达遥感图像，形成了数据"空洞"。CSI 利用空洞填充算法以补充实现连续的高程表面。所提供的高程数据为第 3 版数据，该数据较前两版数据有了明显的改进。数据的空间分辨率为全球范围内纬度环弧 3″（即在赤道地区分辨率为 90 m）。投影为地理坐标投影（Geographic lat/long projection），使用 WGS 84 椭球。为了方便用户下载，CGIAR-CSI 将全球高程数据分割成为 5°×5° 的小区。数据下载后，利用 ArcGIS 将各小区高程图进行合并，合成中国或其他地区的高程图大致范围。最后利用行政区划图对高程图像进行切割，构成高程 90 m 的分辨率数据集。由于其他数据集精度很少达到 90 m，可对 90 m 分辨率数据进行重采样，合成 1 km 左右分辨率的高程数据。

第14章 基于CLIMEX与种群动态模型的红火蚁潜在分布分析

14.1 红火蚁简述

红火蚁 *Solenopsis invicta* Buren 是隶属于膜翅目蚁科的一种昆虫,原产于南美洲的巴西和阿根廷,目前已经成为世界范围内一种主要的潜在外来有害生物。红火蚁自20世纪初入侵美国以来,对美国的农业生产、生态安全等带来了极大的损害。其后,陆续在新西兰、西印度群岛、波多黎各、澳大利亚等国家和地区以及我国的台湾省发现了红火蚁的入侵。2005年初在我国大陆地区也发现了入侵性红火蚁,并且在1年的时间内,陆续在我国的广东、广西、湖南、福建等4个省区局部地区发生。

图 14-1 红火蚁形态图

红火蚁成虫体长3~6 mm,头部的线呈倒"Y"形,大颚具4齿,中胸侧板有刻纹或表面粗糙(图14-1),头部宽度小于腹部宽度(工蚁和兵蚁可从头部的宽度来区分,工蚁的头部宽度约为0.5 mm,而兵蚁的头宽约为1.5 mm)。头顶中间轻微下凹,不具带横纹的纵沟;唇基中齿发达,长约为侧齿的一半,有时不在中间位置;唇基中刚毛明显,着生于中齿端部或近端;唇基侧脊明显,末端突出成三角尖齿,侧齿间中齿基以外的唇基边缘凹陷;复眼椭圆形,最大直径为11~14个小眼长,最小直径为8~10个小眼长;触角柄节长,兵蚁柄节端离头顶约为柄节长的0.08~0.15倍,小型工蚁柄节端可达到或超过头顶;前胸背板前侧角圆至轻微的角状,罕见突出的肩角;中胸侧板前腹边厚,厚边内侧着生多条与厚边垂直的横向小脊;并胸腹节背面和斜面两侧无脊状突起,仅在背面和其后的斜面之间呈钝圆角状;后腹柄结略宽于前腹柄结,前腹柄结腹面可能有一些细浅的中纵沟,柄腹突小、平截,后腹柄结后面观长方形,顶部光亮,下面2/3或更大部分具横纹与刻点。虽同一蚁巢个体间颜色比较一致,但种内颜色变化大,双色,头、胸从橘红色至深红褐色,柄后腹及第1背板上有大斑,为褐色至黑褐色。三角形额中斑和其后的窄中纵沟颜色在大多数标本中均明显深于周围区域。同一蚁巢中小型工蚁颜色深于大型工蚁。

红火蚁为杂食性社会型昆虫,无特定寄主,但其造成的危害是多方面的。由于红火蚁是一种进攻性强的捕食者,它不仅能降低许多有害生物的种群数量,而且也捕食天敌幼虫和成虫,包括捕食许多其他有效的捕食性蚂蚁种类,导致生态系统捕食者组成的单一化。红火蚁偏爱在地下和阳光充足的地方建巢,也可将巢建于人类栖居地区的人造环境,如墙缝中和配电箱等相对温暖的设施中。红火蚁巨大的种群数量和强攻击性,可对人类生产、生活造成极大危害和影响。它叮蜇人畜,可致其过敏甚至死亡,造成严重的卫生安全问题;啃噬植物根、茎、种子等,造成农业减产;通过捕食、筑巢等行为,改变了地表生态系统结构,使土壤环境恶化,并破坏人类居住环境。

一个红火蚁成熟蚁群通常包含 10 万~50 万个各型工蚁,有数百个具繁殖力的有翅型雄蚁和雌蚁,1 个或多个蚁后及其所产生的卵、幼虫和蛹。工蚁为无翅、无生殖力的雌性个体。有翅雄蚁体黑色,头部较小,而雌蚁则为红褐色,头部和体型均较大。红火蚁的婚飞通常在晚春及初夏发生,雄蚁在交配后很快死亡,交配后的雌蚁将翅脱落,并寻觅筑新巢的地点。在适宜的条件下,蚁后在土壤中挖掘小巢穴,随后准备产卵,一般 24 h 内即开始产卵。最初产下的 10~15 枚卵,由蚁后饲喂直至发育到成虫阶段。这些幼体成熟后,就作为第 1 批工蚁开始照看蚁后产下的卵,并承担一些与群体维护相关的其他工作。成熟蚁巢中的一个蚁后每天可产 1 500~5 000 枚卵,卵的孵化期为 7~14 d。幼虫分为 4 个龄期,6~15 d 后化蛹,蛹期为 9~15 d。成熟工蚁寿命可达 35 d 或更长时间,蚁后寿命长达 6~7 年。在最初的几个月里,蚁后的死亡率非常高,常高达 99%。有翅雌蚁常被蜻蜓、甲虫、螳螂和蜘蛛捕食,也有许多溺死在水塘中或被鱼取食。交配后的雌蚁若在已有红火蚁群体的地方建巢,则通常会受到攻击并被工蚁杀死。在无红火蚁的地区,有些交配后的雌蚁能够幸存下来并产生第 1 批工蚁,但这个小的蚁群通常会被其他物种消灭。本地蚂蚁也会攻击落地的交配后的雌蚁。一旦第 1 批工蚁能够存活下来,通常这个蚁群就会存活下去。红火蚁的工蚁存在多型现象,年轻的工蚁负责照顾蚁巢,中年的工蚁保护群体和修补隧道,年老的工蚁则负责觅食。

14.2 材料与方法

本研究基于 CLIMEX 模型和种群动态模型(colony dynamic model,CDM),对红火蚁在中国的潜在分布进行分析。

14.2.1 材　料

(1)气象数据　根据美国国家气候数据中心(NCDC)中国站点数据和中国国家气象信息中心的地温站点数据,整理获得共计 533 个站点的 5~14 年不等的有效地温数据。另有全国 704 个站点地面温度、湿度和降水数据。

(2)地理信息数据　中国地图数据为比例尺 1∶5 000 万的国家基础地理信息数据,来源于中国国家基础地理信息中心,最后更新数据日期截至 1997 年底。另有由全国农业技术推广服务中心提供的红火蚁发生地点的地理信息,以及作者在福建、广西红火蚁发生地点采集的 GPS 数据。

14.2.2 方　法

通过使用两种不同的模型对红火蚁扩散能力及其在我国的定殖的可能性进行分析。其一,从气象条件对生物影响的角度出发,使用 CLIMEX 模型对红火蚁在中国潜在分布的范围进行分析;同时利用现有的气象数据对其进行空间分析,构建多种中国气候因子影响下红火蚁分布情况,并结合 CLIMEX 模型运行结果,重点分析气象因子对红火蚁定殖扩散的影响。其二,由于红火蚁对环境的适应能力很强,所以不能仅仅考虑气候条件,还需要对其生物学特性与种群增长能力加以分析,因此,本研究还利用红火蚁种群动态模型从种群增殖能力方面探讨其定殖和种群扩张的能力。

1. 气候条件对红火蚁扩散的限制模型

如第 13 章所述,CLIMEX 模型通过分析物种在已发生地区的气候条件预测其潜在地理分布和相对丰盛度。它主要利用温度、湿度数据估计环境条件。模型中含几个变量:生长指数(growth indices,GI)用以描述一年中种群的增长过程,胁迫指数(stress indices,SI)和限制条件(limitation conditions,LC)用以描述环境的胁迫过程,最终通过生态气候指数(eco-climatic index,EI)来综合表示物种在一年内对环境胁迫期和种群增长期 2 个时期的总体反应,从而确定物种在该生态环境中存活的可能性。

CLIMEX 的具体算法见第 13 章描述。

CLIMEX 软件中 Compare Locations 功能可以用已广泛定殖地区的发生情况进行参数调试,当得到对已广泛定殖地区的最佳拟合结果后,即可使用这些参数对入侵地区可能的潜在分布进行分析预测。Sutherst et al.(2005)分析了美国红火蚁的分布范围,取得了红火蚁生物气候参数,并利用 CLIMEX 对新西兰、澳大利亚等地区进行了预测。本研究采用该参数预测了红火蚁在中国的潜在分布。由于 CLIMEX 模型的输出结果为以目标区域气象站点为索引的各种指数的列表数据,不能直接形成连续表面,所以将 CLIMEX 中的气象站点位置导出到 ArcGIS 8.3,生成 CLIMEX 气象站点图层。然后将模型运行结果作为关联表连接到 CLIMEX 气象站点图层上,利用 Krige 方法进行空间分析,生成连续表面。最后通过对生长指数、冷胁迫指数等 7 种指数的表面分析结果,研讨限制红火蚁在中国大陆地区发生发展的气象因素。

2. 种群动态模型

红火蚁种群动态模型在进行适生性分析、自然条件下分布极限北界确定等方面已有较多应用(Morrison et al.,2004;Korzukhin et al.,2001;Korzukhin,et al. 1994)。该模型假定土壤温度是控制红火蚁种群增长和增殖的关键生态环境因素,冬季过长的低温导致的越冬死亡是限制领地中红火蚁存活率的主要因素。它通过两个变量描述种群变动情况:每日产生有翅雌蚁总量 α 和种群大小(以领地面积表示)$S(\mathrm{m}^2)$。模型的主要输出结果为平均每年种群繁殖期所产生的有翅雌蚁总量 $A = \sum \alpha$。该值作为决定红火蚁是否能够定殖以及定殖可能性大小的关键指标。评判阈值分别为 $A_{01} = 3\,900$,$A_{02} = 2\,100$ 和 $A_{03} = 0$。对于 $A > A_{01}$ 的地区,可以比较确切地认为是红火蚁适生地区;而 $A_{02} < A < A_{01}$ 的地区,则是可能适合红火蚁生长繁殖的地区;如果 $A_{03} < A < A_{02}$,则认为该地区是入侵可能性很小的地区或即便侵入该地区,种群发展和越冬也相当困难;如果 $A = A_{03}$,则认定该地区为不可能定殖的地区即免疫地区。该模型以美国的大量调查数据为基础,建立了不同土壤温度下(10 cm 深处地温)红火蚁种群增殖扩大和缩减的 3 个经验函数。因此,该模型既考虑环境因素的影响,又以美国多年调查的实际分布情况为基础,能够比较好地确定红火蚁的可能定殖范围。

3. 模型的应用与实现

(1)应用 CLIMEX 模型的运算结果进行 GIS 平台分析　运行 CLIMEX 软件,利用 CLIMEX 拟合红火蚁在美国的发生情况,找到温、湿度等参数,分析红火蚁在中国发生的大区范围,得出各站点的 EI 值。但是该点集不能直接生成分析面,所以需要提取其运算结果,在 GIS 平台上进行表面分析。将得出的 EI 值绑定到对应地区的气象站点上进行由点到面的插值分析。经过对比,挑选了协同 Krige 插值法,经剔除西北朝东南向的趋势面,得到了基于 CLIMEX 模型的红火蚁在中国的适生性分析结果。

（2）红火蚁种群动态模型分析与实现　基于上述红火蚁种群动态模型原理,利用 Microsoft Visual Basic 6 研发了模型运算工具,得到种群动态模型中 3 个经验函数的发生程序,为模型提供了适当的函数值,最后以 DLL 方式嵌入到生物分布预测系统中。利用该工具,对每个地温站点附近地区红火蚁的入侵定殖过程进行了模拟,并将有翅雌蚁产生量总和作为评判红火蚁发生程度的标准。然后利用各站点预测结果的地理统计信息,选择预测 Krige 插值方法进行表面分析,最终得到了种群动态模型模拟结果。

14.3　结果与分析

14.3.1　CLIMEX 模型大尺度分析结果

1. 生态气候指数分析结果

由 ArcGIS 8.3 对 CLIMEX 运算结果点集中的生态气候指数（EI_A）插值后结果如图 14-2。如图 14-2 所示,我国广东、广西、海南、台湾、福建、浙江等 6 省区全境,以及云南南部、贵州西北部、重庆地区西部、四川东南部、湖南北部和南部、江西西部为高危险区域,生态气候指数值在 30 以上,表明这些地区极适合红火蚁的入侵、定殖。由此极适合地区向外扩展,云南东部、贵州中部、湖南中部、安徽南部、江苏南部、湖北南部发生可能性也很高,属于危险区域,这些区域生态气候指数值在 20～30 之间。由此再向北,以云南西北部横断山脉到川西高原,以及四川北部和东北部、陕南地区、湖北北部、河南南部、安徽北部和江苏北部为可能发生地区,但受到自然条件限制较大,定殖和扩大种群有较大困难,该区域生态气候指数值在 5～20 之间。越过此区域向北的广大北方地区则不适宜红火蚁定殖分布。

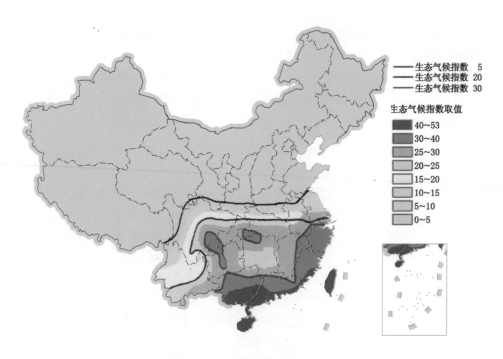

图 14-2　CLIMEX 模型对红火蚁在中国入侵定殖风险的预测结果

图中,红色为红火蚁入侵定殖风险高危地区,绿色为免疫地区,红色向绿色过渡区域表示入侵定殖风险逐渐

降低。入侵风险评定标准为生态气候指数（EI）值

2. 温度指数分析结果

年度温度指数(tempreture index of anniversary,TI$_A$)能够比逐日温度分析更能真实地反映温度对物种种群潜在发展的影响。因为年度温度指数不是以简单的线性关系,而是以一种非线性的年度关系曲线来刻画种群增长和温度之间的关系(Sutherst et al.,2005)。由图 14-3 可知,我国广西、广东、台湾、福建、海南等 5 省区几乎全境以及云南南部在年度温度变化方面很适合红火蚁的种群增长和存续,年度温度指数维持在 60 以上。由此向北,贵州、湖南、江西、浙江、江苏、安徽、湖北以及四川东南部、重庆市、河南南部等地区年度温度指数也相对较高,在 30 以上;新疆沙漠地区,年度温度指数也较其北部地区高,维持在 25 左右;青海、西藏、甘肃大部年度温度指数则较低,大致在 10 以下;内蒙古东北部、黑龙江、吉林等地区该指数也较低,在 10 左右;华北平原等中原地区和山西、关中平原,则在 25~30 左右。鉴于美国红火蚁定殖地区的年度温度指数约在 25 之上(Sutherst et al.,2005),则我国除西藏、青海、新疆、甘肃、内蒙古、宁夏、陕北、黑龙江、吉林、辽宁北部以外,其他地区均具备红火蚁定殖的温度条件。

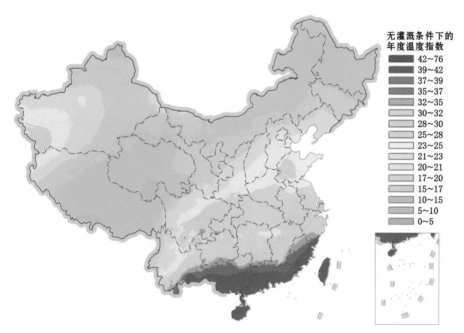

无灌溉条件下的
年度温度指数

42~76
39~42
37~39
35~37
32~35
30~32
28~30
25~28
23~25
21~23
20~21
17~20
15~17
10~15
5~10
0~5

图 14-3　红火蚁的年度温度指数(TI$_A$)在中国的分布情况图

图中,红色地区为年度温度指数高的地区,表示温度条件适合红火蚁种群发展;绿色地区为年度温度指数低的
地区,表示温度条件不适合红火蚁种群发展;中间黄色地区为过渡地区

3. 土壤湿度指数分析结果

由于红火蚁是一种土栖种类,主要生活空间是在地下,所以土壤湿度对于红火蚁种群的延续和发展有着重要的作用。CLIMEX 中有年度土壤湿度指数(soil moisture index of anniversary,MI$_A$)这个指标,从湿度这一侧面分析物种的存活潜力。图 14-4 说明了年度土壤湿度指数对红火蚁种群潜在增长的影响:在四川东南部、重庆、贵州、湖南、湖北南部、安徽南部、江苏南部、浙江、江西、福建、台湾等地区,年度土壤湿度指数相当的高,在 90 以上;而在广西、广东、海南 3 个省区及云南西南部,该指数虽然比上述地区的低,但也在 80 以上;反观四川西北部、西藏、青海、新疆、甘肃、宁夏、内蒙古、山西、河南北部、山东西北部、河北、北京等地区,年度土壤湿度指数则相当的低,仅在 25 以下。另外,东北地区中,黑龙江东南部年度土壤湿度指数也较高,在 50~60 之间,而吉林、辽宁偏低,在 45 以下。由

此可见,我国西北部干旱地区在年度土壤湿度指标上不适合红火蚁定殖。另外,土壤湿度最合适的地区并不是在两广一带,而是在我国长江中下游地区。

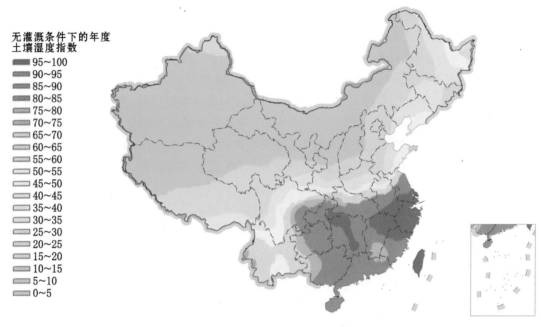

图 14-4　红火蚁的年度土壤湿度指数(MI_A)在中国的分布情况图(自然无灌溉条件下的 MI_A)

图 14-5　红火蚁的年度生长指数(GI_A)在中国的分布情况图

4.生长指数分析结果

年度生长指数(GI_A)由年度土壤湿度指数(MI_A)和年度温度指数(TI_A)计算而来(在本研究中,不考虑年度光照指数 LI_A 和滞育指数 DI_A,即 LI_A 和 DI_A 结果始终为100,表示不存在滞育和光周期限制等影响)。它综合地描述了各种因素对红火蚁种群存续和增长的综合效能。由图 14-5 可知,我国广东、广西、海南、台湾地区红火蚁潜在增长的可能性很大,年度生长指数在 50 以上;从 Sutherst et al.(2005)的研究成果看,美国现有红火蚁定殖区域的年度生长指数均在 20 之上,而我国云南西南部、贵州、湖南、江西、福建、浙江、江苏、安徽、河南南部、湖北、重庆、四川东南部等地区,该指数也在 20 之上,所以这些地区红火蚁定殖的风险显然是存在的。在上述地区以北,无论是温度或是湿度(图 14-3 和图 14-4)均不能满足红火蚁定殖的需要,它将无法建立种群。这些地区包括西北部的西藏、新疆、青海、甘肃、宁夏、陕北、山西、河南北部、河北、山东、北京、内蒙古和东北 3 省。至于不能建立红火蚁种群地区的限制因子分析结果,见本章 14.3.2.1。

上述 4 个小节从有利于红火蚁建立种群的气象因子在我国的地理分布情况分析了红火蚁定殖的可能范围及其定殖的风险程度,下面将对限制红火蚁分布的因素进行分析。

5. 冷胁迫指数分析结果

由图 14-6 可以直观地看出,我国东北 3 省、内蒙古全境年度冷胁迫指数相当的大,均在 900 以上;新疆除南部沙漠地区、西藏除西部及东部地区年度冷胁迫指数较低(但也在 300 以上)外,其他地区冷胁迫情况也很严重,年度胁迫指数在 700 以上;而四川北部、甘南、陇东、陕北、山西北部、河北北部以及辽东地区则处于冷胁迫的急剧下降地带,这应该与我国地形情况有关。即从我国青藏高原、内蒙古高原下至第 3 级阶梯冷胁迫迅速解除。从四川北部、甘南、关中、山西南部、河北南部、山东北部一线向南,年度冷胁迫指数从 900 以上迅速降低至 200 以下,此线南部则基本上不存在冷胁迫,年度冷胁迫指数均在 100 以下。

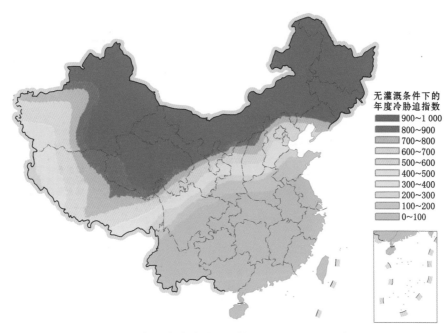

图 14-6 红火蚁的年度冷胁迫指数(DS_A)在中国的分布情况图

6. 干胁迫指数分析结果

干胁迫指数同冷胁迫指数一样,在地势下降至第 3 阶梯后,也迅速地降低而解除了胁迫。在南疆盆地和沙漠地区,新疆、西藏交界地区,干胁迫相当严重,年度干胁迫指数(DS_A)约在 500 以上。但是在新疆乌鲁木齐以北和阿勒泰地区年度干胁迫指数很低,考虑到阿勒泰地区位于阿尔泰山南麓,其降水多于新疆平均降水水平,形成了北温带内陆区少有的"湿岛",且阿勒泰湖泊众多,水资源充足,地表水年径流量达 123.6 亿 m³,因此在该地区年度干胁迫指数很低。在西北地区的另一个高干胁迫指数地区是甘肃北部安西、玉门一带,该地区年度干胁迫指数接近1 000,存在极强的干胁迫。由此地区向东、向南,干胁迫逐渐解除。在内蒙古东部、陕北、山西、华北地区,年度干胁迫指数降低至50以下;当地形下降至第3阶梯时,对于红火蚁种群来说,基本上不存在干胁迫了(图14-7)。

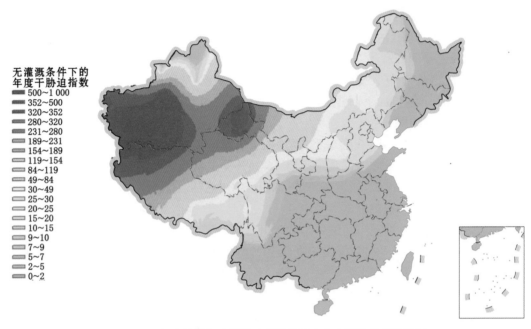

图14-7 红火蚁的年度干胁迫指数(DS$_A$)在中国的分布情况图

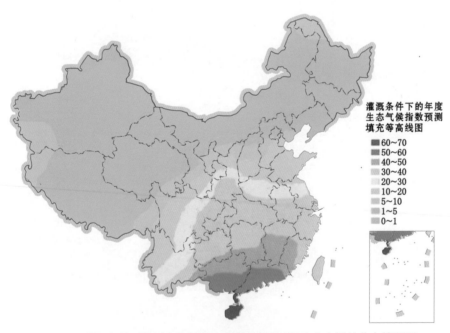

图14-8 灌溉条件下的红火蚁年度生态气候指数(EI$_A$)在中国的分布情况图

7. 灌溉条件下生态气候指数的变化

CLIMEX模型中灌溉条件下的年度生态气候指数(EI$_A$)提供了解除干胁迫条件下对红火蚁种群存续和发展的估计。每月增加与50 mm降水量相当的灌溉,云贵、两广、福建、安徽、湖南南部等地区生态气候指数变动不大,但是生态气候指数在 10~20 的分布带和在 30~40 的分布带较没有灌溉条件下时向北移动(比较图 14-2 和图 14-8 两图),即适生范围向北移动到河北北部、山西中北部、陕北、宁夏南部、陇东、陇南一线。因此在此线附近,如果存在合适的灌溉条件或者是在小生境中存在一定的自然水源,红火蚁种群仍然有定殖的可能性。但是对于红火蚁在大尺度区域上的普遍定殖,尚有待做进一步的深入分析。

14.3.2　CLIMEX 局部地区限制因素分析结果

在红火蚁适生区,所有的气象条件都不构成对种群存续的威胁,所以在适生区胁迫指数都很低而生长类的指数均较高。在非适生地区却具有不相同的气候条件限制,最终造成的生态气候指数偏低。本研究在适生区、不确定地区、非适生区 3 个大区域中选取具有代表性的地理位置,分析了不确定地区和非适生区生态气候指数偏低的成因,结果见表 14-1 和图 14-2。

表 14-1　不同生态气候指数地区 CLIMEX 指数表

区　域	降水量/mm	DD*	EI	GI	TI	MI	DI	LI	CS	HS	DS
非适生区											
库　车	68	1 211	0	0	28	0	100	100	89	0	50
银　川	198	785	0	1	18	4	100	100	148	0	1
哈尔滨	514	568	0	11	13	51	100	100	258	0	0
不确定地区											
青　岛	657	852	12	19	20	74	100	100	0	0	40
西　安	492	1 673	13	18	37	34	100	100	0	0	29
昆　明	1 028	876	16	16	20	66	100	100	0	0	3
适生区											
成　都	997	1 314	29	29	30	80	100	100	1	0	0
厦　门	1 178	2 333	52	52	52	97	100	100	0	0	0
广　州	1 642	2 514	55	55	56	92	100	100	0	0	0

* DD—年度积温,单位:日度。

1. 非适生区限制因子分析

在新疆地区,以库车为例,年度生长指数和土壤湿度指数全年接近为 0;同时冷胁迫时间较长,约为 5 个月(18 周),且冷胁迫指数超过 50 的时间有 2 个月;1 月份出现的极端低温为 -14.9 ℃,远高于 Killion et al.(1995)提到的 -17.8 ℃ 这个红火蚁种群耐受的极端低温;6—9 月该地区的气温足以支持红火蚁定殖,其均温远远超过红火蚁种群增长的起点温度 21 ℃(Morrison et al.,2004)。利用 CLIMEX 模拟灌溉,每周补充等效 50 mm 降水。处理后,土壤湿度指数上升到 100,生长指数也随之上升,并在生长季节保持 80 左右的较高水平。可见该地区的主要限制因子为干旱(降水量少而蒸发量大),同时冬季温度过低也是重大限制因子。

在以宁夏银川为代表的西北地区中东部,干旱也是重要的制约因子。而且,该地区的温度指数较新疆地区还低,冷胁迫维持时间更长,约为 6 个月,冷胁迫指数大致维持在 9~58 之间。虽然在八九月份气温和降水(夏季降水量 125 mm)等条件较好,但是维持时间很短。红火蚁种群在这个时间段内即便有所发展,也不可能有很大积累。由模拟灌溉解除干胁迫后的情况看,即便有合适的湿度条件,漫长的冬季冷胁迫也足以抵消红火蚁在夏秋季节的发展,甚或造成红火蚁严重的越冬死亡。所以,该地区的限制作用来源于干旱和冷胁迫共同作用。

在东北地区(以哈尔滨为例),降水量较西北地区要高很多,能够在红火蚁种群增殖阶段提供足够的湿度。5—11月该地区降水较为丰富,月均达124 mm,因此年度土壤湿度指数都维持在50以上。从每周增加50 mm降水量并没有提高红火蚁种群的生长指数上看,降水或土壤湿度并不构成对红火蚁种群定殖的限制。但是东北地区低温时间比西北地区要长,冷胁迫存在的时间长达7个月,同时冬季低温也远低于西北地区,极端低温达-33 ℃,这对红火蚁种群的杀伤甚为严重。可见该地区土壤湿度和夏季温度能够支持红火蚁定殖,而冬季低温是限制红火蚁种群发展的主要因素。所以,在该地区人工环境有可能为红火蚁种群提供安全越冬条件,也即存在其定殖的一定风险。但在自然生态条件下,红火蚁不可能定殖(图14-9)。

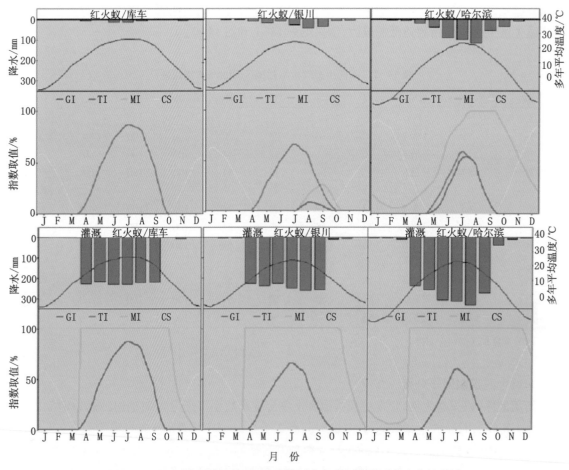

图14-9 红火蚁不能定殖地区代表性站点年度间环境因素变化情况图

2. 存在定殖可能性的地区限制因子分析

从确定的非适生区到确定的适生区中间存在1个过渡地区,主要包括我国四川西北部、甘肃南部、关中平原、河南中北部和山东中部。在这个地区,气候条件处于临界状态,红火蚁在该地区存在定殖的可能性,但是年度间气象条件变化较大,则会使其种群数量在不同年度出现较大的波动。

在我国西南地区(以腾冲、昆明地区为例),年降水量很充沛,从4月份到12月份降水都不构成限制条件;该地区年均气温在15 ℃以上,整年度都不存在冷胁迫,但是生长季节温度对红火蚁种群增长来说还是偏低,使得在整个增长季节都仅受温度限制,年度生长指数总是维持在43以下;这些气候条件导致红火蚁种群能够在生长季节进行一定程度的发展,但总是处于较低水平下。因此,该地区经过长时间积累后,红火蚁种群能够定殖并得到发展,但可能波动较大,易受到环境因子变动的影响(图 14-10)。

在我国西北部地区(以西安为例),温度指数在 5 月和 9 月分别达到高峰,呈现双峰型的年度温度指数曲线;另外,年度土壤湿度指数在 5—9 月均较小,即使在 5 月、9 月年度土壤湿度指数达到高峰时,仍不超过 45。该地区在冬季有 10 周左右(连续 8 周)时间内存在强冷胁迫,而且在冷胁迫结束后,温度指数偏低。利用 CLIMEX 模拟灌溉,在冬季每周增加 10 mm、夏季每周增加 50 mm 降水以后,生长指数不再受到土壤湿度的限制,但仍然受到温度的限制,也产生了 5 月和 9 月的 2 个高峰。由此可知,该地区主要的限制条件是生长季节缺乏降水条件,同时气温在 5—9 月存在较大的波动,且在红火蚁种群发展的重要季节夏、秋季温度却偏低,从而导致种群发展不够且还要经历冬季很强的冷胁迫,种群消亡的可能性较大。所以,在该地区温室或者较温暖的小区域环境中,红火蚁种群也有定殖的可能性(图 14-11)。

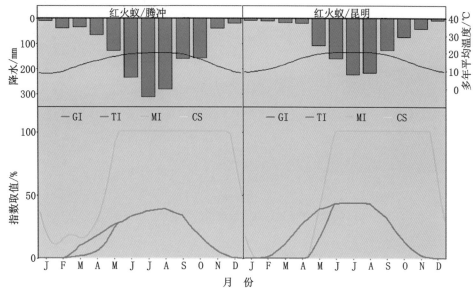

图 14-10　西南地区红火蚁定殖的限制性因素分析

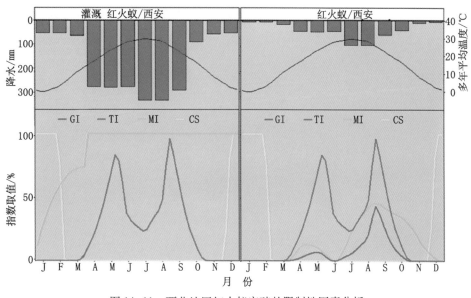

图 14-11　西北地区红火蚁定殖的限制性因素分析

在我国华北平原中东部(以开封、济南、石家庄为例),这些地区都有连续12周左右的强冷胁迫,即冬季对红火蚁种群打击很大;3月以后,由于温度和降水都不适合,在这3个地区年度生长指数均很低,最多不超过12;在6—10月这一段生长季节中,中南部的开封、济南降水量较北部的石家庄丰富,干胁迫逐渐解除,生长指数仅受到温度的限制,而石家庄地区则还要受到降水的限制;但是3个地区到11月以后就开始了长达3个多月的冬季强冷胁迫。因此,在华北平原中东部,主要是因夏季温度的限制,使红火蚁种群不能得到良好的发展,而冬季冷胁迫又比较强,因而造成红火蚁种群不能定殖(图14-12)。

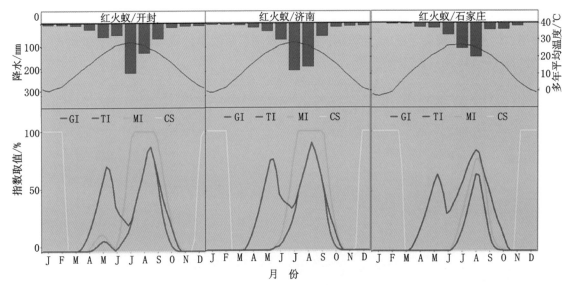

图14-12　华北地区红火蚁定殖的限制性因素分析

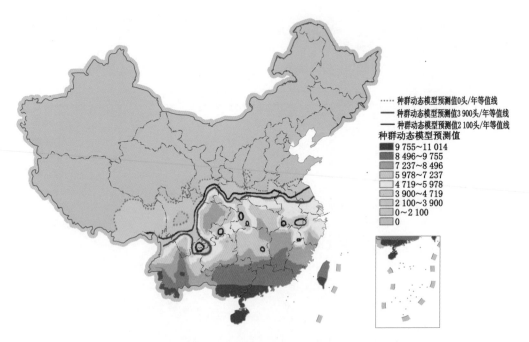

图14-13　种群动态模型对红火蚁在中国入侵定殖风险的预测结果

图中,红色为红火蚁入侵定殖风险高危地区,绿色为免疫地区,红色向绿色过渡区域
表示入侵定殖风险逐渐降低。入侵风险评定标准为年均繁殖有翅雌蚁数量 A_a。

14.3.3　种群动态模型分析结果

本研究以种群动态模型(CDM)为分析工具,统计出每个地温站点能够产生的有翅雌蚁数量,并进行地统计插值,得出了以有翅雌蚁年均产量为指标的红火蚁在我国发生的可能分布图(图 14-13)。结果表明,我国广东、广西、海南、台湾等 4 省区全境以及福建、湖南、江西、云南南部红火蚁定殖的可能性极高,属于高度危险地区,模拟的年均繁殖有翅雌蚁数量在 6 000 头以上。此外,四川东部、湖北中部、安徽中北部和江苏南部都有较高的定殖可能性。同时,应注意在 2 100 头/年等值线的南部海拔高于 1 000 m 的地区仍然存在有翅雌蚁年繁殖量为 0 的地点,如云贵高原北部的昭通地区,贵州北部与重庆金佛山交界的地区,湖北西南部的绿葱坡,以及衡山、雪峰山、庐山、黄山、武夷山、括苍山、九仙山等山系周边地区仍然不适于红火蚁定殖。这说明在高海拔地区低温条件对红火蚁定殖有明显的限制作用。

为了进一步分析种群动态模型的结果,本研究还对土壤温度因素进行了统计分析,并根据统计结果的空间分布情况绘制了分布图。当土壤温度在 21 ℃之上时,红火蚁种群开始增长;当土壤温度达到 32 ℃时,红火蚁种群增长潜力达到最大(Korzukhin et al.,1994)。另外,Korzukhin et al.(2001)指出,当土壤温度在 4 ℃之下时,就会引发红火蚁的死亡或者冷昏迷,导致种群数量开始下降。因此,本研究假定 29～33 ℃是红火蚁种群增长的最佳土壤温度范围,而冬季土壤温度低于 4 ℃的概率则在一定程度上表示冬季寒冷对种群的杀伤而导致红火蚁不能越冬的概率。据此,本研究对 1990—2000 年土壤逐日温度进行了统计,求出了夏季(5—8 月)土壤温度介于 29～33 ℃之间的概率值,结果如图 14-14a 所示,并得到了秋季(9—11 月)土壤温度在 15 ℃之上的概率(图 14-14b),以及冬季(12 月至翌年 2 月)土壤温度在 0 ℃之上的概率(图 14-14c)。

夏季地温预测
填充等高线图
- 50～61.788 617 9
- 40～50
- 30～40
- 20～30
- 10～20
- 0.040 650 407～10

图 14-14a　夏季(5—8 月)地温在 29～33 ℃之间的概率分布图

从图 14-14a 可知,在我国南部广西、湖南、江西、福建、台湾、云南、海南等 7 个省区,土壤温度介于 29～33 ℃之间的概率很高,从 40% 到 60% 不等,即几乎有半个夏季的土壤温度都是处于红火蚁种群增长的最适区域。而其他地区,仅有新疆西南部具有这样的概率,但是新疆西南部具有这样条件的原因主要是地处沙漠地区之故。南方地区中,江苏、安徽、湖南、重庆、贵州、浙江、福建、广东、广西、海南、台湾等省区以及四川大部、陕西南部、河南南部等地区,在冬季其土壤温度从不低于 0 ℃;在秋季,这些地区土壤温度高于 15 ℃ 的概率也在 60% 以上,因此这些地区对红火蚁而言有一个发展良好的夏季和并不酷寒的秋、冬季。其中海南、台湾、广东、广西、福建一带,条件更为适合,对上述 5 个省区采用种群动态模型进行模拟的结果,年均有翅雌蚁产量在 7 512 头左右,远高于其他地区。

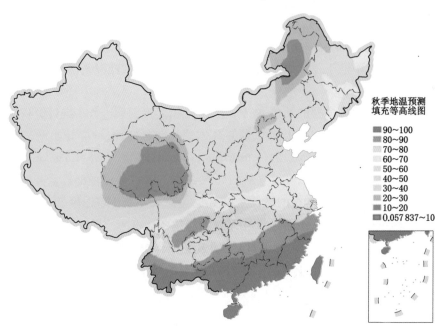

图 14-14b　秋季(9—11 月)地温在 15 ℃ 之上的概率分布图

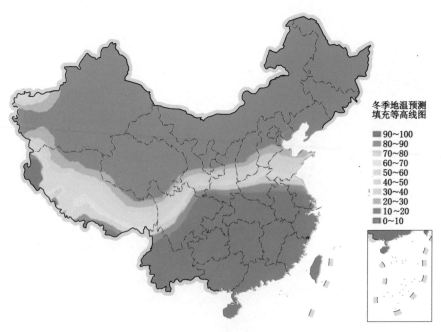

图 14-14c　冬季(12—2 月)地温在 0 ℃ 之上的概率分布图

相反,在我国广大的北方地区,华北、宁夏、甘肃、青海、西藏、新疆、陕北、山西北部,以及东北 3 省等地区,冬季土壤温度高于 0 ℃ 的概率仅在 10% 以下(图 14-14c)。这意味着在几乎整个冬季红火蚁种群都会处于致死温度之下。因此,土壤温度是红火蚁不能够在我国北方地区定殖的主导因素。例如,即使在甘肃南部地区,冬季平均温度在 3.3 ℃,在夏季也只能达到 27.2 ℃,这样的气候条件会导致红火蚁种群在夏季不能够积累起足够的种群数量去抵御冬季的低温。

14.3.4　模型分析与实际发生情况对比分析结果

为了了解模型预测与实际发生的符合程度,本研究也将红火蚁在我国目前的实际发生情况和 CLIMEX 与种群动态两种模型的预测结果进行了对比。红火蚁首先入侵我国台湾省,随后于 2004 年在大陆部分地区陆续被发现,现在已经扩散到广东、广西、湖南和福建 4 省区 32 个县市 68 个乡镇,发生面积共达 130.25 km²(广东 2004-09-20、广西 2005-03-06、湖南 2005-01-04、福建 2005-09-12)。目前 4 省区红火蚁的分布范围在两个模型中都处于非常适合入侵定殖的地区,除张家界外红火蚁全部发生在高危险发生区,并且两个模型的预测结果与实际发生的严重程度相符(表 14-2)。从各地区的严重程度以及地理位置推断,广东省可能是红火蚁首先侵入的地区,且可能在广东还未发现红火蚁种群之前就沿 324 国道及其沿线向东传播到福建、向西传播到广西。而湖南张家界的红火蚁则可能是偶然的人为携带所致。因此,红火蚁在贵州东南部、湖南南部、江西东南、浙江南部、云南南部发生的可能性很大。另外,海南省全省都属于红火蚁适生区,发生的危险性极大。

表 14-2　红火蚁在中国发生情况与模型预测结果对比

调查地区	CLIMEX 模型预测结果(平均 EI 值)	种群动态模型预测结果(年平均有翅雌蚁产生量/头)	已查明被入侵地区面积/km²
广　东	55.75	9 750.60	113.39
广　西	54.83	9 487.78	13.74
福　建	46.00	7 929.94	1.79
湖　南	37.00	7 024.58	1.33

14.4　讨论与结论

14.4.1　气温和降水对红火蚁定殖的影响

本章利用红火蚁种群动态模型模拟了其在中国大区范围上的潜在分布情况,该模型以地温为影响红火蚁种群变动的主要因素。由于红火蚁主要生活空间是在地下,因此分析红火蚁可能的分布范围使用地温更加直接有效。而以往的分析则主要集中在气温、降水这两个因素的制约上。

Callcott et al.(2000)从 1993—1997 年进行了一项红火蚁侵入过程的实验观察,结果发现,在所有的气象制约条件中,冬季最高气温不超过 1.1 ℃ 的持续天数(5 d 以上)与红火蚁能否越冬存活关系最为密切。本研究对比中国气温条件后认为,在云南、广西、广东、福建、台湾、江西、湖南、四川东部等地区,冬季(11 月到次年 1 月)气温<1.1 ℃ 的概率极小,仅在 10% 以下,即仅有不到 9 d 的时间气温 <1.1 ℃。尤其在云南南部、广西、广东大部,气温从不<1.1 ℃。贵州、湖北、安徽、江苏等地区气温

<1.1 ℃的天数也仅在18 d以下,因此,在这些地区温度条件可能造成红火蚁越冬死亡,但是强度不大。而在山东南部、河南北部、山西南部、关中地区、陇南地区、四川西部一线及附近地区,气温<1.1 ℃的概率在60%之上,即冬季有2个月左右的时间气温<1.1 ℃,可以认为在这些地区冬季低温能够对红火蚁种群造成严重杀伤,导致其不能定殖并不能继续向北部自然扩散。在此以北地区,冬季日最高气温都<1.1 ℃的概率极高,所以红火蚁即使在夏季能够发展一定的种群数量,也不可能在这些地区完成越冬。这与本研究中种群动态模型预测结果相近。

在CAST 1976报告(Korzukhin et al.,2001)中,使用年度最低气温等值线-12.2 ℃作为红火蚁美国分布北界的预测阈值,另外Killion et al.(1995)使用年度最低气温-17.8 ℃作为其分布北界阈值。依据这些分布阈值来划定的适生区可能显得过大。Korzukhin et al.(2001)指出,-17.8 ℃等值线并不是基于经验数据的,且预测结果过于宽泛。在中国,如果以-17.8 ℃为参照的话,将仅有东北、内蒙古、新疆、西藏和青海作为不可能定殖区域;若以-12.2 ℃以及-15.0 ℃(Korzukhin et al.,2001)为参照预测,则分布北界可达川西高原、陇南地区、关中地区、山西中南部,这与本研究中确定的北界预测结果接近,但是在河北、北京、辽宁地区则发生了向北偏移(图14-15)。另外,在南疆沙漠地区,若以上述3种气温限制线评判,也可能有红火蚁分布,但事实上除了在灌溉地区的小生境下红火蚁可能存活外,其在大区范围上不太可能广泛定殖。

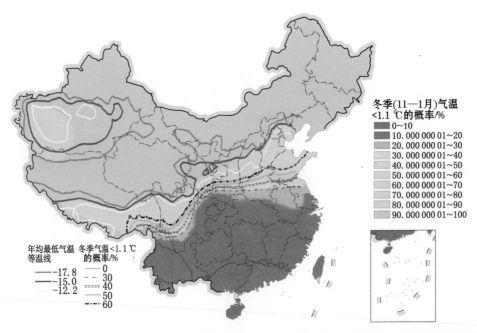

图14-15　冬季气温(1980—2001年11月至翌年1月)<1.1 ℃的概率以及平均全年最低气温等温线图

图中,绿色地区为不能越冬地区,红色地区为越冬区,棕色等温线为22年平均最低气温-17.8 ℃等温线,

深蓝色等温线为平均最低气温-15.0 ℃等温线,亮黄色等温线为平均最低气温-12.2 ℃等温线。

其余等温线为冬季气温<1.1 ℃的等概率等温线,概率范围从0%～60%

在以降水作为制约因素方面,Korzukhin et al.(2001)提出510 mm年总降水等值线可以用来预测红火蚁美国分布北界,但是从中国的气象条件看,降水量在510 mm以下的地区主要是内蒙古、宁夏、甘肃、青海、新疆、西藏等省区,该等值线在西部和中部与两种模型预测的北界接近,在东北地区则相去甚远,尤其在东北地区(黑龙江、内蒙古东部),红火蚁要面对冬季的极端低温,不大可能在自然条件下越冬。另外,温度和降水若作为红火蚁分布北界的限制条件使用尚可,但在广大中原、南方地区的红火蚁定殖扩散分析中意义不大。

14.4.2　高山对红火蚁定殖的影响

在种群动态模型预测结果中,在四川、湖北、安徽、江苏等省份以南地区,普遍适合红火蚁定殖,但是当对比图 14-16 和表 14-3 时可以看出,也存在一些高山地区预测的年均有翅雌蚁产生量远低于周边地区。高山的高度造成气象条件变化,通过冬季气温<1.1 ℃的概率增加(图 14-16、表 14-3)来表现,可能会使红火蚁越冬死亡增加。在红火蚁种群动态模型中的表现就是有翅雌蚁数量下降甚至不能产生有翅雌蚁(年均产生量为 0 头)。

图 14-16　红火蚁种群动态模型模拟结果适生区放大图

表 14-3　南部省份中山区红火蚁预测量结果

位　　置	高度/m	冬季气温<1.1 ℃的概率	年均有翅雌蚁产生量/头
庐　　山	1 164.5	0.46	0
括苍山	1 383.1	0.54	0
昭　　通	1 949.6	0.22	1 730
九仙山	1 653.5	0.15	2 938
绿葱坡	1 819.3	0.76	0
黄　　山	1 840.4	0.64	0
金佛山	1 905.9	0.67	11

但在本研究中也发现了海拔高度较高的一些地区,仍然具有较高的定殖风险(年均有翅雌蚁产生量不为 0 甚至达到 2 800 头标准以上),如云南昭通地区、贵州毕节地区、福建九仙山地区,这些地区的冬季气温<1.1 ℃的概率均较低。昭通、毕节地区位处云贵高原中北部,该地区冬无严寒,12 月至翌年 1 月的 22 年平均最低气温分别为 -0.7 ℃和 -1.2 ℃,而九仙山地区则受海洋影响,除了寒流侵入外,该地区 12—1 月的平均最低温在 2.85 ℃以上。因此,红火蚁在这样的气候条件下越冬死亡率不高。由此可见,海拔高度造成的预测定殖风险降低,主要是因为越冬死亡率的升高。至于高海拔地区植被情况、蚂蚁等其他物种是否对红火蚁定殖造成影响,还需进一步的调查和分析。

14.4.3　CLIMEX 与种群动态模型预测结果的差异

CLIMEX 模型和红火蚁种群动态模型均从气候条件对红火蚁种群发展的影响方面分析红火蚁定

殖的可能性大小。但是,CLIMEX 在于实现一个能够应用于植物、动物分布预测分析的广适模型,其选取的气候因子较多,参数也较多;红火蚁种群动态模型则是针对红火蚁种群设计的模型,它从红火蚁土栖特性出发,注重分析土壤环境条件与红火蚁种群发展的关系。两者的建模思想是有差异的。综合 CLIMEX 模型分析结果和种群动态模型分析结果可知,二者的分析结果相似,但在具体的地理位置上有一定差异。两种模型均预测红火蚁发生高危区域集中在广东、广西、海南、福建、台湾等 5 省区。种群动态模型预测云南的高入侵风险地区更偏向北部,直到横断山脉南段,而 CLIMEX 模型预测的适生区域偏南。另外,在川东地区,种群动态模型预测的风险区域偏北;在江西西部,种群动态模型预测的入侵风险高于 CLIMEX 模型。

14.4.4　结　论

总体来说,从目前调查情况看,红火蚁在中国大陆地区才刚刚完成初步侵入过程,现有红火蚁的分布较其生物学分布极限还有相当的距离,红火蚁仍有可能继续向北入侵。但是从实际分布调查数据来看,还是有可能实行严格的检疫控制措施,以防止红火蚁向周边省份入侵和扩散。

在红火蚁定殖北界的确定上,用 CLIMEX 模型和种群动态模型预测,得到一个比较相似的结果。该界线大致位于四川西北部、甘肃南部、关中地区、山西南部、河南北部,以及山东南部一线地区。在此线以北,红火蚁不可能在自然条件下实现种群定殖;在此线以南,则基本能够完成越冬和种群发展。另外,从本研究选用的多个环境因素分析结果看,即便某个因子,在种群发展存续中起着关键作用,若单独使用该环境因子,则在解释预测生物分布时也会很困难;物种最终的存在与否是多种环境因子综合作用的结果。

第15章 基于空间统计模型的
红火蚁潜在分布分析

本章以广义可加模型(GAM)为模型基础,对影响红火蚁 *Solenopsis invicta* Buren 定殖的环境因素进行建模分析,并对红火蚁在中国的潜在分布进行预测。为了便于对模型进行生态学解释,本研究尽可能多地将影响红火蚁定殖的环境因素纳入模型进行分析,以期比较全面地刻画红火蚁定殖与环境条件之间的关系。

15.1 材料与方法

15.1.1 材 料

1.环境因子数据

本研究主要应用到的环境因子数据(细节参考第2章数据处理部分)包括3个方面:①气象条件数据集,包含 WorldClim 生物气象变量数据中的全部19项数据,描述了温度、湿度和降水等气候条件;②植被信息数据,包含2001年度全年每16d一合成的归一化植被指数(NDVI)数据和土地利用类型数据;③地形环境数据,包含数字高程模型数据(DEM)及其衍生的坡向、坡度两种数据。各种数据参数见表15-1,全部数据均能覆盖中国、美国国土范围。

表 15-1 纳入 GAM 模型建模分析的环境因子

数据集类别及名称	数据描述内容	38°N 附近数据分辨率/km
气象条件数据		
BioClimData_1~BioClimData_19 共19幅	温度、湿度、降水及统计值	1.21
PrecipitationData_1 ~ PrecipitationData_12 共12幅	多年月平均降水量	1.21
植被信息数据		
NDVI Data 2001 年每16 d 一合成数据共23 幅	植被覆盖情况 [-1000, +1000]	1.52
EcoMap 1 幅	土地利用类型(见第13章表13-4)	1.19
地形信息		
DEM 数据 1 幅	高程数据	1.22
坡向数据 1 幅	地形朝向 [0, 360) 0 为平地	1.22
坡度数据 1 幅	坡度[0, 90] 0 为平地	1.22

2. 红火蚁发生情况数据

由于获取到美国的实际发生调查数据相当困难,本章所用的红火蚁发生情况数据为 Korzukhin et al. (2001)收集整理核对后的数据(图 15-1)。该数据中红色点表示种群动态模型中预测的年度平均红火蚁有翅雌蚁产生量大于 3 900 头的地区。因为年均雌蚁产生量大于 3 900 头的指标是根据红火蚁在美国的实际分布情况确定的(Korzukhin et al. ,2001),所以红色点即相当于目前红火蚁实际分布的地区;其他颜色点是种群动态模型预测结果中暂不确定能定殖的地区。图 15-1 中气象站点经纬度坐标由 Korzukhin 提供,并被导入到地理信息系统中制作为点集文件(shp 格式),共计 901 站点。经观察,提出部分逸群值站点,剩余共计 890 站点。该点集文件包括的属性数据有红火蚁年均产生有翅雌蚁量、红火蚁是否定殖逻辑值。图 15-1 中全部红色站点的定殖逻辑值为真,其他站点的逻辑值为假;年均有翅雌蚁产生量为各气象站点地温、气温数据经种群动态模型模拟后的结果。

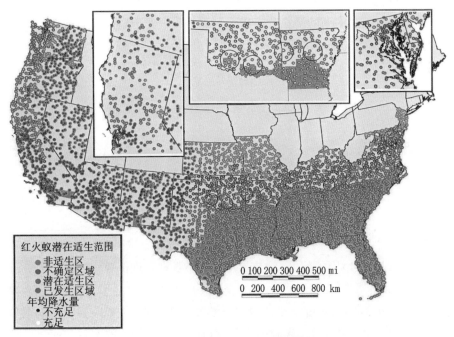

图 15-1　美国红火蚁分布预测图

[引自 Korzukhin et al. ,2001. Environmental Entomology,30(4):645-655]

15.1.2　方　法

本研究利用分布预测系统中的点集数据提取工具,将数据列表(表 15-2)中 58 种数据进行提取,并构成美国地区建模数据集和中国地区预测数据集 2 个数据表。中国地区提取点集文件为我国 704 个气象站点地理位置文件。红火蚁发生数据经整理后即形成了间接的红火蚁存现数据(P/A),该数据具有的分布型为二项分布。完成美国数据提取工作后,随机从中选择大约一半数量(450 站)的原始数据作为训练数据集,剩下一半数据(440 站)作为验证数据集使用。本章针对该训练数据集进行建模,然后将验证数据集代入模型中进行运算,将预测结果和实际数据进行对比,对建模结果进行评估,确定其精度,最后利用所建立的模型,对中国预测数据集进行了模拟,实现了 GAM 模型预测红火蚁在中国潜在分布的预测。建模过程中使用了分布预测系统中的数据探索工具、GAM 建模工具和模型评估工具(细节参考前述相关章节)。

表 15-2　红火蚁分布情况与环境因子之间线性相关结果

线性正相关因子	相关系数值	线性正相关因子	相关系数值	线性负相关因子	相关系数值
bio_11	0.847	NDVI 337	0.225	bio_4	−0.684
bio_6	0.827	NDVI 001	0.213	bio_7	−0.639
bio_1	0.803	NDVI 113	0.204	USADEM	−0.388
bio_9	0.702	NDVI 353	0.203	usaecomap	−0.145
bio_10	0.629	prec_10	0.192	usaslope	−0.097
bio_3	0.612	NDVI 289	0.188	NDVI 193	−0.043
bio_5	0.524	bio_17	0.183	NDVI 209	−0.028
prec_2	0.417	prec_11	0.180	NDVI 225	−0.016
NDVI 065	0.414	bio_15	0.173	NDVI 177	−0.004
NDVI 081	0.397	bio_14	0.157		
NDVI 049	0.396	prec_7	0.155		
prec_1	0.371	prec_8	0.147		
bio_13	0.366	bio_18	0.137		
bio_19	0.361	prec_4	0.105		
NDVI 097	0.359	prec_6	0.092		
NDVI 033	0.344	NDVI 273	0.089		
NDVI 017	0.322	prec_5	0.074		
bio_16	0.315	NDVI 129	0.064		
prec_12	0.291	NDVI 257	0.049		
prec_3	0.288	usaaspect	0.029		
bio_12	0.268	bio_2	0.025		
prec_9	0.238	NDVI 161	0.017		
bio_8	0.236	NDVI 241	0.012		
NDVI 305	0.236	NDVI 145	0.011		
NDVI 321	0.228				

注：precX—第 X 月的年均降水量数据；bioXX—第 XX 项 BioClim 参数中生态气候指数数据；NDVI XXX—2001 年第 XXX 天开始的每 16 d 一合成的归一化植被指数；USADEM—美国高程数据；usaaspect—美国坡向数据；usaslope—美国坡度数据；usaecomap—美国土地利用类型数据。

15.2　建模过程及结果分析

15.2.1　数据探索

1. 响应变量分布型分析

由于响应变量是二值型的数据类型,即仅含有红火蚁是否定殖的信息,因此直接确定为二项分布型,使用的连接函数为：logit 函数,不需要再进行响应变量分布型探索分析。

2. 响应变量和预测变量关系探索

利用分布预测系统中的数据探索工具对红火蚁在美国定殖情况数据(以 Alatprod 表示)和 58 种环境因子进行了相关性分析,结果发现有翅雌蚁年均产生量与其中 9 项环境因子呈线性负相关,与另外 49 种环境因子呈线性正相关(表 15-2)。其中,生物气候因子 bio_11、bio_6、bio_1、bio_9、bio_10、bio_3 和 bio_5,以及 bio_4 和 bio_7 与红火蚁定殖的线性关系较大,相关系数均超过了 0.5 或−0.5,因此上述生物气候因子在纳入模型时应该采用线性结构,但是其间的关系还不明了,尚需要进行生物气候因子之间的相关性分析(见后续章节),防止出现预测变量之间的共线性或者共曲线性问题。从整体上看,植被指数与红火蚁定殖属于弱线性关系(平均正相关系数0.209,平均负相关值-0.023),同时与土地利用类型相关性也较弱,呈线性负相关(-0.145),需要使用二次甚至更高次的曲线模拟其间关系,因此可能需要将植被指数作为非线性部分加入模型;同样,月平均降水条件与红火蚁定殖的线性关系相对较弱,最高的是2月份平均降水量,相关系数为0.417,平均相关系数为0.213;地形条件中高程与红火蚁定殖呈线性负相关(-0.388),与坡度呈弱线性负相关(-0.097),而与坡向呈弱线性正相关(0.029)。

3. 预测变量相互关系探索

根据组内的相关性大小,先汰除相关性过高的数据,选取具有代表性的数据作为该组参与建模的数据,最后再对各组中选出的代表数据进行相关性分析,初步确定入选模型的预测变量。本研究所用预测变量很多,直接制作相关性分析矩阵不易观察到相互关系(图像内容过多),因此对变量按照其所属类别(表15-1中的数据集类别)对响应变量进行关系分析矩阵的绘制,结果见图15-2a~d。

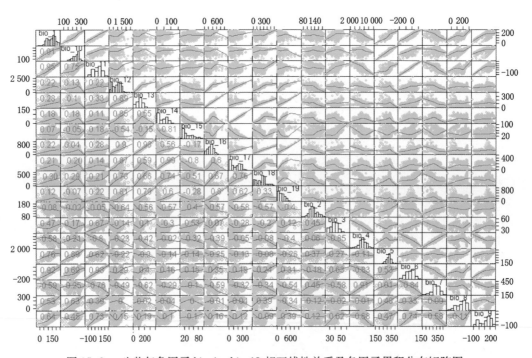

图15-2a 生物气象因子 bio_1~bio_19 相互线性关系及各因子累积分布矩阵图

由图15-2a~d 4幅分析图可知:①bio_2、bio_3、bio_7、bio_8、bio_9、bio_15、bio_18 与其他生物环境变量的相关性低,入选;bio_4 与 bio_3 的相关性高,剔除;bio_1、bio_10、bio_11、bio_6 相关性超过了0.9,因此四者中只能选择1个,考虑到该4个变量与 bio_8、bio_9 的相关性,选择 bio_10;bio_5 与 bio_10 的相关性高,剔除;bio_12 和 bio_13、bio_14、bio_16、bio_17、bio_19 的相关性都很高,且和 bio_1、bio_10、bio_11、bio_6 之间相关性低,选择 bio_12。最后共入选 bio_2、bio_3、bio_7、bio_8、bio_9、bio_10、bio_12、bio_15、bio_18 等9个变量。②土地利用类型(ecomap)与其他 NDVI 数据相关性差,最差的为 NDVI 017 和 NDVI 033,与土地利用类型呈线性负相关(-0.34),所以,土地利用类型作为一个备选环境因子;其他 NDVI 环境因子中,相邻两期的指数相关性都很高,因此从红火蚁生物学特性上,选择冬季 NDVI 001、夏季 NDVI 225 时期的 2 幅遥感图。③1 月份降水与 11、12、2、3 月降水的相关性很高(>0.9),而与其他月份的相关性都较低(<0.68),因此入选;9 月份降水量与 5、6、7、8、10 月降水相关性高,入选;4 月份降水与 1 月、9 月相关性分别为 0.68、0.60,也较高,剔除,共入选 1 月、9 月降水量 2 幅。④坡向、坡度之间相互关系较弱,仅为−0.03,坡度和高程之间的线性关系(0.45)要高于高程与坡向间的关系(−0.04),但三者关系较弱,仍然不足以舍弃其中 1 个(Lehmann,2003),3 个均入选。综上,共入选预测变量(环境因子)17 项,分别是:bio_2、bio_3、bio_7、bio_8、bio_9、bio_10、bio_12、bio_15、bio_18、NDVI 001、NDVI 225、pre_1、pre_9、slope、dem、aspect、ecomap。该 17 项变量与响应变量之间的关系如图 15-2e。从图 15-2 e 中可见,预测变量相互之间已经没有强线性相关性,基本上解决了共线性问题,共曲线性问题还需要考察各自对响应变量之间的关系才能确定。根据上述讨论,bio_3、bio_10 可能要以线性部分加入模型,其他的均作为非线性部分进行模拟。通过上述 3 个步骤,初步选定了预测变量类别和数量,以及各预测变量以何种形式加入模型。下面将对 17 项预测变量和 1 项响应变量进行建模。

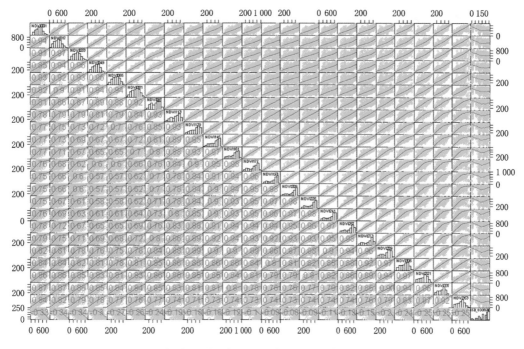

图 15-2b　NDVI 与土地利用类型相互线性关系及各因子累积分布矩阵图

15.2.2　模型筛选

通过数据探索形成的初选模型预测变量数量较多,无法将全部变量加入进行运算。本研究按照类别对入选的变量因子进行建模,然后对各类别的因子进行预分析,并按照 Wood(2001)的 3 项评估规则对全部预测变量进行分析,对满足淘汰规则的预测变量进行汰除,最后将剩下的预测变量综合进行建模而得到最后的模型。

1. 生物环境因子分析

对生物环境变量即 bio 系列的预测变量进行评估,结果如表 15-3a、3b。据表 15-3a 结果和 Wood 判定规则(参考前述章节),bio_18、bio_2、bio_3、bio_8 和 bio_9 在被剔除前,其自由度估计为 1;在其被剔除之后,bio_10、bio_12、bio_15 和 bio_7 的自由度估计测验结果提高,均达到极显著以上。另外,从响应变量和 bio_10、bio_12、bio_15 和 bio_7 变量之间的关系(图 15-3)也可看出,bio_18、bio_2、bio_3、bio_8 和 bio_9 的关系分解图中95%置信限处处包含 0;但是当将 bio_18、bio_2、bio_3、bio_8 和 bio_9 作为线性部分加入模型后,统计检验的结果(表 15-3b)表明这 5 个变量作为线性部分仍然达不到95%的显著性;最后,两次模拟的 UBRE 得分分别为:−0.85 007 和−0.810 89。因此,决定生物环境因子中仅使用 bio_10、bio_12、bio_15 和 bio_7 这 4 个变量,且作为非线性部分。

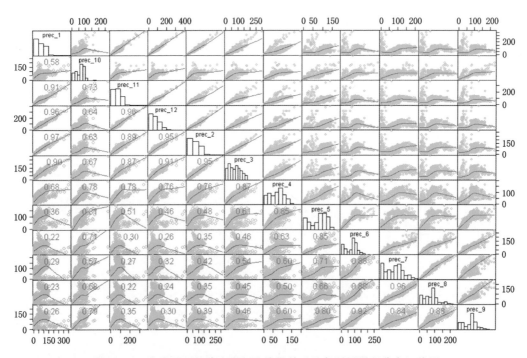

图 15-2c　年度月平均降水量相互线性关系及各因子累积分布矩阵图

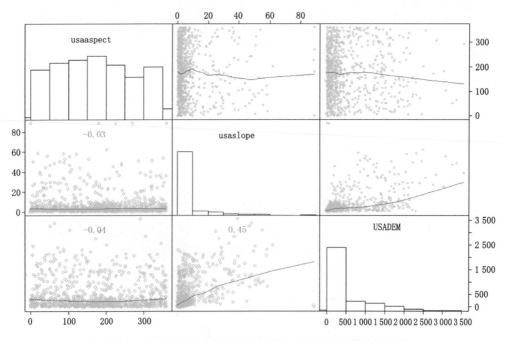

图 15-2d　高程及其衍生数据线性关系及各因子累积分布矩阵图

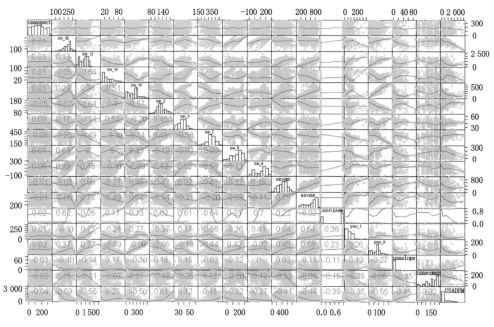

图 15-2e　入选的 17 项预测变量和响应变量线性关系累积分布矩阵图

表 15-3a　生物环境因子类模型平滑函数参数估计结果

平滑函数	edf（剔除前）	edf（剔除后）	p 值（剔除前）	p 值（剔除后）
s(bio_10)	2.522	3.050	8.05E-08****	7.04e-14****
s(bio_12)	3.294	4.771	0.094 4*	0.005 08***
s(bio_15)	3.002	1.000	0.053 0*	6.54e-08****
s(bio_18)	1	—	0.750 0	—
s(bio_2)	1	—	0.579 6	—
s(bio_3)	1	—	0.566 1	—
s(bio_7)	2.613	3.121	0.301 3	5.20e-11***
s(bio_8)	1	—	0.255 2	—
s(bio_9)	1	—	0.559 9	—

表 15-3b　生物环境因子作为线性组分的估计结果

线性部分	参数估计	标准误	z 测验值	$P(>|z|)$
bio_18	0.005 129	0.007 537	0.680	0.496
bio_2	0.136 731	0.167 176	0.818	0.413
bio_3	0.129 955	0.563 817	0.230	0.818
bio_8	0.004 937	0.007 161	0.689	0.491
bio_9	0.002 377	0.005 495	0.433	0.665

2. 降水与植被指数因子的挑选

降水和植被指数因子建模后统计评估结果如表 15-4a、4b。从表 15-4a、4b 可知,由于剔除 NDVI 001 后,其他环境因子的变化并不大,而作为线性部分的 NDVI 001 却达到极显著水平,因此,它不应该被淘汰,而应该作为线性部分。两次模型 UBRE 得分从剔除前的 -0.284 25 上升到 -0.260 76。因此,最后决定 5 个变量均纳入模型,除 NDVI 001 作为线性部分外,其他的作为非线性部分。降水、植被指数、土壤利用类型与红火蚁定殖之间的关系分析见图 15-4。

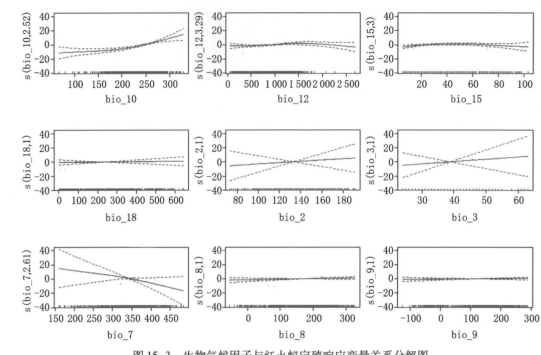

图 15-3　生物气候因子与红火蚁定殖响应变量关系分解图

表 15-4a　植被因子以及土地利用类型平滑函数参数估计结果

平滑函数	edf（剔除前）	edf（剔除后）	p 值（剔除前）	p 值（剔除后）
s(NDVI 001)	1	—	2.80E-06 ****	—
s(NDVI 225)	4.063	4.124	< 2e-16 ****	1.21E-15 ****
s(prec_1)	6.658	6.313	< 2e-16 ****	<2.00E-16 ****
s(prec_9)	7.691	7.782	< 2e-16 ****	<2.00E-16 ****
s(usa_ecomap)	4.510	4.897	0.001 24 ***	9.23E-05 ****

表 15-4b　植被因子以及土地利用类型作为线性组分的估计结果

线性部分	参数估计	标准误	z 测验值	$P(>|z|)$
NDVI 001	0.005 707	0.001 218	4.685	<2.80E-06 ****

3. 高程数据分析

用 3 项高程相关数据建模后，统计评估结果如表 15-5a、5b 和图 15-5 所示。从表 15-5a、5b 可知，由于汰除坡向数据（usaaspect）后，其他环境因子变化不大，作为线性部分的坡向数据甚至没有达到显著水平，因此也不能作为线性部分留在模型中。两次模型 UBRE 得分从剔除前的 0.100 100 下降至 0.097 962，说明应该剔除。因此，最后决定使用高程数据（USADEM）和坡度数据（usaslope）。

表 15-5a　高程及其衍生因子平滑函数参数估计结果

平滑函数	edf（剔除前）	edf（剔除后）	p 值（剔除前）	p 值（剔除后）
s(USADEM)	5.785	5.788	<2e-16 ****	<2e-16 ****
s(usaslope)	1.719	1.716	0.023 ***	0.023 4 ***
s(usaaspect)	1	—	0.747 9	—

表 15-5b　高程及其衍生因子作为线性组分的估计结果

线性部分	参数估计	标准误	z 测验值	P(>|z|)
usaaspect	0. 000 244 9	0. 000 762	0. 321	0. 747 85

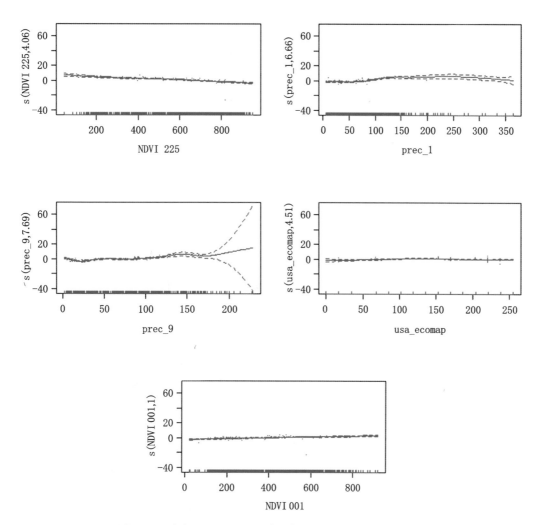

图 15-4　降水、NDVI 和土地利用类型与红火蚁定殖关系分解图

4. 最终模型的确定

经过上述 3 步,模型的组成部分基本确定,但是具体采用何种形式(线性或者非线性)纳入模型尚有困难。因此,将模型组成成分使用 gam 软件包中 AIC 最小化评价方法,对入选的环境变量形式进行评估,得到如下模型(AIC 选择过程是选择全部模型中 AIC 得分最小模型): PA_USAFLDAlatprod $\sim$ s(bio_10,4) + bio_15 + bio_7 + s(prec_1,4) + usa_ecomap + s(USADEM,6) + usaslope + s(NDVI 001,6),该模型在全部备选模型中 AIC 得分最小,为 125. 642 1。

对照该模型,针对 mgcv 软件包模型进行了改写,形成如下模型。该模型中,对各平滑函数参数的估计均达到统计意义,至少达到 95% 显著水平,其线性部分也都至少达到 95% 显著水平,模型的各非线性部分与红火蚁定殖关系见图 15-6。因此,决定将该公式作为最终模型组成形式。

$$PA\_USAFLDAlatprod \sim s(bio\_10) + s(prec\_1) + s(USADEM) + s(NDVI\,001) +$$
$$bio\_15 + bio\_7 + usa\_ecomap + usaslope$$

最终模型的确定,完成了模型筛选过程。仅对于建模的训练数据,该模型已经进行了最大的优化(表15-6a、6b和图15-6),在模型建立方面的工作已经完成。下面的章节中,还需要通过模型验证数据对模型的预测能力作进一步的统计评估,方可将其作为预测中国大区红火蚁适生性分析的模型使用。

表 15-6a　最终模型平滑函数参数估计结果

平滑函数	edf	p 值
s(bio_10)	2.954	0.000 000 059 7 * * * *
s(prec_1)	5.147	0.004 884 * * *
s(USADEM)	6.354	0.000 204 * * * *
s(NDVI 001)	6.365	0.042 454 * *

表 15-6b　最终模型线性部分估计结果

线性部分	参数估计	标准误	z 测验值	$P(>|z|)$
bio_15	0.053 009	0.019 127	2.771	0.005 58 * * *
bio_7	-0.187 792	0.030 494	-6.158	7.35E-10 * * * *
usa_ecomap	-0.015 987	0.006 076	-2.631	0.008 51 * * *
usaslope	-0.080 039	0.040 183	-1.992	0.046 38 * *

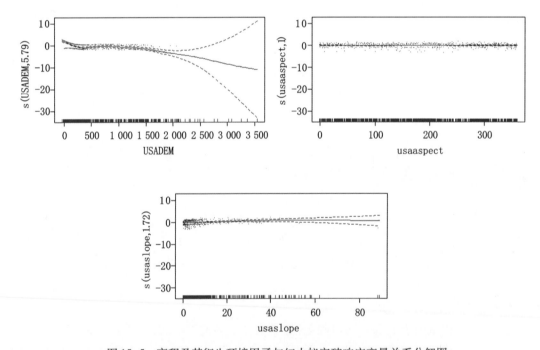

图 15-5　高程及其衍生环境因子与红火蚁定殖响应变量关系分解图

15.2.3　模型预测能力检验

　　如前所述,经过随机抽取的近一半的美国实际数据作为训练数据集进行建模后,得到最终模型为:PA_USAFLDAlatprod ～ s(bio_10) + s(prec_1) + s(USADEM) + s(NDVI 001) + bio_15 + bio_7 + usa_ecomap+ usaslope。本节将剩余的一半数据作为验证数据,以验证模型的精度。将验证数据中的环境数据代入该模型,进行预测,求出响应变量预测结果(即预测出红火蚁定殖与否),并同验证数据中原来的红火蚁定殖与否数据进行比对,得出模型的预测精度统计检验结果。

预测结果集和验证数据中的红火蚁定殖真值数据对比统计结果见图 15-7。该图显示了预测结果与验证数据中真值符合程度的 ROC 曲线,曲线下面积 AUC 值为 0.976 852。根据 Swets(1998)提出的判别依据,使用 AUC 判定模型拟合精度的阈值。本次拟合模型的结果为极好(excellent)。因此,决定使用该模型对中国大区范围内红火蚁的定殖可能性进行估计。

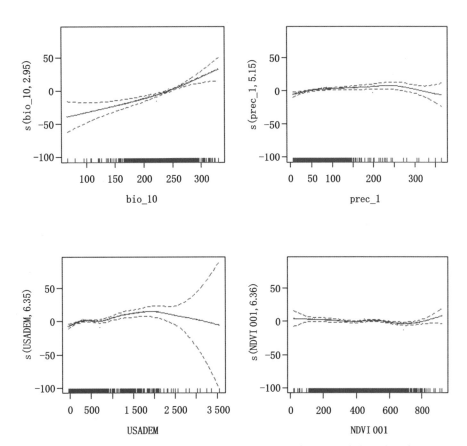

图 15-6 构成最终模型的 4 个非线性部分与红火蚁定殖响应变量关系分解图

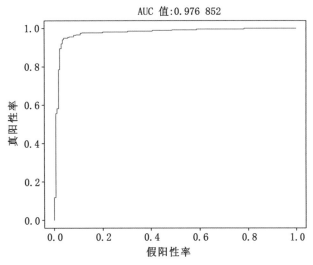

图 15-7 红火蚁定殖验证数据的 ROC 曲线以及 AUC 值

15.2.4　基于 GAM 模型的红火蚁在中国的适生性分析结果

　　本节将中国地区预测数据集加入分布预测系统,使用预测功能模块对中国大区范围内红火蚁定殖的可能性进行估计,选择的模型是上节中建立并已经保存为磁盘文件的预测模型。选择模型后,系统给出建立模型时采用的全部预测变量名称,在中国预测用数据集中挑选出对应的环境变量作为预测变量后,即可对红火蚁在中国的潜在分布进行预测(图 15-8)。模型预测向导将计算结果和地理位置索引信息合并存入数据库,然后利用地理位置索引创建点集文件(shp 格式)载入系统,按照 0、1 分类对预测结果进行重分类,结果如图 15-9 所示。

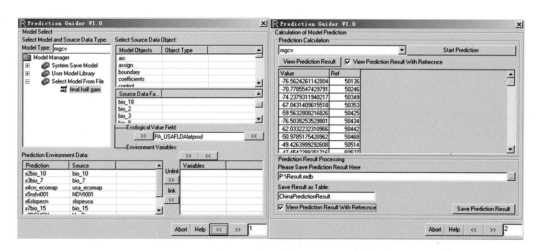

图 15-8　预测红火蚁在中国潜在分布时所使用的模型、数据设置情况和预测结果

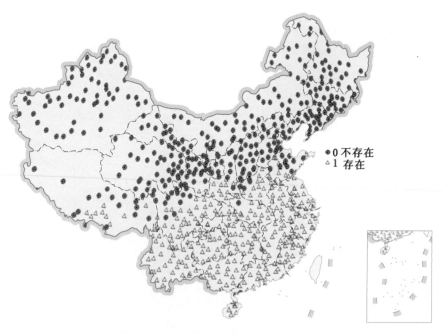

图 15-9　基于 GAM 模型的红火蚁在中国的适生性分析结果

图中,红色三角形符号为 GAM 模型预测的可定殖地区,蓝色圆点为 GAM 模型预测的不可定殖地区

GAM 模型预测的红火蚁在中国潜在分布的北界大致在西藏东部、四川西北部、甘南地区、关中地区山西南部、河南北部以及山东北部一线地区。在这个交接面上,预测结果中不能定殖(0)和可以定殖(1)相互交错(图 15-9)。由于该预测模型的训练数据来源于红火蚁种群动态模型(CDM)在美国的预测结果,因此有理由期望 GAM 模型在中国的预测范围接近红火蚁 CDM 模型在中国的预测结果。对比前述章节 CDM 模型分析结果可见,CDM 模型在中国的预测范围与 GAM 在中国的预测结果有相当大的相似性。但是,由于在 GAM 模型中响应变量的类型是有或无(P/A)型的数据,定殖可能性大小评定的相关信息已经在归类中丧失,故只能对北界进行推定。同时,GAM 模型对雷州半岛上 2 个站点的预测结果与事实不相符合。此外,在西藏地区尚有 10 个站点经 GAM 预测为可以定殖,且比 CDM 模型预测的结果更向西藏内部深入,而红火蚁在这样的高海拔地区定殖可能性显然不大,因此认为这与雷州半岛上的情况一样,系 GAM 模型分别在 0-1 两端预测失拟所造成。

15.2.5 GAM 模型分析结果的精确性假定判断

为了验证模型在中国大区范围内的精确性,本研究假定:红火蚁已在中国广泛分布,红火蚁种群动态模型在中国预测的结果与假定的真实发生情况是完全无误的,即红火蚁种群动态模型预测的结果就是假定的红火蚁在中国的实际发生情况,而不是潜在分布。因此,该模型在中国预测的结果可以作为真值指标,可以用来评估在中国大区范围内 GAM 模型预测的精确程度。

基于上述假定,将红火蚁种群动态模型所用的站点信息对模型涉及到的 bio_10、prec_1、DEM、NDVI 001、bio_15、bio_7、ecomap、slope 等 8 项环境因子进行点集方式数据提取,构成新的预测变量数据集。该数据集的地理位置同红火蚁种群动态模型中用于计算的地温、气温站点位置是完全一致的(参见第 14 章 14.2.1)。同时,将红火蚁种群动态模型在这些站点的模拟结果进行重分类。凡是年均有翅雌蚁产生量<3 900 头的分类为 0,反之,产生量≥3 900 头的分类为 1,形成真值 0/1 数据类型,代表红火蚁不能定殖/定殖。

完成数据提取后,把形成的新数据载入系统,利用预测工具对新数据进行预测,并将预测结果和假定的真值数据合并存入数据库中,然后利用 ROC 模型评估工具,计算预测结果和真值之间的符合程度。结果如图 15-10 所示。结果表明,GAM 统计模型拟合的结果,与 CDM 模型实际运行的结果复合程度很高,结果可信。

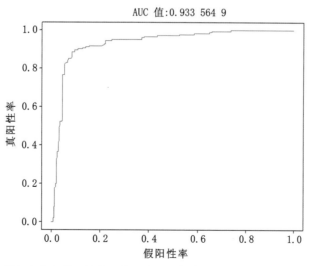

图 15-10　假定真值条件下的中国大区内红火蚁定殖预测结果:ROC 曲线和 AUC 值

15.3 讨论与结论

15.3.1 CLIMEX、CDM 和 GAM 3 种模型的建模理论对比分析

CLIMEX 模型和红火蚁种群动态模型（CDM）属于生物-气候条件关系变动的模拟模型，模型的建立过程主要依靠寻找生物与环境关系中的关键值或者临界值。如在 CLIMEX 模型中，对各种生长指数和胁迫指数进行了设定，采用这种设定方式的模型就属于抽象了生物-气候条件关系的模型。CLIMEX 模型虽然不像机理模型（或动力模型）那样对物种从整个生理、生态过程描述生物-环境因子间的变动关系，但是也不像统计模型那样，将预测能力建立在统计规律的总结上。因此，在进行预测前，仅需要把生物对气候条件的反应关系找到，CLIMEX 就可以在未知区域进行预测；在应用区域要求上，CLIMEX 也不像统计模型那么苛刻。

与 CLIMEX 相比，CDM 更接近机理模型。该模型包含了红火蚁种群发展过程中的主要生态、生理特征，如红火蚁种群分巢时临界领地面积的大小、给定的蚁后繁殖能力、工蚁在特定温湿度条件下的存活率等。机理模型分析预测是需要理论指导的，通常是在广泛的生物学实验中，观察总结、构建生物-环境反应关系函数等工作的基础上建立的。因此，在应用时只要求知道预测区域的相关环境信息，就可以对红火蚁种群的发生发展作出估计，基本上不受区域的限制。但是机理模型也存在问题，即创制比较困难，针对性往往很强而普适性很弱，或者根本不存在，所以不能作为分布预测的通用模型使用。

建立在统计数据产生区域上的 GAM 模型则是纯粹的统计性模型，在模型空间、时间的可移植性上受到的限制要比上述两种模型多。它的规律产生于建模区域，通常只能用于数据产生区域的预测，或者用于与数据产生区域具有相似统计规律的地区，其可移植性受到较大的限制。但是在机理模型创制困难的情况下，尤其是在对生物的相关生物学知识了解还不多时，统计模型仍然发挥着巨大的作用。作为分布预测的普适方法，GAM 可以对入侵性有害生物的潜在分布进行预测，也可以针对区域发生的生物灾害进行估计、分析，并评估没有数据采集地区的情况。

15.3.2 GAM 模型讨论

1. GAM 模型在空间尺度上的精度问题

Risto 等在不同尺度上对 GLM（generalized linear model）、GAM（generalized addictive model）、CTA（classification tree analysis）、ANN（artificial neural network）和 MARS（multiple adaptive regression splines）等不同方法的预测稳定性进行了探讨，结果认为，在数据精度变化时（空间分辨率从 100 m、500 m 到 1 000 m），GAM 和 MARS 具有最好的稳定性和预测精度。Moisen et al.（2002）、Thuiller（2003）、Segurado et al.（2004）也认为使用新的非参数回归统计技术在模型稳定性上较普通统计模型要好。

2. GAM 模型在时空尺度上的可移植特性问题

Randin et al.（2006）利用 54 种植物在瑞士和澳大利亚分布的预测情况对 GLM 和 GAM 两种模型的空间可移植性进行了分析。他们提出了移植性指数（transferability index，TI），用于评估模型在移植过程中的准确性丧失程度。他们认为在模型拟合准确性上，GAM 模型要高于 GLM 模型，但是在空间可移植性上，GLM 模型反而要高于 GAM 模型。因此推断，越精确的模拟将越限制该模型的可移植性。

在大尺度分析上（如本研究的研究范围涉及上千万平方千米），移植性问题可能要比中尺度上的

移植容易很多。因为在采样点数量足够多的情况下,统计规律要覆盖整个大区,所以应该是既要兼顾局部地区的拟合精度,又要兼顾规律的普遍性,即对整个大尺度区域的符合程度。因此,建模完成后,模型应能够囊括大区内部多个区域的统计规律。尤其在 P/A 类型的数据分析上,模型只要具备区分特定环境下响应变量的类别是 0 还是 1 即可,拟合较为容易,因此 P/A 类型数据可以采用更多的变量,也就是其容纳的信息类型可以比计量型数据分析所采用的信息类型更多。而另外一方面,从数据产生方式上讲,尺度的扩大意味着差异的消除。例如把 50 m 精度的数据尺度扩大到 1 km,不管采用三次卷积还是邻域平均或者其他方法,都是进行平均化。所以,大尺度上环境的相似性显然高于小尺度高精度的数据,进而通过数据体现的统计规律就相对较少,模型容纳的信息也就变少。故而 GAM 模型应用到大尺度宏观分析时,相对精度能够保持,移植性也应该能够增加。

15.3.3　结　论

经过建模过程中的各项参数统计评估以及对建成模型的预测结果检验,在很大程度上保障了模型的准确性和稳定性。在处理大尺度空间上的存在/不存在(P/A)类型的数据方面,基于 GAM 的非线性回归统计模型可以应用于外来有害入侵生物(以及潜在入侵生物)的(潜在)分布分析,且虽然存在空间移植问题,但仍然可能保持一定的准确性。

第16章　基于空间统计模型的马铃薯甲虫潜在分布分析

16.1　马铃薯甲虫简述

马铃薯甲虫 *Leptinotarsa decemlineata*(Say)又名蔬菜花斑虫,隶属于鞘翅目叶甲科,是一种极具毁灭性的检疫性害虫。它主要以成虫和幼虫为害茄科作物,其最适寄主是马铃薯、茄子,其次是番茄、辣椒、烟草等作物,还可取食天仙子、龙葵、曼陀罗属茄科植物。它取食植株的叶片、嫩茎、花蕾和叶芽,尤其是在马铃薯始花期至薯块形成期为害,给蔬菜生产造成严重的经济损失,一般减产30%～50%,有时高达90%。马铃薯甲虫原发现于北美洲落基山脉,本来取食野生的巨角茄、水牛刺等茄科杂草而不食马铃薯,当马铃薯引入欧洲后,随着人们的大面积种植,马铃薯甲虫才逐渐成为马铃薯的主要害虫,并随着马铃薯的广泛栽培而扩散,成为世界性大害虫(图16-1)。这是由于人类的农业活动为入侵害虫提供了丰富的食物,致使入侵害虫改变了食性而大发展大为害。马铃薯甲虫自20世纪90年代传入我国新疆,迄今已给当地的马铃薯种植业造成巨大损失。例如,在新疆博尔塔拉蒙古自治州一带,因其繁殖力和抗逆性强,扩散蔓延迅速,种群数量呈明显上升趋势,危害逐年加重。其种群一旦失控,将导致马铃薯绝收,植物检疫形势十分严峻。

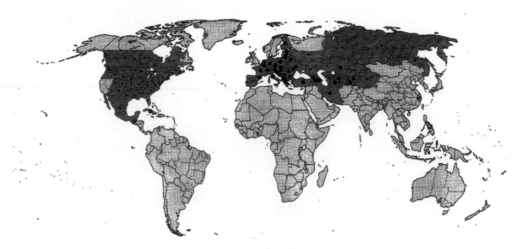

图16-1　马铃薯甲虫及其现有分布图

(CABI,2003)

图中,黑点表示曾经有发现,深灰色地区表示有记载的州或省级行政单位马铃薯甲虫雌成虫体长 9～11 mm,椭圆形,背面隆起;雄虫小于雌虫,背面稍平。成虫体黄色至橙黄色,头部、前胸、腹部具黑斑点,鞘翅上各有 5 条黑纹;头宽大于头长,具 3 个 斑点;眼肾形黑色;触角细长 11 节,长达前胸后角,第 1 节粗且长,第 2 节较第 3 节短,第 1～6 节为黄色,第 7～11 节为黑色;前胸背板有斑点 10 多个,中间 2 个大,两侧各生大小不等的斑点 4～5 个;腹部每节有斑点 4 个。卵长约 2 mm,椭圆形,黄色,多个排成块。幼虫体暗红色,腹部膨胀高隆,头两侧各具瘤状小眼 6 个和 3 节短触角 1 个,触角稍可伸缩(图 16-2)。

图 16-2　马铃薯甲虫形态图

自上而下依次为:卵、幼虫、蛹、成虫

马铃薯甲虫在美国一年有 2 代,在欧洲一年有 1～3 代。以成虫在土深 7.6～12.7 cm 处越冬。翌春土温达 15 ℃时,成虫出土活动,其发育适温 25～33 ℃。在马铃薯田中飞翔,经补充营养后开始交尾,把卵块产在叶背面,每个卵块有卵 20～60 粒,产卵期长达 2 个月,每雌产卵 400 粒,卵期 5～7 d。幼虫有 4 龄,幼虫期约 15～35 d。初孵幼虫取食叶片,4 龄幼虫食量占 77%。幼虫老熟后入土化蛹,蛹期 7～10 d,蛹羽化后,成虫出土继续为害。该虫适应能力强,多雨年份发生轻。

16.2　马铃薯甲虫在中国的适生区分析

16.2.1　环境数据

为统一 GARP 模型(规则集遗传算法模型)、MaxEnt 模型(最大熵模型)和 GAM 模型(广义可加模型)3 种模型的预测基础,本章采用的数据为随 DK-GARP 一起提供的环境数据(图像数据下载地址为 http：//lifemapper.org/? page_id=883,如需要 Ascii 格式文件,可联系本书作者获得)。该数据包含高程、坡面、降水等 12 项环境数据,覆盖范围为全球(除南极洲外)。该数据包中的环境数据格式为 ESRI Ascii 数据,经过如下变换使得 3 种模型均可使用相同数据:通过 DK-GARP 中的数据管理器 DatasetManager. exe 转化为 DK-GARP 使用的格式;Ascii 格式数据可在 MaxEnt 中直接使用,不进行变换;通过电子生态分析系统(electric analyst system of ecology,EASE)中的数据转换工具 ASCII2IMG 将 Ascii 数据转换为 Erdas Image 格式,供 EASE 建模使用。

土地利用数据 EcoMap 由 http://modis-atmos. gsfc. nasa. gov 提供,该数据是将通过卫星遥感数据获得的地面植被分布情况进行分类得到的,共含有 18 类土地利用类型。该数据用来作为最终模型的区域裁切模板。模板中,排除掉水体、常绿针叶林、常绿阔叶林、落叶针叶林、落叶阔叶林、混合林林地,以及裸地荒原、冰雪地、未分类用地等范围,使得分析结果仅限于农业害虫可能定殖的范围。

16.2.2 地图资料

本研究中使用的中国地图数据由中国国家基础地理信息中心提供,数据为比例尺 1∶5 000 万的国家基础地理信息数据;世界地图为 ArcGIS 8.3 自带的地图。

16.2.3 分布数据资料及其处理

1. 数 据

检疫性有害生物分布数据由于经济、贸易等方面的因素不易获得,广泛而精确的分布数据更加缺乏,因此本研究采用国际应用生物科学中心(CABI)提供的植物害虫分布图,在所提供的现有分布范围内,利用 EASE(陈林,2007)中的数据采样点工具进行随机采样,生成马铃薯甲虫等 6 种外来有害物种的现有分布假设数据集合。同时,在现有分布范围外,将外来入侵物种分布北界,如马铃薯甲虫分布北界接近北纬 54°~56°(Hiiesaar,2006),以及撒哈拉沙漠、澳大利亚西北部等干旱极端地区假定为不能存在地区并进行随机采样,作为假定不存在数据使用。由于 3 种模型在数据要求上存在差异,因此需采用不同的采样方案,其数据采样方法和技术路线如图 16-3 所示。

本研究对马铃薯甲虫分布随机生成 3 个组别的数据,分别为 100 个存在数据点(presence data,P-data)组、200 个存在数据点组和 500 个存在数据点组,每组重复 10 次随机取样,即每组产生 10 套 ESRI Shape 无拓扑属性点数据集(具体步骤如图 16-3 所示);对假定不存在数据(absence data,A-data)则统一使用 1 组随机生成数据;通过 EASE 系统中的数据合并工具 DataCombiner 合并成为存在与假定不存在合并数据(presence and absence data,P/A data)。所生成的数据,按照模型对数据的要求进行再处理,以既保证分布数据的一致性,又满足不同模型建模的数据要求。

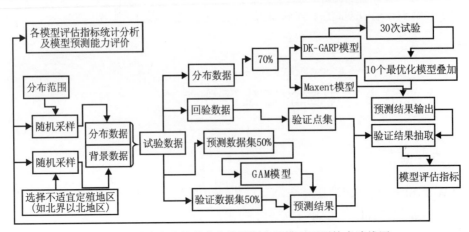

图 16-3　外来有害物种分布数据制作及模型预测技术路线图

2. 数据处理方式

（1）建立 MaxEnt 模型和 DK-GARP 模型　仅需要使用存在数据（P-data）建模。可将生成的 3 个组别共 30 套的存在数据（P-data）作为 MaxEnt、DK-GARP 的建模数据进行模型建立，供 DK-GARP 直接使用。由于 MaxEnt 不能直接使用 ESRI Shape 格式的数据，所产生的点集可通过 EASE 系统中的数据转换工具 Point 2CSV 进行转换，形成逗号分隔的分布文本文件后供 MaxEnt 使用。

（2）建立 GAM 模型　需要存在与假定不存在合并数据（P/A data）。由于 GAM 对分布数据很少时极为敏感，预测结果偏差较大，因此，GAM 模型仅使用 500 点存在数据点的数据组别数据，经合并后形成的 1 000 点数据。然后，利用 EASE 系统中的随机分离工具随机分离一半数据进行建模，利用剩余一半数据进行模型初步评估。另外，GAM 模型建模过程较为烦琐，本研究仅进行 5 次重复。

（3）验　证　全部模型的最终验证数据为统一的数据。其中，存在数据产生于 500 点组的 10 套存在数据，经合并后再随机抽取其中 500 点数据；假定不存在数据 500 点产生于不适合定殖区域；存在数据和假定不存在数据经合成，形成 1 000 点的验证数据。该套数据用于全部模型的回验评价。

16.2.4　方　法

1. DK-GARP 方法及参数

（1）数　据　DK-GARP 加载经前述章节方法处理的环境数据和分布数据。

（2）参数设置　建模参数中使用"50%"进行建模（Training）；运行参数设置中 Runs 设置为 30 次，Convergence Limit 设置为 0.1，Max Iterations 为 1 000；规则参数中 Atomic、Range、Negated Range 和 Logistic Regression（Logit）全部选中，但不进行规则交叉（即 All combinations of the selected rules 选项不选）；Projection Layers 选择同环境数据集，环境数据集中全部 12 种数据都使用；数据层使用方式为：All selected layers；输出参数为：ASCII Grids 类型，并设定相应输出目录。

（3）模型运行　参数设定后，使用 100 点集、200 点集和 500 点集 3 组共 30 套分布数据分别进行运算，输出结果并转换为 ERDAS IMG 格式。然后选出每次运行结果中 Test ACC 值和 Train ACC 值均高的前 10 个结果进行叠加（如两者不一致时，选择 Test ACC 值较高的），得到一次试验最后结果，结果取值范围为 0～10。

（4）模型评估　利用 EASE 中的点集数据提取工具和每组中的验证数据点对中间结果进行提取，并利用 EASE 系统中的模型评估工具（P/A Model Assessment Wizard）计算 AUC 值、MaxKappa 值和 MaxPCC 值等评价指标，并绘制 ROC 等评估曲线。完成评估后，预测结果利用中国 1∶5 000 万行政区划图进行切割，得到中国地区预测结果。

2. MaxEnt 方法及参数

（1）数　据　MaxEnt 加载经前述章节方法处理的环境数据和分布数据。

（2）参数设置　MaxEnt 设置基本采用默认参数，模型训练方法设定为：Auto features，选中 Create response curves、Make pictures of predictions；输出设定为 Logistic，格式 *.asc；其余为默认。

（3）模型运行　参数设定后，使用 100 点集、200 点集和 500 点集 3 组共 30 套分布数据分别进行运算，并将输出结果转换为 ERDAS IMG 格式。再将每组 10 次试验的预测结果进行叠加，得到每组试验的叠加结果，其取值范围为 0～10。

（4）模型评估　MaxEnt 模型可自行计算 AUC 值并绘制 ROC 等评估曲线，但为了进行统一评估，本章仅在讨论 100、200 和 500 这 3 个组别的预测结果差异时使用 MaxEnt 自行计算的 AUC 值，而在评估 MaxEnt 模型每组 10 层叠加结果时使用统一的验证数据，去计算 AUC 值、MaxKappa 值、MaxPCC 值等评估指标，并绘制 ROC 曲线。完成评估后，预测结果利用中国 1∶5 000 万行政区划图进行切割，得到中国地区预测结果。

3. GAM 方法及参数

参见第 15 章 15.2 节"建模过程及结果分析"。

16.2.5 DK-GARP 模型预测结果

DK-GARP 经 3 组、每组 10 次重复运算完成后,将每组各次重复提取 10 个最优化模型预测结果进行叠加,并由叠加结果计算 AUC 值,进而选出具最高 AUC 值的模型(100 点组),经切割得出中国地区预测结果,如图 16-4a~c 所示。从对马铃薯甲虫潜在分布的预测结果看,3 组模型预测的范围差异不大,只是在对潜在定殖风险程度的预测上存在差异。即 3 组模型均认为我国新疆和东北、华北、华中等地区具有高度的潜在定殖风险。

16.2.6 MaxEnt 模型预测结果

MaxEnt 经 3 组、每组 10 次重复运算完成后,将每组各次重复提取 10 个最优化模型预测结果进行叠加,并由叠加结果计算 AUC 值,最后选出的具最高 AUC 值的模型为 100 点组,经切割得出中国地区预测结果,如图 16-5 a~c 所示。从预测结果看,3 组模型预测的马铃薯甲虫潜在分布范围以及潜在定殖风险程度有少许差异,但均预测认为我国黑龙江、新疆北疆中部及南疆、四川西部、陇南陇东、内蒙古西北部和关中平原等地区具有高度的马铃薯甲虫潜在定殖风险,而内蒙古东北部、青藏高原中北部和长江中下游流域为无风险区域。

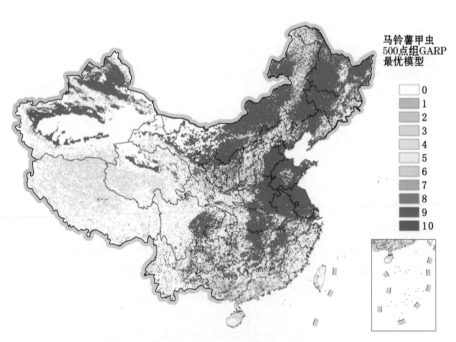

图 16-4a　DK-GARP 模型测试马铃薯甲虫潜在分布 500 点组别叠加结果

图为叠加 10 层的结果。10 层全部认为可定殖则为 10,全部认为不可定殖则为 0,其他取值范围在 0 和 10 之间。如 9,表示 9 个图层预测结果认为能够定殖

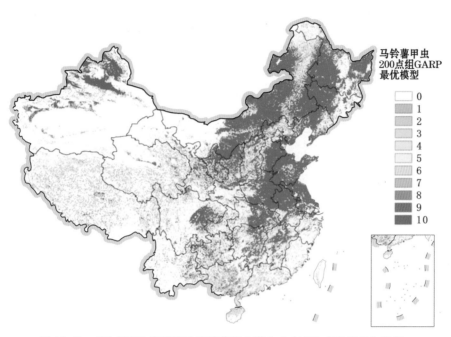

图 16-4b　DK-GARP 模型测试马铃薯甲虫潜在分布 200 点组别叠加结果

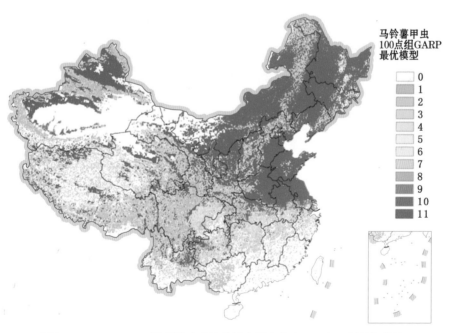

图 16-4c　DK-GARP 模型测试马铃薯甲虫潜在分布 100 点组别叠加结果

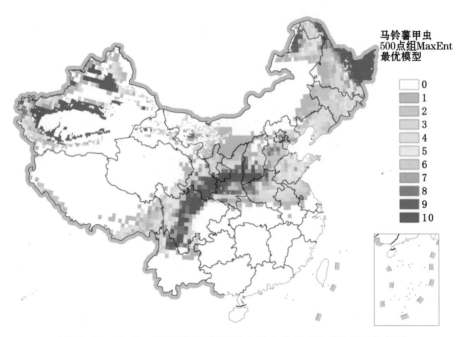

图 16-5a MaxEnt 模型测试马铃薯甲虫潜在分布 500 点组别叠加结果

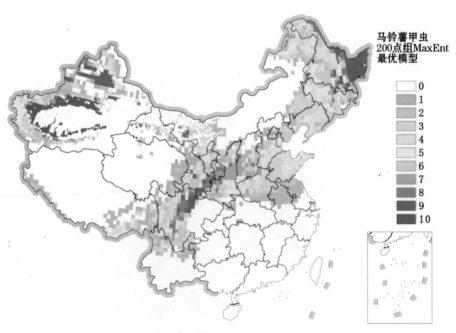

图 16-5b MaxEnt 模型测试马铃薯甲虫潜在分布 200 点组别叠加结果

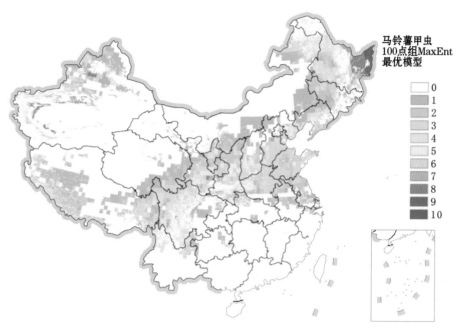

图 16-5c MaxEnt 模型测试马铃薯甲虫潜在分布 100 点组别叠加结果

16.2.7 GAM 模型预测结果

1. 模型 1 结果

通过 EASE 系统中模型自动评价(采用 AIC 和 UBRE 准则),得出最优化模型为:

马铃薯甲虫 GAM 模型 1 ～ s(wet_ann) + s(tmp_ann) +h_dem

经检验,其线性部分和非线性部分均达显著水平,可解释差异(deviance explained)为 77.2%,UBRE 值为-0.649 18。利用验证数据对该模型进行检验,AUC 值计算结果为 0.977 445 6。利用该模型对中国地区采样点进行预测,并经普通 Krig 插值,其预测结果见图 16-6a。

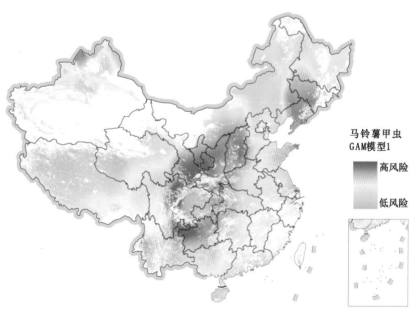

图 16-6a 马铃薯甲虫潜在定殖风险 GAM 模型 1 预测结果图

由图 16-6a 可知,GAM 模型 1 预测马铃薯甲虫在我国东北、西北、四川中西部、云南南部、贵州西北部和重庆东部等地区都有高定殖风险,在西藏中西部、青海中西部、广东省、台湾省、海南省定殖风险低,其余地区为中等定殖风险。

2. 模型 2 结果

同马铃薯甲虫 GAM 模型 1 选取方法相同,按照相关性高低确定了 wet_ann、tmp_ann、pre_ann、h_dem、h_flowdir 和 h_topoind 等变量进入初步模型,通过 EASE 系统中模型自动评价(采用 AIC 和 UBRE 准则),得出最优化模型为:

马铃薯甲虫 GAM 模型 2 ～ s(wet_ann) + s(tmp_ann) + pre_ann

经检验,其线性部分和非线性部分均达显著水平,可解释差异(deviance explained)为 74.4%,UBRE 值为-0.618 86。利用验证数据对该模型进行检验,AUC 值计算结果为 0.989 363 5,插值后的预测结果见图 16-6b。

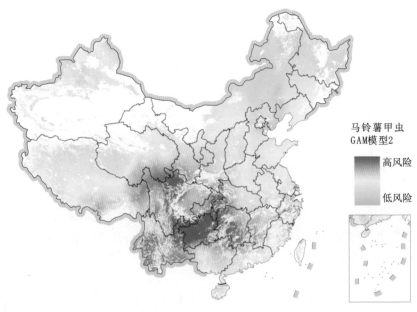

图 16-6b 马铃薯甲虫潜在定殖风险 GAM 模型 2 预测结果图

由图 16-6b 可知,GAM 模型 2 相比模型 1,其预测的马铃薯甲虫在我国东北、西北等北方地区潜在分布的风险更低,但是模型 2 预测的马铃薯甲虫在四川、云南、贵州、重庆、湖南、浙江、台湾等地区有高定殖的风险要高于模型 1。

3. 模型 3 结果

同马铃薯甲虫 GAM 模型 1 选取方法相同,按照相关性高低确定了 wet_ann、vap_ann、tmp_ann、pre_ann、h_dem、h_sloph、h_flowdir 和 h_topoind 等变量进入初步模型,通过 EASE 系统中模型自动评价(采用 AIC 和 UBRE 准则),得出最优化模型为:

马铃薯甲虫 GAM 模型 3 ～ s(wet_ann) + s(tmp_ann) + s(pre_ann) +h_slope + s(h_dem)

经检验,其线性部分和非线性部分均达显著水平,可解释差异(deviance explained)为 75.9%,UBRE 值为-0.601 73。利用验证数据对该模型进行检验,AUC 值计算结果为 0.972 692 4,插值后的预测结果见图 16-6c。

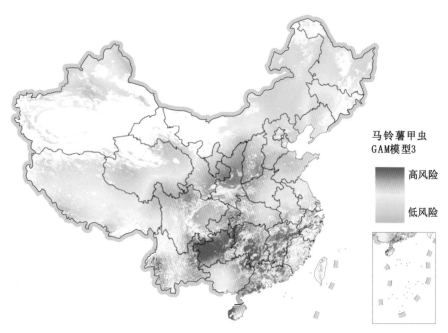

图 16-6c　马铃薯甲虫潜在定殖风险 GAM 模型 3 预测结果图

　　GAM 模型 3 预测结果与模型 2 接近,但其预测马铃薯甲虫在广东北部、江西、湖南、台湾、海南等地区定殖的风险为高风险,而在东北地区的辽宁、吉林两省份,模型 3 预测的马铃薯潜在分布范围较模型 2 大,且马铃薯甲虫定殖风险程度强于模型 2;模型 3 在新疆南缘、青海及河西走廊一带,预测的定殖风险很低。

　　4. 模型 4 结果

　　同马铃薯甲虫 GAM 模型 1 选取方法相同,按照相关性高低确定了 vap_ann、wet_ann、tmp_ann、pre_ann、h_dem、h_flowdir 和 h_topoind 等变量进入初步模型,通过 EASE 系统中模型自动评价(采用 AIC 和 UBRE 准则),得出最优化模型为:

　　　　马铃薯甲虫 GAM 模型 4 ～ s(wet_ann) + vap_ann + s(tmp_ann) +h_dem

　　经检验,其线性部分和非线性部分均达显著水平,可解释差异(deviance explained)为 68.6%,UBRE 值为 -0.509 79。利用验证数据对该模型进行检验,AUC 值计算结果为 0.972 692 4,插值后的预测结果见图 16-6d。

　　GAM 模型 4 预测结果与模型 2 预测结果很相似,预测的马铃薯甲虫在四川、云南、贵州、重庆、湖南、浙江、台湾等地区有高定殖风险,但在新疆、内蒙古西北部和东北地区无论是预测的潜在分布风险强度还是面积都较模型 2 为大,在分布风险强度上则比模型 1 预测的要弱。

　　5. 模型 5 结果

　　同马铃薯甲虫 GAM 模型 1 选取方法相同,按照相关性高低确定了 vap_ann、wet_ann、tmp_ann、pre_ann、h_dem 和 h_slope 等变量进入初步模型,通过 EASE 系统中模型自动评价(采用 AIC 和 UBRE 准则),得出最优化模型为:

　　　　马铃薯甲虫 GAM 模型 5～ s(pre_ann) + s(tmp_ann) + wet_ann

　　经检验,其线性部分和非线性部分均达显著水平,可解释差异(deviance explained)为 73.7%,UBRE 值为 -0.596 22。利用验证数据对该模型进行检验,AUC 值计算结果为 0.972 692 4,插值后的预测结果见图 16-6e。

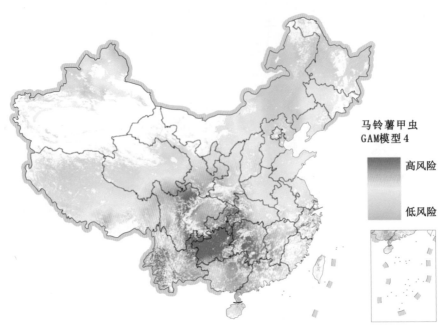

图 16-6d　马铃薯甲虫潜在定殖风险 GAM 模型 4 预测结果图

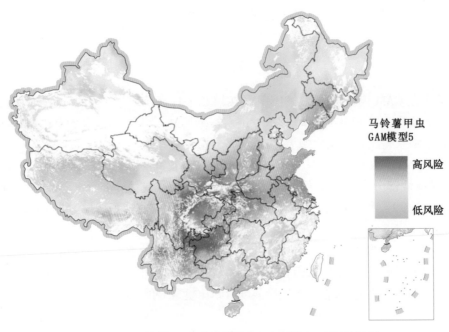

图 16-6e　马铃薯甲虫潜在定殖风险 GAM 模型 5 预测结果图

　　模型 5 预测结果与模型 1 相似,但在东北地区预测的马铃薯甲虫潜在分布范围较模型 1 大,潜在定殖风险高;而在北疆地区预测的范围较模型 1 小,且风险强度低;在陇东、宁夏、内蒙古西北部、陕北、山西等地区预测的风险强度比模型 1 小。

16.3　DK-GARP、MaxEnt 和 GAM 3 种模型预测结果比较

16.3.1　评估指标相互间关系的分析结果

仅从本研究试验的总体结果看,AUC、MaxKappa 和 MaxPCC 这 3 种模型预测能力评价指标具有较高的线性相关性(图 16-7)。由各自模型的两向误差分析图中可以看出,DK-GARP、MaxEnt 和 GAM 3 种模型在不同抽样尺度上的 MaxKappa 与 AUC 数值具有正相关性,即 AUC 值高的模型,其 MaxKappa 计算结果值也高;同时 3 种模型的 MaxPCC 与 AUC 数值也具有正相关性,AUC 值高则最大预测精度也高(图 16-8)。综上,3 种评价指标可选择其中 1 种作为评价标准。由于 MaxPCC 与 MaxKappa 是特定阈值下的最大值,反映了模型在该阈值情况下的准确程度,而 AUC 则与阈值无关,反映了全部阈值下模型总体的预测准确程度,所以 AUC 可作为评估模型预测能力的概括性指标,但模型预测正确性的来源尚需进一步分析。

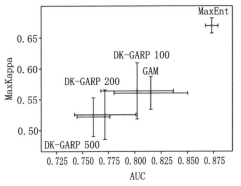
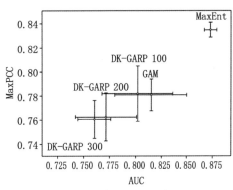

图 16-7　3 种模型不同采样量回验 AUC、MaxKappa 和 MaxPCC 值两向误差分析图

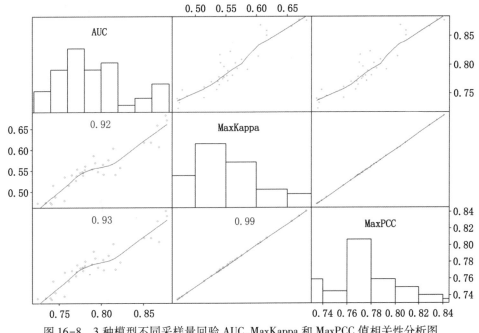

图 16-8　3 种模型不同采样量回验 AUC、MaxKappa 和 MaxPCC 值相关性分析图

16.3.2 模型预测能力对比分析结果

仅根据本研究试验预测结果的统一回验 AUC 值多重比较图（图 16-9 至图 16-11）可以看出，MaxEnt 模型的 AUC 评判计算结果值显著高于其他两种模型，GAM 模型的 ACU 值高于 DK-GARP 模型，但是差异不显著。MaxEnt 在各种采样方案上，其预测结果的 AUC 评判计算结果值均高于 DK-GARP；MaxEnt 和 DK-GARP 在采样量增加时，回验正确程度均降低，采样点增多，显著降低了 MaxEnt 的预测正确率，而且采样点越多 AUC 值越低；DK-GARP 随采样点从 100 增至 200 时，AUC 值显著降低，但是采样点再增多时，DK-GARP 的 AUC 值就没有显著降低了。由此可见，仅就本研究试验采样策略而言，增加采样点不但不能提高 MaxEnt 和 DK-GARP 的预测正确程度，反而会降低 AUC 值，但是DK-GARP 对增加采样点不如 MaxEnt 敏感。

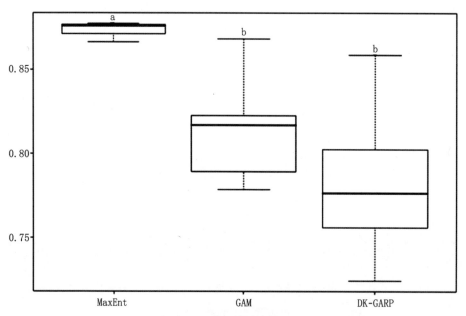

图 16-9　3 种模型不同采样量回验 AUC 值多重比较图

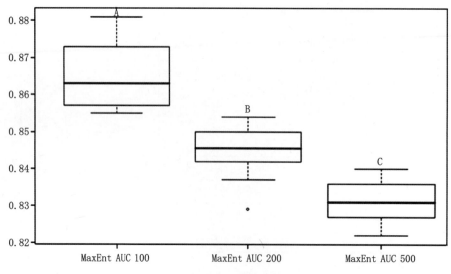

图 16-10　MaxEnt 模型不同采样量回验 AUC 值多重比较图

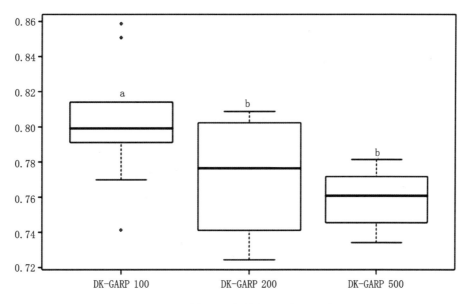

图 16-11　DK-GARP 模型不同采样量回验 AUC 值多重比较图

16.3.3　模型预测精度来源分析结果

1. MaxEnt 模型 AUC 来源分析

100点组10次试验合成结果模型是MaxEnt各合成级别中取得最大AUC值的模型。由该模型可

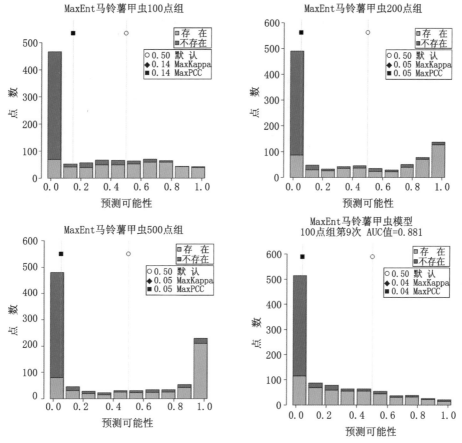

图 16-12　MaxEnt 模型 AUC 预测精度来源分析图

以看出，100点组合成模型的AUC计算结果来源中，对"不存在"的正确预测贡献突出，它正确预测的"不存在"点约400个，而预测定殖可能性较大的点则较为平均；其MaxKappa和MaxPCC均在较低分段阈值时出现（图16-12），100、200和500点组的出现阈值分别为0.14、0.05和0.05；预测定殖概率0.4以上各分段贡献约300点。

为确认该情况是否因为MaxEnt输出结果为0、1类型造成的，本研究挑选了100点组中AUC值（0.881）最大的第9次试验，输出Cumulative累加类型，取值范围[0～100]，然后利用同样的验证数据进行回验，结果见图16-12"100点组第9次"。从该图看出，累加类型的输出结果与0、1类型输出结果趋势相同，AUC的主要贡献均是来源于对"不存在"的正确预测，而且累加类型回验结果中，对于模型预测的高风险区域中（0.6以上）"存在"点落入的比0、1类型的还少。由此证明"不存在"单侧预测正确率高并不是由于MaxEnt的输出结果为0、1类型（虽然后续步骤进行了叠加）所致，而是由于MaxEnt模型本身的预测范围使然。

所以可以推断，MaxEnt模型在本研究所使用的建模数据和验证数据条件下，表现为预测结果比较乐观。即预测的高风险范围较小，因此预测不能定殖点的正确率高。同时也应注意到，在预测为高概率的区间（0.6以上），MaxEnt预测的错误较少（即P/A分离）。如图16-12所示，高定殖概率区域分布的不能定殖真值点总和仅在30个点左右；反而在预测概率较低的点，分布有较多的能够定殖真值点。这些说明本研究中MaxEnt模型预测的高定殖风险地区可信度较高，而预测的低定殖风险区域可信度较差，错误较多。其他两组MaxEnt模型也表现出了相同的趋势。另外，从图16-12也可看出，MaxEnt对于两个极端情况即0、1两端预测的效果较好，而在中间过渡部分总是存在"存在"与"不存在"回验点重叠的现象，没有出现P/A峰的明显分离。这说明在本研究试验条件下，MaxEnt对于非极端情况的判别能力较弱。

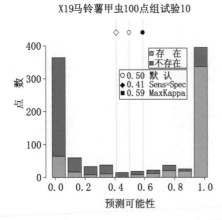

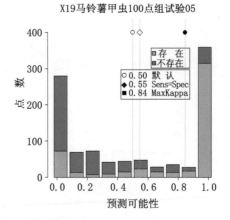

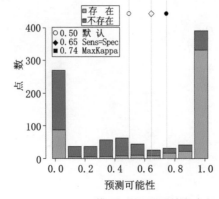

图16-13　DK-GARP模型AUC预测精度来源分析图

2. DK-GARP 模型 AUC 来源分析

100 点组第 10 次试验结果模型是 DK-GARP 取得最大 AUC 值的模型。由该模型可以看出，AUC 值对"0"和"1"两个极端情况的正确预测（图 16-13）带来的贡献最大，预测概率[0.0～0.1]区间，正确预测的"不存在"点约 280 个，而[0.9,1.0]区间正确预测的"存在"点约 350 个，两项约占总预测点数的 60% 强，其他两组取得最高 AUC 值的模型情况相似。另外，100、200 和 500 这 3 组最高 AUC 值模型的 MaxKappa 在较高分段阈值时出现（图 16-13），分别为 0.59、0.84 和 0.74；同时，DK-GARP 对于两个极端情况，即 0、1 两端预测的效果较好，而在中间过渡部分与 MaxEnt 一样，总是存在"存在"与"不存在"回验点重叠的现象。由此可以推断，DK-GARP 模型在本研究所使用的建模数据和验证

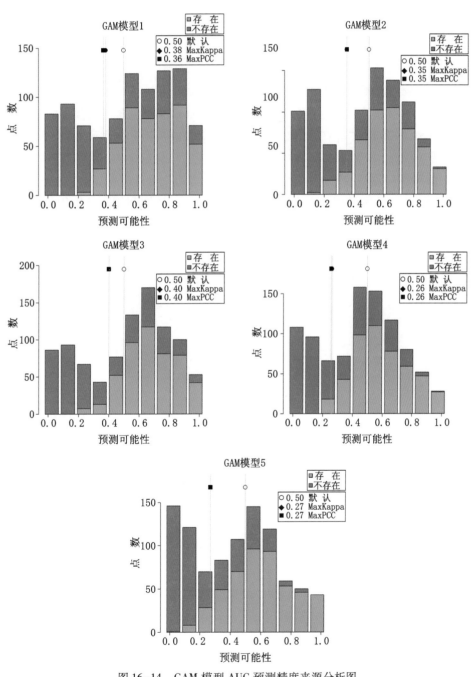

图 16-14　GAM 模型 AUC 预测精度来源分析图

数据条件下,模型预测结果比较保守。即预测的高风险范围较大,因此预测能定殖点的正确率高,而对于非极端情况的判别能力弱。

3. GAM 模型 AUC 来源分析

从本研究试验的 GAM 模型总体来看,模型对于"存在/不存在(P/A)"的识别能力较强(图 16-14)。相对 MaxEnt 和 DK-GARP 而言,回验数据中的 P/A 真值点相对分离,"不存在"真值点集中于预测为 0.3 概率以下的区间,而"存在"真值点主要集中在预测概率 0.6 附近,且在 0、1 两端重叠很少。可见 GAM 模型 AUC 的主要来源是在 0、1 两端及其附近区间的正确预测。另外,虽然 P/A 峰分离,也可看出在 0.3~0.6 定殖概率范围内 GAM 模型的预测结果 P/A 有重叠。因此可以推断,本研究试验条件下 GAM 模型在进行 P/A 型判断上是比较准确的,但是在高风险区域向低风险区域过渡的部分,判别能力较两端为差,但较 MaxEnt 和 DK-GARP 为高。

16.3.4　适生区的划分及风险等级

由上节分析结果可知,MaxEnt 高的回验 AUC 来源包含正确预测的"不存在"以及预测的较高风险范围小而导致的"不存在"增多的贡献;DK-GARP 回验 AUC 来源包含正确预测的"不存在"和预测的较高风险范围较大而带来的"存在"预测成功;同时两者在高风险和低风险过渡区间的判别能力均较 GAM 模型为差。因此,本章以 AUC 和中间风险判别能力均较好的 GAM 模型(GAM 模型试验 5,统一回验 AUC 值=0.87)预测结果作为适生区划分、风险等级划分的模型,以此进行分析并绘制中国地区马铃薯甲虫潜在定殖风险分析图。结果如图 16-15 所示(该图利用土地利用类型数据层去除了森林、城市用地、水体、永久性湿地、冰雪地、干旱荒原等土地类型)。

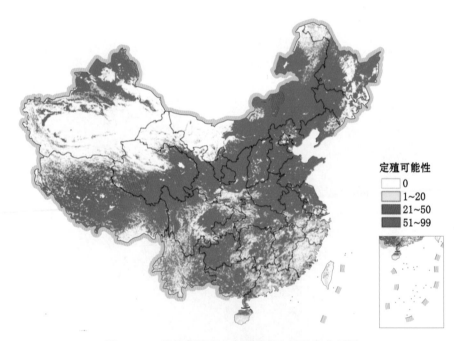

图 16-15　马铃薯甲虫在中国潜在定殖风险分析图

我国大部分地区均有马铃薯甲虫定殖风险(除荒原沙漠、森林、水体等不适宜农业害虫生存的区域外),其中:西藏南部、四川、云南、贵州大部、重庆、湖北大部、湖南西北部和中部、河南西部、山西大部、安徽北部、陕西中南部、陇南陇东、胶东半岛、江苏、辽宁和吉林东部等地区具有高定殖风险;新疆北疆大部、内蒙古中东部、青海南部、西藏中部、甘肃中部、宁夏、陕北、黑龙江大部、吉林、辽宁西部、河北大部、河南东部和北部、山东西部、湖南东部、广西西北部具有中等定殖风险;新疆南疆大部、青海西部、西藏北部、甘肃、内蒙古西部、广西东南部、广东、浙江南部、江西、福建、台湾、海南岛等地区具有较低入侵定殖风险或无入侵定殖风险。

16.4　讨　论

外来有害物种尤其是检疫性有害物种,其详细准确的分布资料受到经济贸易等多种因素的影响,很难获取到。对于马铃薯甲虫这种对环境适应能力极强的害虫来说,即便在特定地区经过调查未发现其分布时,也不能确定马铃薯甲虫是否不能在该地区定殖(除具有极端自然环境的区域外,如冻原、沙漠等)。可能的情况有多种:或是因为马铃薯甲虫尚未扩散到该处;或者马铃薯甲虫已经扩散到该处,因种群量稀少而未能调查到;或者该处的马铃薯甲虫曾经有过分布,但由于寄主等原因发生了迁移或灭种。因此,马铃薯甲虫的"不存在"类型的数据更难获取。本研究采用的全部"存在"数据包含了在现有广泛分布地区(美国、欧洲中部和南部地区)进行随机抽取的数据,虽然在数据源上引入了一定的误差,但从模型 AUC 来源评估中可以看出,模型预测的结果与完全随机分布(AUC 值=0.5)的结果相差较大。因此,模型还是在一定程度上反映了马铃薯甲虫的生态位需求,模型预测结果仍是可信的。

由于马铃薯甲虫现有分布中,很多地区(欧洲、俄罗斯等)处于纬度较高的地区(40°～50°N),因此,DK-GARP、MaxEnt 和 GAM 3 种模型预测的低纬度地区的定殖风险较低(如我国广东、海南等地区),可能会使预测结果产生一定的误差。然而从马铃薯甲虫的生物学特性出发,这些地区的温湿度条件是能够满足马铃薯甲虫完成其生活史的。因此,虽然这些地区定殖风险较低,一旦马铃薯甲虫侵入也是会造成严重危害的。

本研究选用的 GAM 模型能够很好地拟合生物的生态位需求范围,而目前马铃薯甲虫的分布达到了从 56°N 到 13°N 的广大范围,因此,能够给 GAM 模型提供比较全面的马铃薯甲虫生态需求信息,不会出现因为数据不全而造成的片面拟合。另外,从 GAM 模型对验证点集 P/A 类型的识别能力上也可以看出,GAM 模型没有在某个阈值范围内出现分辨严重失败的情况。

参 考 文 献

阿布都瓦斯提·吾拉木,秦其明.2004.基于 6S 模型的可见光、近红外遥感数据的大气校正[J].北京大学学报:自然版,40(4):611-617.

安丽芬,战继春.2005.旋幽夜蛾在白城市首次大面积暴发为害[J].中国植保导刊,25(8):38.

白由路,金继运,杨俐苹,等.2004.低空遥感技术及其在精准农业中的应用[J].土壤肥料,(1):3-6.

包云轩,程极益,程遐年.1999.盛夏褐飞虱北迁大发生的气象背景:个例分析[J].南京农业大学学报,22(4):35-40.

北京气象中心资料室.1983.中国地面气候资料:东北区[M].上海:气象出版社.

布仁巴稚尔,邵玉斌,石家兴,等.1987.呼盟草地螟虫源问题的研究[J].内蒙古农业科技,1:41-42.

曹慢,吕金海.1963.石河子地区甜菜的新害虫[J].新疆农业科学,(8):324.

曹铭昌,周广胜,翁恩生.2005.广义模型及分类回归树在物种分布模拟中的应用与比较[J].生态学报,25(8):2031-2040.

曹卫菊,罗礼智,徐建祥.2006.我国草地螟的迁飞规律及途径[J].昆虫知识,43(3):279-283.

陈林.2007.红火蚁(Solenopsis invicta)在我国的潜在分布研究[D].北京:中国农业科学院研究生院.

陈瑞鹿,暴祥致,王素云,等.1992.草地螟迁飞活动的雷达观测[J].植物保护学报,10(2):171-174.

陈若篪,赵健,徐秀媛.1982.褐飞虱越冬温度指标的研究[J].昆虫学报,25(4):390-396.

陈若篪,程遐年,杨联民,等.1979.褐飞虱卵巢发育及其与迁飞的关系[J].昆虫学报,22(4):280-288.

陈若篪,丁锦华,谈涵秋,等.1989.迁飞昆虫学[M].北京:农业出版社.

陈述彭,童庆禧,郭东华.1998.遥感信息机理研究[M].北京:科学出版社.

陈晓,陈继光,薛玉,等.2004.东北地区草地螟 1999 年大发生的虫源分析[J].昆虫学报,47(5):599-606.

程登发,封洪强,吴孔明.2005.扫描昆虫雷达与昆虫迁飞监测[M].北京:科学出版社,12-15.

程登发,吴孔明,田喆.2004.扫描昆虫雷达的实时数据采集、分析系统[J].植物保护,30(2):41-46.

程登发,田喆,李红梅,等.2002.温度和湿度对麦长管蚜飞行能力的影响[J].昆虫学报,45(1):80-85.

程极益.1994.褐飞虱迁飞的雷达观测和轨迹分析[J].环境遥感,9(1):51-56.

程遐年,陈若篪.1979.稻褐飞虱迁飞规律的研究[J].昆虫学报,22(1):1-20.

戴海夏,宋伟民,高翔,等.2004.上海市 A 城区大气 PM_{10}、$PM_{2.5}$ 污染与居民日死亡数的相关分析[J].卫生研究,33(3):293-297.

戴小枫,郭予元.1993.1992 年棉铃虫暴发为害的特点及成因分析[J].中国农学通报,9(5):38-43.

邓德蔼,李北奇.1981.利用诱饵和陷阱诱捕步甲试验[J].昆虫知识,18(5):205-207.

邓望喜.1981.褐飞虱及白背飞虱空中迁飞规律的研究[J].植物保护学报,8(2):73-80.

邓望喜,许克进,荣秀兰,等.1980.飞机网捕褐稻虱及白背飞虱的研究初报[J].昆虫知识,3:97-102.

杜正文.1983.近年来我国水稻远距离迁移性害虫研究的进展[J].中国农业科学,6:76-82.

樊伟,崔雪森,沈新强.2004.西北太平洋巴特柔鱼渔场与环境因子关系研究[J].高技术通讯,14(10):84-89.

封传红,翟保平,张孝羲.2001.褐飞虱的再迁飞能力[J].中国水稻科学,15(2):125-130.

封洪强.2003.华北地区昆虫季节性迁移的雷达观测及轨迹分析[D].北京:中国农业科学院研究生院.

高月波,陈晓,陈钟荣,等.2008.稻纵卷叶螟(Cnaphalocrocis medinalis)迁飞的多普勒昆虫雷达观测及动态[J].生态学报,28(11):5238-5247.

国伟,沈佐锐,龚鹏.2004.不同地理种群麦长管蚜微卫星位点的遗传多态性[J].农业生物技术学报,12(5):616-617.

韩秀珍,马建文,布和敖斯尔,等.2002.利用卫星ETM与样方统计数据研究西鄂尔多斯珍稀濒危植物种群分布规律[J].遥感学报,6(2):136-141.

何国金,胡德永,金小华,等.2002.北京麦蚜虫害的光谱测量与分析[J].遥感技术与应用,17(3):119-124.

洪楠,侯军.2004.SAS for Windows(V8)统计分析系统教程新编[M].北京:清华大学出版社.

胡高,包云轩,王建强,等.2007.褐飞虱的降落机制[J].生态学报,27(12):5068-5075.

胡国文,马巨法,韩娟.1995.黑肩绿盲蝽成虫迁出习性观察[J].昆虫知识,32(6):357-359.

胡继超,程极益,储杰树,等.1997.褐飞虱在我国东部地区秋季回迁的三维轨迹研究[J].中国农业气象,18(5):2-6.

黄次伟,陈福云,冯炳灿.1982.褐稻虱食料条件的研究[J].昆虫知识,(4):1-3.

黄木易,王纪华,黄文江.2003.冬小麦条锈病的光谱特征及遥感监测[J].农业工程学报,19(6):154-158.

季荣,张霞,谢宝瑜,等.2003.用MODIS遥感数据监测东亚飞蝗灾害:以河北省南大港为例[J].昆虫学报,46(6):713-719.

贾彬,王彤,王琳娜,等.2005.广义可加模型共曲线性及其在空气污染问题研究中的应用[J].第四军医大学学报,26(3):280-283.

江广恒,谈涵秋,沈婉贞,等.1981.褐飞虱远距离向北迁飞的气象条件[J].昆虫学报,24(3):251-261.

蒋春先,齐会会,孙明阳,等.2011.2010年广西兴安地区稻纵卷叶螟发生动态及迁飞轨迹分析[J].生态学报,31(21):6495-6504.

蒋建军,倪绍祥,韦玉春.2002.GIS辅助下的环青海湖地区草地蝗虫生境分类研究[J].遥感学报,6(5):387-392.

赖仲廉.1982.贵阳地区白背飞虱的越冬及迁飞观察[J].昆虫学报,25(4):397-402.

李朝绪,罗礼智,潘贤丽.2006.草地螟滞育和非滞育幼虫抗寒能力的研究[J].植物保护,32(2):41-44.

李世良,张凤海,梁家荣,等.1984.遥控航模机捕捉空中昆虫[J].植物保护,(2):37-39.

李云瑞.2002.农业昆虫学(南方本)[M].北京:中国农业出版社.

李祯,祁承留,孙文昌.1993.东北地区自然地理[M].北京:高等教育出版社,68-71.

辽宁省农作物病虫测报站.1987.辽宁省草地螟发生规律及防治研究总结[J].中国植保导刊,(S1):53-59.

刘方,张金良,陆晨,等.2005.北京地区气温与急性冠心病的时间序列研究[J].环境与健康杂志,22(4):252-255.

刘浩光,刘振祥,祝为华.1983.我国海上网捕褐稻虱的结果[J].昆虫学报,26(1):109-113.

刘良云,黄木易,黄文江,等.2004.利用多时相的高光谱航空图像监测冬小麦条锈病[J].遥感学报,8(3):276-282.

刘芹轩,吕万明,张桂芬.1982.白背飞虱的生物学和生态学的研究[J].中国农业科学,6(3):59-66.

刘万才.1998.农作物病虫害预测预报的发展探讨[J].植保技术与推广,18(5):39-40.

刘宇,王建强,冯晓东,等.2008.2007年全国稻纵卷叶螟发生实况分析与2008年发生趋势预测[J].中国植保导刊,28(7):33-35.

罗礼智,屈西锋.2005.我国草地螟2004年为害特点及2005年一代为害趋势分析[J].植物保护,31(3):69-71.

罗礼智,李光博,曹雅忠.1996.草地螟第3个猖獗为害周期已经来临[J].植物保护,22(5):50-51.

罗肖南.1985.白背飞虱的越冬调查[J].福建农学院学报,14(4):318-322.

吕万明.1980.白背飞虱雌性生殖系统的构造和卵巢发育分级的初步观察[J].昆虫知识,(4):182-183.

马建文,赵忠明,布和敖斯尔.2001.遥感数据模型与处理方法[M].北京:中国科学技术出版社.

马自昌,蒙延荣.1983.三叶草夜蛾研究初报[J].新疆农垦科技,(6):38-39.

孟紫强,卢彬,周义,等.2006.沙尘天气对呼吸系统疾病日入院人数影响的时间序列研究(1995—2003年)[J].环境科学学报,26(11):1900-1908.

南京农学院植物保护系,广东农科院植保所,湖南彬州地区农科所,等.1981.褐飞虱、白背飞虱的标记回收试验.生态学报,1(1):49-53.

倪绍祥.2002.环青海湖地区草地蝗虫遥感监测与预测[M].上海:上海科学技术出版社.

齐会会,张云慧,蒋春先,等.2011.广西东北部稻区白背飞虱早期迁入虫源分析[J].中国农业科学,44(16):3333-3342.

乔红波.2007.麦蚜和白粉病遥感监测技术研究[D].北京:中国农业科学院研究生院.

乔红波,程登发,孙京瑞,等.2005.麦蚜对小麦冠层光谱特性的影响研究[J].植物保护,31(2):21-26.

屈西锋,邵振润,王建强.1999.我国北方农牧区草地螟暴发周期特点及原因剖析[J].昆虫知识,36(1):11-14.

全国白背飞虱科研协作组.1981.白背飞虱迁飞规律初步研究[J].中国农业科学,5(3):25-30.

全国草地螟科研协作组.1987.草地螟(*Loxostege sticticatis* Linnaeus)发生及测报和防治的研究[J].病虫测报,增刊第1号:1-9.

全国稻纵卷叶螟研究协作组.1981.我国稻纵卷叶螟迁飞规律研究进展[J].中国农业科学,14(5):1-8.

全国褐稻虱科研协作组.1981.我国褐稻虱迁飞规律研究的进展[J].中国农业科学,2:52-58.

沈慧梅,吕建平,周金玉,等.2011.2009年云南省白背飞虱早期迁入种群的虫源地范围与降落机制[J].生态学报,31(15):4350-4364.

沈其君.2001.SAS统计分析[M].南京:东南大学出版社.

盛宝钦,段霞瑜.1991.对记载小麦成株白粉病"0-9"级法的改进[J].北京农业科学,9(1):38-39.

石尚柏,李绍石,胡伯海.1997.稻纵卷叶螟[M].北京:中国农业出版社,13-17.

宋焕增.1984.白背飞虱发生世代及其迁飞气象[J].上海农业科技,3:25-26.

孙家柄,舒宁,关泽群.1997.遥感原理、方法与应用[M].北京:测绘出版社.

孙雅杰,高月波.2004.草地螟的迁飞与春季发生种群虫源的探讨[M]//李典谟主编.当代昆虫学研究:中国昆虫学会成立60周年.北京:中国农业科学技术出版社,230-232.

孙雅杰,陈瑞鹿,王素云,等.1991.草地螟雌蛾生殖系统发育的形态变化[J].昆虫学报,34(2):248-249.

孙治华,赵素珍.1995.旋幽夜蛾的发生及防治[J].内蒙古农业科技,2:23-24.

田庆久,董卫东,郑兰芬,等.1997.基于地面定标的地物光谱反演方法研究[J].遥感技术与应用,12(2):1-7.

童庆禧.1990.中国典型地物波谱及其特征分析[M].北京:科学出版社.

王春荣,陈继光,宋显东,等.2006.黑龙江省草地螟第三个暴发周期特点及成因分析[J].昆虫知识,43(1):98-104.

王凤英,张孝羲,翟保平.2010.稻纵卷叶螟的飞行和再迁飞能力[J].昆虫学报,53(11):1265-1272.

王海扣,周保华.1997.地理信息系统及其在害虫治理中的应用[J].昆虫知识,34(6):366-370.

王秋荣,张友,陈晓.2005.呼伦贝尔市草地螟越冬情况调查[J].中国植保导刊,(6):34-36.

王盛桥,张求东.2006.2006年稻飞虱暴发的特点和成因分析[J].湖北植保,(6):5-6.

王正军,李典谟,谢宝瑜.2004.基于GIS和GS的棉铃虫卵空间分布与动态分析[J].昆虫学报,47(1):33-40.

吴继友,倪建.1995.松毛虫为害的光谱特征与虫害早期探测模式[J].遥感学报,10(4):250-258.

吴孔明,程登发,徐广,等.2001.华北地区昆虫秋季迁飞的雷达观测[J].生态学报,21(11):1833-1838.

吴孔明,翟保平,封洪强,等.2006.华北北部地区二代棉铃虫成虫迁飞行为的雷达观测[J].植物保护学报,33(2):163-167.

吴曙雯.2002.中国南方稻区褐飞虱灾变分析与预警系统的研究及应用[D].杭州:浙江大学.

吴曙雯,王人潮,陈晓斌,等.2001.稻叶瘟对水稻光谱特性的影响研究[J].上海交通大学学报(农业科学版),(3):73-76.

吴以宁.1980.褐飞虱个体发育历期观察[J].安徽农业科学,4:54-58.

谢令德.1995.旋幽夜蛾卵期耐寒性研究[J].青海大学学报(自然科学版),13(3):32-36.

谢茂昌,林作晓.2007.2005年广西稻飞虱发生为害特点及成灾原因分析[J].广西植保,20(2):24-27.

燕守勋,马建文,蔺启忠.2001.中国西部喀喇昆仑明铁盖多金属矿化区的卫星遥感勘查[J].遥感学报,5(4):306-311.

杨秀丽,陈林,程登发,等.2008.毫米波扫描昆虫雷达空中昆虫监测的初步应用[J].植物保护,34(2):31-36.

于江南,周晓华,马野平.1997.旋幽夜蛾在棉田的发生与防治[J].新疆农业大学学报,20(4):70-72.

岳宗岱,袁艺.1983.吉林省草地螟虫源和发生条件的初步分析[J].吉林农业科学,3:78-81.

翟保平.1992.我国的雷达昆虫学研究[J].农牧情报研究,5:33-38.

翟保平.1999.追踪天使:雷达昆虫学30年[J].昆虫学报,42(3):315-326.

翟保平.2001.昆虫雷达:从研究型到实用型[J].遥感学报,5(3):231-240.

翟保平,张孝羲.1993.迁飞过程中昆虫的行为:对风温场的适应与选择[J].生态学报,13(4):356-363.

翟保平,张孝羲,程遐年.1997.昆虫迁飞行为的参数化 Ⅰ.行为分析[J].生态学报,17(1):7-17.

张孝羲,耿济国,陆自强,等.1980.稻纵卷叶螟迁飞途径的研究[J].昆虫学报,23(2):130-139.

张孝羲,耿济国,周威君.1981.稻纵卷叶螟迁飞规律的研究进展[J].植物保护,(6):2-7.

张玉书,班显秀,陈鹏狮,等.2005.应用NOAA/AVHRR资料监测松毛虫为害研究初探[J].应用生态学报,(5):870-874.

张云慧,陈林,程登发,等.2007.旋幽夜蛾迁飞的雷达观测和虫源分析[J].昆虫学报,50(5):494-500.

张云慧,陈林,程登发,等.2008a.步甲夜间迁飞习性的探讨[J].中国农业科学,41(1):108-115.

张云慧,陈林,程登发,等.2008b.草地螟 2007 年越冬代成虫迁飞行为研究与虫源分析[J].昆虫学报,51(7):720-727.

张云慧,程登发,蒋斌,等.2006.垂直监测昆虫雷达及应用技术[M]//成卓敏主编.科技创新与绿色植保.北京:中国农业科学技术出版社,642-646.

张云慧,乔红波,程登发,等.2007.垂直监测昆虫雷达在四川地区的初步应用[J].植物保护,33(3):23-26.

赵圣菊.1981.东亚地区低层大气环流季节性变化与黏虫的远距离迁飞[J].生态学报,1(4):315-320.

赵英时.2004.遥感应用分析原理与方法[M].北京:科学出版社.

赵占江,陈恩祥,张毅.1992.旋幽夜蛾生物学特性与防治研究[J].中国甜菜,(4):25-28.

赵占江,张毅,陈恩祥.1991.旋幽夜蛾发育有效积温的研究[J].昆虫知识,28(2):88-91.

中国科学院编译出版委员会名词室.1956.昆虫名称[M].北京:科学出版社.

中国科学院动物研究所,浙江农业大学.1978.中国科学院动物研究所昆虫图册第三号:天敌昆虫图册[M].北京:科学出版社.

中国科学院动物研究所.1981.中国蛾类图鉴Ⅰ[M].北京:科学出版社.

中国科学院动物研究所.1982.中国蛾类图鉴Ⅱ[M].北京:科学出版社.

中国科学院动物研究所.1982.中国蛾类图鉴Ⅲ[M].北京:科学出版社.

中国科学院动物研究所.1983.中国蛾类图鉴Ⅳ[M].北京:科学出版社.

周立阳,张孝羲,程极益.1995.江淮稻区稻纵卷叶螟的轨迹分析[J].南京农业大学学报,18(2):53-58.

周尧.1999.中国蝴蝶原色图鉴[M].郑州:河南科学技术出版社.

朱弘复,等.1964.中国经济昆虫志:第六册 鳞翅目 夜蛾科(二)[M].北京:科学出版社.

朱弘复,陈一心.1963.中国经济昆虫志:第三册 鳞翅目 夜蛾科(一)[M].北京:科学出版社.

朱弘复,钦俊德.1991.英汉昆虫学词典[M].北京:科学出版社.

朱弘复,王林瑶.1979.蛾类幼虫图册(一)[M].北京:科学出版社.

朱弘复,王林瑶.1980.中国经济昆虫志:第二十二册 鳞翅目 天蛾科[M].北京:科学出版社.

朱弘复,王林瑶.1991.中国动物志昆虫纲:第三卷 鳞翅目 圆钩蛾科 钩蛾科[M].北京:科学出版社.

朱弘复,王林瑶.1996.中国动物志昆虫纲:第五卷 鳞翅目 蚕蛾科 大蚕蛾科 网蛾科[M].北京:科学出版社.

朱明华.1989.黑肩绿盲蝽的迁飞观察[J].昆虫知识,26(6):350-352.

朱源,康慕谊.2005.排序和广义线性模型与广义可加模型在植物种与环境关系研究中的应用[J].生态学杂志,24(7):807-811.

Adamsen M L,Philpot W D.1999.Yellowness index:an application of spectral spring derivatives to estimate chlorosis of leaves in stressed vegetation[J].International Journal of Remote Sensing,20:3663-3675.

Anderson R P,Lew D,Peterson A T.2003.Evaluating predictive models of species' distributions:criteria for selecting optimal models[J].Ecological Modelling,162(3):211-232.

Araujo M B,Williams P H.2000.Selecting areas for species persistence using occurrence data[J].Biological Conservation,96:331-345.

Ausmus B S,Hilty J W.1972.Reflectance studies of healthy,maize dwarf mosaic virus-infected,and *Helminthosporium maydis*-infected corn leaves[J].Remote Sensing of Environment,2:77-81.

Austin M P.2002.Spatial prediction of species distribution:an interface between ecological theory and statistical modelling[J].Ecological Modelling,157(2-3):101-118.

Austin M P,Cunningham R B,Good R B.1983.Altitudinal distribution of several eucalypt species in relation to other environmental factors in southern New South Wales[J].Australian journal of ecology,8(2):169-180.

Austin M P,Belbin L,Meyers J A,et al.2006.Evaluation of statistical models used for predicting plant species distributions:role of artificial data and theory[J].Ecological Modelling,199(2):197-216.

Baker R H A, Sansford C E, Jarvis C H, et al. 2000. The role of climatic mapping in predicting the potential geographical distribution of non-indigenous pests under current and future climates[J]. Agriculture Ecosystems and Environment, 82:57−71.

Bawden F C. 1993. Infra-red photography and plant virus diseases[J]. Nature, 132:168.

Beaumont L J, Hughes L, Poulsen M. 2005. Predicting species distributions: use of climatic parameters in BIOCLIM and its impact on predictions of species' current and future distributions[J]. Ecological Modelling, 186(2):251−270.

Beerwinkle K R, Witz J A, Schleider P G. 1993. An automated, vertical looking, X-band radar system for continuously monitoring aerial insect activity[J]. Transactions of the American Society of Agriculture Engineers, 36:965−970.

Beerwinkle K R, Lopez J D, Witz J A, et al. 1994. Seasonal radar and meteorological observations associated with nocturnal insect flight at altitudes to 900 meters[J]. Environmental Entomology, 23(3):676−683.

Bent G A. 1984. Developments in detection of airborne aphids with radar[C]// Pests and Diseases. Proceedings of the British Crop Protection Conference, Vol 2. Brighton, Eng: British Crop Protection Council Publications, 665−674.

Bette A L, Christine A H, Catherine H G, et al. 2003. Avoiding pitfalls of using species distribution models inconservation planning[J]. Conservation Biology, 17(6):1591−1600.

Bravo C, Moshou D, West J, et al. 2003. Early disease detection in wheat fields using spectral reflectance. Biosystems Engineering[J]. 84(2):137−145.

Carter G A, Michael R S, Haley T. 1998. Airborne detection of southern pine beetle damage using key spectral bands[J]. Canada Journal of Forest Resource, 28:1040−1045.

Castella E, Adalsteinsson H, Brittain J E, et al. 2001. Macrobenthic invertebrate richness and composition along a latitudinal gradient of European glacier-fed streams[J]. Freshwater Biology, 46(12):1811−1831.

Chapman J W, Reynolds D R, Smith A D, et al. 2005. Mass aerial migration in the carabid beetle *Notiophilus biguttatus*[J]. Ecological Entomology, 30:264−272.

Chapman J W, Smith A D, Woiwod I P, et al. 2002. Development of vertical-looking radar technology for monitoring insect migration[J]. Computers and Electronics in Agriculturl, 35:95−110.

Chapman R. F. 2000. Entomology in the twentieth century[J]. Annual Review of Entomology, 45:261−285.

Chen R L, Bao X Z, Drake V A, et al. 1989. Radar observations of the spring migration into northeasternChina of the oriental armyworm moth, *Mythimna separata*, and other insects[J]. Ecological Entomology, 14:149−162.

Cheng D F, Wu K M, Tian Z, et al. 2002. Acquisition and analysis of migration data from the digitized display of a scanning entomological radar[J]. ELSEVIER: Computers and Electronics in Agriculture, 35:63−75.

Curtis R, Wood J W, Chapman D R, et al. 2006. The influence of the atmospheric boundary layer on nocturnal layers of noctuids and other moths migrating over southern Britain[J]. Int J Biometeorol, 50:193−204.

Denoel M, Lehmann A. 2006. Multi-scale effect of landscape processes and habitat quality on newt abundance: Implications for conservation[J]. Biological Conservation, 130(4):495−504.

Domino R P, Showers W P, Taylor S E, et al. 1983. Spring weather pattern associated with suspected black cutworm moth (Lepidoptera: Noctuidae) introduction to Iowa[J]. Environmental Entomology, 12(6):1863−1872.

Drake V A. 1981a. Quantitative observation and analysis procedures for a manually operated entomological radar[J]. Commonwealth Scientific and Industrial Research Organization, Australia Division of Entomology, Technical Paper, 19:1−41.

Drake V A. 1981b. Target density estimation in radar biology[J]. Journal of Theoretical Biology, 90(2):545−571.

Drake V A. 1985. Radar observations of moths migrating in a nocturnal low-level jet[J]. Ecological Entomology, 10(3):259−265.

Drake V A. 2002. Automatically operating radars for monitoring insect pest migrations[J]. Entomologia Sinica, 9(4):27−39.

Drake V A, Farrow R A. 1988. The influence of atmospheric structure and motions on insect migration[J]. Annual Review of Entomology, 33:183−210.

Drake V A, Helm K F, Readshaw J L. 1981. Insect migration acrossass Strait during spring: a radar study[J]. Bulletin of Entomological Research, 71:449−466.

Draxler R R. 1996. Trajectory optimization for balloon flight planning[J]. Weather and Forecasting, 11:111−114.

Draxler R R,Hess G D. 1997. Description of the HYSPLIT_4 modeling system[J]. NOAA Technical Memorandum,ERLARL, 224:24.

Draxler R R,Hess G D. 1998. An overview of the HYSPLIT_4 modeling system for trajectories,dispersion and deposition[J]. Australian Meteorologicl Magazine,47:295-308.

Dymond J R,Trotter C M. 1997. Directional reflectance of vegetation measured by a calibrated digital camera[J]. Appllied Optics,(18):4314-4319.

Everitt J H,Escobar D E,Appel D N,et al. 1999. Using airborne digital imagery for detecting oak wilt disease[J]. Plant disease,83(6):502-505.

Feng H Q,Wu K M,Cheng D F,et al. 2003. Radar observations of the autumn migration of the beet armyworm *Spodoptera exigua* (Lepidoptera:Noctuidae) and other moths in northern China[J]. Bulletin of Entomological Research,93(2):115-124.

Feng H Q,Wu K M,Cheng D F,et al. 2004. Spring migration and summer dispersal of *Loxostege sticticalis* (Lepidoptera:Pyralidae) and other insects observed with radar in northern China[J]. Environmental Entomology,33(5):1253-1265.

Feng H Q,Wu K M,Ni Y X,et al. 2005. Return migration of *Helicoverpa armigera* (Lepidoptera:Noctuidae) during autumn in northern China[J]. Bulletin of Entomological Research,95:361-370.

Ferrier S,Powell G,Richardson V N K,et al. 2004. Mapping more of terrestrial biodiversity for global conservation assessment [J]. Bioscience,54(12):1101-1109.

Fletcher R S,Skaria M,Escobar D E. 2001. Field spectra and airborne digital imagery for detecting *Phytophthora footrot* infections in citrus trees[J]. Hort Science,36(1):94-97.

Friedman J H. 2002. Stochastic gradient boosting[J]. Computational Statistics & Data Analysis,38(4):367-378.

Fung T,Ma F Y,Siu W L. 2003. Band selection using hyperspectral data of subtropical tree specie[J]. Geocarto International, 18(4):3-11.

Garcia-Moreno J,Navarro-Siguenza A G,Peterson A T,et al. 2004. Genetic variation coincides with geographic structure in the common bush-tanager (*Chlorospingus ophthalmicus*) complex from Mexico[J]. Molecular Phylogenetics and Evolution,33 (1):186-196.

Gausman H W,Hart W G. 1974. Reflectance of sooty mold fungus on citrus leaves over 2. 5 to 40-micrometer wavelength interva[J]. Journal of Economic Entomology,67(4):479-480.

Glick P A. 1939. The distribution of insects,spiders,and mites in the air[J]. Technical Bulletin of the United States Department of Agriculture,673:1-151.

Goel P K,Prasher S O,Landry J A,et al. 2003. Potential of airborne hyperspectral remote sensing to detect nitrogen deficiency and weed infestation in corn[J]. Computers and Electronics in Agriculture,38:99-124.

Graham C H,Ferrier S,Huettman F,et al. 2004. New developments in museum-based informatics and applications in biodiversity analysis[J]. Trends in Ecology & Evolution,19(9):497-503.

Guisan A,Thuiller W. 2005. Predicting species distribution:offering more than simple habitat models[J]. Ecology Letters,8 (9):993-1009.

Guisan A,Zimmerman E N. 2000. Predictive habitat distribution models in ecology[J]. Ecological Modelling,135:147-186.

Guisan A,Edwards T C Jr,Hastie T. 2002. Generalized linear and generalized additive models in studies of species distributions:setting the scene[J]. Ecological Modelling,157:89-100.

Guisan A,Broennimann O,Engler R,et al. 2006. Using niche-based models to Improve the sampling of rare species[J]. Conservation Biology,20(2):501-511.

Guisan A,Graham C H,Elith J,et al. 2007. Sensitivity of predictive species distribution models to change in grain size[J]. Diversity and Distributions,13(3):332-340.

Guisan A,Lehmann A,Ferrier S,et al. 2006. Making better biogeographical predictions of species' distributions[J]. Journal of Applied Ecology,43:386-392.

Hielkema J U. 1980. Remote sensing techniques and methodologies for monitoring ecological conditions for desert locust population development:FAO/ USAID final technical report[R]. Rome,Italy:FAO.

Jia L L,Chen X P,Zhang F S,et al. 2004. Use of digital camera to assess nitrogen status of winter wheat in the Northern China Plain[J]. Journal of Plant Nutrition,27(3):441-450.

Joly P,Miaud C,Lehmann A,et al. 2001. Habitat matrix effects on pond occupancy in newts[J]. Conservation Biology,15(1): 239-248.

Kadmon R,Farber O,Danin A. 2003. A systematic analysis of factors affecting the performance of climatic envelope models [J]. Ecological Applications,13(3):853-867.

Kauth R J,Thomas G S. 1976. The tasseled cap:a graphic description of the spectral-temporal development of agricultural crops as seen by Landsat[C]//Proceedings of the Symposium on Machine Processing of Remotely Sensed Data,Purdue University of West Lafayette,Indiana. 4B41-4B51.

Kieckhefer R W,Gellner J L,Riedell W E. 1995. Evaluation of aphid-day standard as a predictor of yield loss caused by cereal aphids[J]. Agronnmy Journal,87:785-788.

Knipling E B. 1971. Physical and physiological basis for the reflectance of visible and near-infrared radiation from vegetation [J]. Remote Sensing of Environment,1:155-159.

Korzukhin M D,Porter S D. 1994. Spatial model of territorial competition dynamics in the fire ant Solenopsis invicta (Hymenoptera:Formicidae)[J]. Environmental Entomology,23:912-922.

Korzukhin M D,Porter S D,Thompson L C,et al. 2001. Modeling temperature-dependent range limits for the fire ant Solenopsis invicta (Hymenoptera:Formicidae) in the United States[J]. Environmental Entomology,30(4):645-655.

Lawton J H. 1998. Small earthquakes in Chile and climate change[J]. Oikos,82:209-211.

Lehmann A. 1998. GIS modeling of submerged macrophyte distribution using generalized additive models[J]. Plant Ecology, 139:113-124.

Lehmann A,Overton J M,Leathwick J R. 2003. GRASP:generalized regression analysis and spatial prediction[J]. Ecological Modelling,160(1-2):165-183(勘误本).

Liang S L,Fang H L,Chen M Z. 2001. Atmospheric correction of landsat ETM+ Land surface imagery:Part I[J]. Methods IEEE Transactions on Geosciences and Remote Sensing. 39(11):2490-2498.

Linke S,Norris R H,Faith D P,et al. 2005. ANNA:A new prediction method for bioassessment programs[J]. Freshwater Biology,50(1):147-158.

Loper G M,Wolf W W,Taylor O R. 1989. Update on the use of a ground-based X-band radar to study the flight of honey-bee drones[J]. American Bee Journal,128(12):805.

Lukina E,Stone M,Raun W. 1999. Estimating vegetation coverage in wheat using digital images[J]. Plant Nutrition. 22(2): 341-350.

Maggini R,Lehmann A,Zimmermann N E,et al. 2006. Improving generalized regression analysis for the spatial prediction of forest communities[J]. Journal of Biogeography,33(10):1729-1749.

Malthus T J,Maderia A C. 1993. High resolution spectroradiometry:spectral response of bean leaves infected by Botrytis fabae [J]. Remote Sensing of Environment,45(1):107-116.

Mascanzoni D,Wallin H. 1986. The harmonic radar:a new method of tracing insects in the field. Ecological Entomology,11: 387-390.

Matalin A V. 2003. Variations in flight ability with sex and age in ground beetles (Coleoptera:Carabidae) of south-western Moldova[J]. Pedobiologia,47:311-319.

Michael F,Randall W,Ronnie H. 2003. Quantitative approaches for using colorinfrared photography for assessing in-season nitrogen status in winter wheat[J]. Agronomy Journal,95:1189-1199.

Moisen G G,Frescino T S. 2002. Comparing five modelling techniques for predicting forest characteristics[J]. Ecological Modelling,157(2-3):209-225.

Morrison L W,Porter S D,Daniels E,et al. 2004. Potential global range expansion of the invasive fire ant, Solenopsis invicta

［J］. Biological Invasions,6:183-191.

Moya E A,Barralesa L R,Apablaza G E. 2005. Assessment of the disease severity of squash powdery mildew through visual analysis,digital image analysis and validation of these methodologies［J］. Crop Protection,24:785-789.

Muhammed H H,Larsolle A. 2003. Feature vector based analysis of hyperspectral crop reflectance data for discrimination and quantification of fungal disease severity in wheat［J］. Biosystems Engineering,86(2):125-134.

Neblette C B. 1927. Aerial photography for the study of plant diseases［J］. Photo-Era magazine,58:346.

Neblette C B. 1928. Airplane photography for plant disease surveys［J］. Photo-Era magazine,59:175.

Nilsson H E. 1985. Remote sensing of oil seed rape infected by *Sclerotinia* stem rot and *Verticillium* wilt ［J］. Växtskyddsrapporter:Jordbruk,(33):33.

Nutter F W,Rubsam R R,Taylor S E,et al. 2002. Use of geospatially-referenced disease and weather data to improve site-specific forecasts for Stewart's disease of corn in the US corn belt［J］. Computers and Electronics in Agriculture,(37):7-14.

Pedgley D E. 1990. Concentration of flying insects by the wind［J］. Philosophical Transactions of the Royal Society of London: Series B,328(1251):631-653.

Peterson A T. 2003. Predicting the geography of species' invasions via ecological niche modeling［J］. The Quarterly Review of Biology,78:419-433.

Peterson A T. 2007. Why not WhyWhere:the need for more complex models of simpler environmental spaces［J］. Ecological Modelling,203(3-4):527-530.

Peterson A T,Cohoon K P. 1999. Sensitivity of distributional prediction algorithms to geographic data completeness ［J］. Ecological Modelling,117(1):159-164.

Peterson A T,Heaney L R. 1993. Genetic differentiation in Philippine bats of the genera Cynopterus and Haplonycteris［J］. Biological Journal of the Linnean Society,49(3):203-218.

Peterson A T,Shaw J. 2003. *Lutzomyia* vectors for cutaneous leishmaniasis in Southern Brazil:ecological niche models, predicted geographic distributions,and climate change effects［J］. International Journal for Parasitology,33(9):919-931.

Peterson A T,Meyer M E,Salazar G C. 2004. Reconstructing the pleistocene geography of the *Aphelocoma* jays (Corvidae) ［J］. Diversity and Distributions,10:237-246.

Peterson A T,Pereira R S,Neves V F de C. 2004. Using epidemiological survey data to infer geographic distributions of leishmaniasis vector species［J］. Revista da Sociedade Brasileira de Medicina Tropical,37:10-14.

Peterson A T,Campos C M,Nakazawa Y,et al. 2005. Time-specific ecological niche modeling predicts spatial dynamics of vector insects and human dengue cases［J］. Transactions of the Royal Society of Tropical Medicine and Hygiene,99(9):647-655.

Peterson A T,Egbert S L,Sanchez-Cordero V,et al. 2000. Geographic analysis of conservation priority:endemic birds and mammals in Veracruz,Mexico［J］. Biological Conservation,93(1):85-94.

Peterson A T,Lash R R,Carroll D S,et al. 2006. Geographic potential for outbreaks of marburg hemorrhagic fever［J］. The American Journal of Tropical Medicine and Hygiene,75(1):9-15.

Peterson A. T,Sanchez-Cordero V,Soberon J,et al. 2001. Effects of global climate change on geographic distributions of Mexican Cracidae［J］. Ecological Modelling,144(1):21-30.

Phillips S J,Anderson R P,Schapire R E. 2006. Maximum entropy modeling of species geographic distributions［J］. Ecological Modelling,90(3-4):231-259.

Rainey R C,Joyce R J V. 1990. An airborne radar system for Desert Locust control［J］. Philosophical Transactions of the Royal Society,B,328:585-606.

Reynolds D R. 1988. Twenty years of radar entomology［J］. Antenna,12:44-49.

Reynolds D R,Riley J R. 1979. Radar observations of concentrations of insects above a river in Mali,West Africa［J］. Ecological Entomology,4:161-174.

Reynolds D R,Riley J R. 1997. flight behaviour and migration of insect pests:radar studies in developing countries［J］. Natural Resources Institute(NRI),Chatham,UK,NRI Bulletin71.

Riedell W E,Blackmer T M. 1999. Leaf reflectance spectra of cereal aphid-damaged wheat. Crop Science[J]. 39(6):1835-1840.

Riley J R. 1975. Collective orientation in night-flying insects[J]. Nature,253(5487):113-114.

Riley J R. 1989. Remote sensing in entomology[J]. Annual Review of Entomology,34:247-271.

Riley J R. 1992. A millimetric radar to study the flight of small insects[J]. Electronics and Communication Engineering Journal,4(1) 43-48.

Riley J R,Cheng X N,Zhang X X,et al. 1991. The long distance migration of *Nilaparvata lugens* (Stal) (Delphacidae) in China:radar observations of mass return flight in the autumn[J]. Ecological Entomology,16:471-489.

Rochester W A,Dillon M L,Fitt G. P. 1996. A simulation model of the long-distance migration of *Helicoverpa* spp. [J]. Ecological Entomology,86:151-156.

Rosenberg L J,Magor J I. 1983. Flight duration of the brown planthopper,*Nilaparvata lugens* (Hemiptera:Delphacidae)[J]. Ecological Entomology,8(3):341-350.

Rosenberg L J,Magor J I. 1987. Prediction wind borne displacements of the brown planthopper *Nilaparvata lugens* from synoptic weather data. I. Long-distance displacements in the northeast monsoon[J]. Journal of Animal Ecology,56 (1):39-51.

Sanchez-Cordero V,Illoldi-Rangel P,Linaje M,et al. 2005. Deforestation and extant distributions of Mexican endemic mammals [J]. Biological Conservation,126(4):465-473.

Schaefer G W. 1976. Radar observations of insect flight[C]// Rainey R C,ed. Insect flight. Symposia of the Royal Entomological Society of London,No. 7. Oxford:Blackwell Scientific Publications,157-197.

Seelan S K,Laguette S,Casady G M,et al. 2003. Remote sensing applications for precision agriculture:a learning community approach[J]. Remote Sensing of Environment,88(1):157-169.

Smith A D,Reynolds D R,Riley J R. 2000. The use of vertical-looking radar to continuously monitor the insect fauna flying at altitude over southern England[J]. Bulletin of Entomological Research,90:265-277.

Sogawa K. 1997. Overseas immigration of rice planthoppers into Japan and associated meteorological systems[C]//Proceedings of China-Japan joint workshop on migration and management of insect pests of rice in monsoon Asia. Hangzhou,China:CNRRI,13-34.

Steddom K,Bredehoeft M W,Khan M,et al. 2005. Comparison of visual and multispectral radiometric disease evaluations of *Cercospora* leaf spot of sugar beet[J]. Plant Disease,89(2):153-158.

Stockwell D H,Woo P,Jacobson B C,et al. 2003. Determinants of colorectal cancer screening in women undergoing mammography[J]. The American journal of gastroenterology,98(8):1875-1880.

Stockwell D R B. 1993. LBS:Bayesian learning system for rapid expert system development[J]. Expert Systems with Applications,6(2):137-147.

Stockwell D R B. 1997. Generic predictive systems:an empirical evaluation using the learning base system (LBS) [J]. Expert Systems with Applications,12(3):301-310.

Stockwell D R B. 2006. Improving ecological niche models by data mining large environmental datasets for surrogate models [J]. Ecological Modelling,192(1-2):188-196.

Stockwell D R B,Noble I. R. 1992. Induction of sets of rules from animal distribution data:a robust and informative method of data analysis[J]. Mathematics and Computers in Simulation,33(5-6):385-390.

Stockwell D R B,Peterson A T. 2002. Effects of sample size on accuracy of species distribution models[J]. Ecological Modelling,48(1):1-13.

Stockwell D R B,Peterson A T. 2003. Comparison of resolution of methods used in mapping biodiversity patterns from point-occurrence data[J]. Ecological Indicators,3(3):213-221.

Stockwell D R B,Beach J H,Stewart A,et al. 2006. The use of the GARP genetic algorithm and Internet grid computing in the Lifemapper world atlas of species biodiversity[J]. Ecological Modelling,195(1-2):139-145.

Stow D,Hope A,Richardson D,et al. 2000. Potential of colour-infrared digital camera imagery for inventory and mapping of alien plant invasions in South African shrublands[J]. International Journal of Remote Sensing. 21(15):2965-2970.

Sutherst B. 2003. Prediction of species geographical ranges[J]. Journal of Biogeography,30:805-816.

Sutherst R W,Maywald G. 2005. A climate model of the red Imported fire ant,*Solenopsis invicta* Buren (Hymenoptera:Formicidae):implications for invasion of new regions,particularly Oceania[J]. Environmental Entomology,2005,34(2):317-335.

Swets J A. 1988. Measuring the accuracy of diagnostic systems[J]. Science,240:1285-1293.

Taylor M F,Shen Y,Kreitrman M E. 1995. A population genetic test of selection at the molecular leve[J]. Science,270:1497-1499.

Turner R,Song Y H,Uhm K B. 1999. Numerical model simulations of brown planthopper *Nilaparvata lugens* and whitebacked planthopper *Sogatella furcifera* (Homoptera:Delphacidae) migration[J]. Bulletin of Entomological Research,89(6):557-568.

Vogelmann J E,Rock B N. 1989. Use of thematic mapper data for the detection of forest damage caused by the pear thrips[J]. Remote Sensing of Environment,30:217-225.

Voss F,Dreiser U. 1994. Mapping of desert locust and other migratory pests habitats using remote sensing techniques[M]// Krall S,Wilps H,eds. New trends in locust control. Eschborn,GER:Deutsche Gesellschaft für Technische Zusammenarbeit, 23-39.

Wang R,Wang Y Z. 2006. Invasion dynamics and potential spread of the invasive alien plant species *Ageratina adenophora* (Asteraceae) in China[J]. Diversity Distributions,12(4):397-408.

Williams C B. 1957. Insect immigration[J]. Annual Review of Entomology,2:163-180.

Wolf W W,Westbrook J K,Raulston J. R,et al. 1995. Radar observations of orientation of noctuids migrating from corn fields in the Lower Rio Grande Valley[J]. Southwestern Entomologist,Suppl. (18):45-61.

Wood S N. 2001. mgcv:GAMs and generalized ridge regression for R[J/OL]. R News,1(2):20-25[2001-06]. http://cran. r-project. org/doc/Rnews/

Yang Z,Rao M N,Elliott N C,et al. 2005. Using ground-based multispectral radiometry to detect stress in wheat caused by greenbug (Homoptera:Aphididae) infestation[J]. Computers and Electronics in Agriculture,47:121-135.

Ye X J,Sakai K,Garciano L O,et al. 2006. Estimation of citrus yield from airborne hyperspectral images using a neural network model[J]. Ecological Modeling,198:426-432.

Yee E,Paulson K V. 1989. The completion of the c-response function for utilization in exact inversion procedures[J]. Geophysical Journal,97(1):41-50.

Yen P P W,Huettmann F,Cooke F. 2004. A large-scale model for the at-sea distribution and abundance of marbled murrelets (*Brachyramphus marmoratus*) during the breeding season in coastal British Columbia,Canada[J]. Ecological Modelling, 171(4):395-413.

Zaniewski A E,Lehmann A,Overton J M. 2002. Predicting species spatial distributions using presence-only data:a case study of native New Zealand ferns[J]. Ecological Modelling,157(2-3):261-280.

重庆出版集团（社）科学学术著作
出版基金资助书目

第一批书目

蜱螨学	李隆术　李云瑞　编著
变形体非协调理论	郭仲衡　梁浩云　编著
胶东金矿成因矿物学与找矿	陈光远　邵　伟　孙岱生　著
中国天牛幼虫	蒋书楠　著
中国近代工业史	祝慈寿　著
自动化系统设计的系统学	王永初　任秀珍　著
宏观控制论	牟以石　著
法学变革论	文正邦　程燎原　王人博　鲁天文　著

第二批书目

中国自然科学的现状与未来	全国基础性研究状况调研组 中国科学院科技政策局　编著
中国水生杂草	刁正俗　著
中国细颚姬蜂属志	汤玉清　著
同伦方法引论	王则柯　高堂安　著
宇宙线环境研究	虞震东　著
难产（《头位难产》修订版）	凌萝达　顾美礼　主编
中国现代工业史	祝慈寿　著
中国古代经济史	余也非　著
劳动价值的动态定量研究	吴鸿城　著
社会主义经济增长理论	吴光辉　陈高桐　马庆泉　著
中国明代新闻传播史	尹韵公　著
现代语言学研究——理论、方法与事实	陈　平　著
艺术教育学	魏传义　主编
儿童文艺心理学	姚全兴　著
从方法论看教育学的发展	毛祖桓　著

第三批书目

奇异摄动问题数值方法引论	苏煜城　吴启光　著
结构振动分析的矩阵摄动理论	陈塑寰　著

中国古代气象史稿 谢世俊 著

临床水、电解质及酸碱平衡 江正辉 主编

历代蜀词全辑 李 谊 辑校

中国企业运行的法律机制 顾培东 主编

法西斯新论 朱庭光 主编

《易》与人类思维 张祥平 著

第四批书目

计算流体力学 陈材侃 著

中国北方晚更新世环境 郑洪汉等 著

质点几何学 莫绍揆 著

城市昆虫学 蒋书楠 主编

马克思主义哲学与现时代 李景源 主编

马克思主义的经济理论与中国社会主义 项启源 主编

科学社会主义在中国 李凤鸣 张海山 主编

马克思主义历史观与中华文明 王戎笙 主编

莎士比亚绪论——兼及中国莎学 王佐良 著

中国现代诗学 吕 进 著

汉语语源学 任继昉 著

中国神话的思维结构 邓启耀 著

第五批书目

重磁异常波谱分析原理及应用 刘祥重 著

烧伤病理学 陈意生 史景泉 主编

寄生虫病临床免疫学 刘约翰 赵慰先 主编

国民革命史 黄修荣 著

现代国防论 王普丰 王增铨 主编

中国农村经济法制研究 种明钊 主编

走向21世纪的中国法学 文正邦 主编

复杂巨系统研究方法论 顾凯平 高孟宁 李彦周 著

辽金元教育史 程方平 著

中国原始艺术精神 张晓凌 著

中国悬棺葬 陈明芳 著

乙型肝炎的发病机理及临床 张定凤 主编

第六批书目

非线性量子力学理论 庞小峰 著

胆道流变学　　　　　　　　　　　　　　　　　　　吴云鹏　主编
中国蚜小蜂科分类　　　　　　　　　　　　　　　　　黄　建　著
中国历史时期植物与动物变迁研究　　　　　　　　　文焕然等　著
中国新闻传播学说史　　　　　　　　　　　　徐培汀　裘正义　著
列宁哲学思想的历史命运　　　　　　　　　　　　张翼星　编著
唐高僧义净生平及其著作论考　　　　　　　　　　王邦维　著
中国远征军史时广东　　　　　　　　　　　　　　冀伯祥　著
历代蜀词全辑续编　　　　　　　　　　　　　　　李　谊　辑校

第七批书目

亚夸克理论　　　　　　　　　　　　　焦善庆　蓝其开　著
肝癌　　　　　　　　　　　　　　　　江正辉　黄志强　主编
计算机系统安全　　　　　卢开澄　郭宝安　戴一奇　黄连生　编著
声韵语源字典　　　　　　　　　　　　　　　　　齐冲天　著
幼儿文学概论　　　　　　　　　　　　　　张美妮　巢扬　著
黄河上游地区历史与文物　　　　　　　　　　　　　芈一之　主编
论公私财产的功能互补　　　　　　　　　　　　　　忠　东　著

第八批书目

长江三峡库区昆虫　　　　　　　　　　　　　　　杨星科　主编
小波分析与信号处理——理论、应用及软件实现　　李建平　主编
世界首例独立碲矿床的成矿机理及成矿模式　　　　银剑钊　著
临床内分泌外科学　　　　　　　　　　　　　　　朱　预　主编
当代社会主义的若干问题
　　——国际社会主义的历史经验和中国特色社会主义　江　流　徐崇温　主编
科技生产力：理论与运作　　　　　　　　　　　　刘大椿　主编
世界语言词典　　　　　　　　　　　　　　　　　黄长著　著

第九批书目

法医昆虫学　　　　　　　　　　　　　　　　　　胡　萃　主编
储藏物昆虫学　　　　　　　　　　　　　　李隆术　朱文炳　编著
15世纪以来世界主要发达国家发展历程　　　　　　陈晓律等　著
重庆移民实践对中国特色移民理论的新贡献　　罗晓梅　刘福银　主编
中华人民共和国科技传播史　　　　　　　　　　　司有和　主编
高原军事医学　　　　　　　　　　　　　　　　　高钰琪　主编
现代大肠癌诊断与治疗　　　　　　孙世良　温海燕　张连阳　主编
城市灾害应急与管理　　　　　　　　　　　　王绍玉　冯百侠　著

第十批书目

当代资本主义新变化	徐崇温 著
全球背景下的中国民主建设	刘德喜 钱 镇 林 喆 主著
费孝通九十新语	费孝通 著
中国政治体制改革的心声	高 放 著
中国铜镜史	管维良 著
中国民间色彩民俗	杨健吾 著
发髻上的中国	张春新 苟世祥 著
科幻文学论纲	吴 岩 著
人类体外受精和胚胎移植技术	黄国宁 池 玲 宋永魁 编著

第十一批书目

邓小平实践真理观研究	王强华等 著
汉唐都城规划的考古学研究	朱岩石 著
三峡远古时代考古文化	杨 华 著
外国散文流变史	傅德岷 著
变分不等式及其相关问题	张石生 著
子宫颈病变	郎景和 主编
北京第四纪地质导论	郭旭东 著
农作物重大生物灾害监测与预警技术	程登发等 著

第十二批书目

马克思主义国际政治理论发展史研究	张中云 林德山 赵绪生 著
现代交通医学	王正国 主编
昆仑植物志	吴玉虎 主编
河流生态学	袁兴中 颜文涛 杨 华 著
"三农"续论：当代中国农业、农村、农民问题研究	陆学艺 著
中国古代教学活动简史	熊明安 熊 焰 著

第十三批书目

中国古代史学批评纵横	瞿林东 著
大视频浪潮	何宗就 著
城市幸福指数研究	黄希庭 著
赋税制度的人本主义审视与建构	傅 樵 著
矿山爆破理论与实践	张志呈 著

作 者 简 介

程登发　生于重庆丰都。博士,中国农业科学院植物保护研究所研究员、农业有害生物监测预警研究室主任(2004—2013),国家小麦产业技术体系病虫害防控研究室岗位科学家,中国农业科学院研究生院博士生导师,西南大学兼职教授。任中国植物保护学会常务理事,植保信息技术专业委员会主任委员。多年来从事农作物病虫害监测预警和植保信息技术方面的研究工作,先后主持了"十一五"国家科技支撑计划课题、国家重点基础研究发展规划("973"计划)课题、"十五"国家科技攻关计划课题、国家社会公益性研究专项资金项目、国家自然科学基金项目等多项国家级课题,获国家科技进步二等奖、农业部和中国农科院科技进步二、三等奖共7项。以主编、副主编和编委参加编写著作8部,发表论文100余篇。在微小昆虫飞行磨系统数据采集与分析、麦蚜迁飞生物学和综合防控、害虫的监测预警和预测预报模型及专家系统、计算机网络信息技术、地理信息系统、卫星和昆虫雷达遥感等在植物保护领域的应用研究方面成绩显著。

张云慧　生于河南虞城。博士,中国农业科学院植物保护研究所副研究员,中国农业科学院研究生院硕士生导师,中国植物保护学会植保信息技术专业委员会秘书长。主要从事农作物重大迁飞性害虫的监测预警和害虫的综合防控技术研究,在国内首次证实了旋幽夜蛾、步甲的迁飞事实,明确了草地螟、黏虫等迁飞性害虫在我国北方地区的迁飞行为之若干参数和季节性迁飞虫源。参与国家科技支撑计划课题、"973"计划课题、国家自然科学基金项目、国家公益性行业专项等多项国家级课题。在国内外发表科技论文30余篇。

陈　林　生于贵州毕节。博士,师从中国农业科学院植物保护研究所程登发研究员,现系宁夏出入境检验检疫局综合技术中心高级工程师。曾参与"重大害虫区域性暴发监测与预警"、"农作物重大病虫害监测预警技术研究"、"马铃薯甲虫持续防控技术研究与示范"等课题研究,在利用空间统计模型和"3S"技术进行外来有害生物风险分析、中尺度生态环境重建等方面进行了较为深入的研究。已公开发表科技论文40余篇,参与撰写论著3部。

乔红波 生于河南新野。博士,河南农业大学副教授、硕士生导师。2001 年起,师从程登发研究员进行植物保护信息技术研究。主要从事农作物病虫害遥感监测研究,利用地面光谱仪研究病虫为害与反射率关系,以及卫星遥感数据提取病虫为害信息。主持国家自然科学基金项目、河南省科技攻关项目和参与"十一五"国家科技支撑计划、"973"计划等多项课题,在国内外学术刊物发表科技论文 30 余篇。

蒋春先 生于四川中江。博士,四川农业大学副教授、硕士生导师,师从程登发研究员进行水稻"两迁"害虫迁飞规律研究。现在四川农业大学农学院农业昆虫与害虫防治系从事教学科研工作。主持或参与国家自然科学基金项目、国家公益性行业专项、四川省应用基础研究计划课题、四川省教育厅项目等多项课题,发表科技论文 10 余篇。

杨秀丽 生于山西高平。硕士,师从程登发研究员进行重大迁飞性害虫雷达监测研究,现系山西省农业科学院小麦研究所助理研究员。主持或参与国家自然科学基金项目、国家公益性行业专项、山西省科技攻关项目、山西省财政支农项目等多项课题,发表科技论文 16 篇。